本书获成都医学院学术专著出版基金资助

藏酋猴解剖学
Tibetan Macaque Anatomy

苏炳银　雍刘军　主编

科学出版社

北　京

内 容 简 介

藏酋猴为中国特有的非人灵长类动物，与人类具有高度的相似性，目前已用于异种器官移植研究等领域，具有重大的研究价值。全书分为神经系统、头部、颈部、胸部、前肢、脊柱区、腹部、盆部与会阴和后肢九部分，共配有200余幅彩色实物照片。本书从形态学的角度对藏酋猴的神经系统、各个局部及器官进行了解剖，为藏酋猴的研究与应用奠定了必要的基础。

本书可供生物学、医学、药学、野生动物保护等学科领域的研究人员、研究生，以及从事生物高科技和异种器官移植基础研究和临床实验人员参考。

图书在版编目（CIP）数据

藏酋猴解剖学 / 苏炳银，雍刘军主编．—北京：科学出版社，2016.11
ISBN 978-7-03-050779-2

I.①藏… II.①苏…②雍… III.①狝猴属–动物–解剖学 IV.①Q959.848.04

中国版本图书馆CIP数据核字（2016）第280436号

责任编辑：王　静　李　悦 / 责任校对：张怡君
责任印制：张　伟 / 整体设计：铭轩堂

科学出版社 出版

北京东黄城根北街16号
邮政编码：100717
http://www.sciencep.com

北京京华虎彩印刷有限公司印刷

科学出版社发行　各地新华书店经销

*

2016年11月第　一　版　　开本：787×1092　1/16
2016年11月第一次印刷　　印张：19
字数：450 000

定价：180.00元

（如有印装质量问题，我社负责调换）

《藏酉猴解剖学》编辑委员会

前　言

一、编著本书的目的和意义

　　神经科学已经从研究神经元和胶质细胞的结构和功能，发展到在整体水平研究脑的高级功能，开展脑机对接、脑脑对接等基础和应用研究。无疑，与人脑结构和生理功能最为接近的猴脑是脑科学最为合适的研究对象之一。藏酋猴是我国特有的灵长类动物，体型较大，很适合作为脑科学和异种器官移植研究及实践应用的模式动物。目前，四川省医学科学院已经繁殖有足够数量的藏酋猴，但对于其解剖学等基本生物学特性的研究，还比较缺乏。我们成都医学院人体解剖与组织胚胎学教研室、发育与再生四川省重点实验室、神经科学研究所与四川省医学科学院•四川省人民医院实验动物研究所共同努力，通过实地解剖，自主完成了《藏酋猴解剖学》一书的编著工作。

　　美国和欧盟在 2013 年分别启动了脑研究计划。我国由 100 多位科学家牵头的脑研究计划将很快启动。在我国的脑研究计划中，明确要求以灵长类动物脑研究为主要方向，本书很好地切合了这一需要。另外，藏酋猴作为异种器官移植最适合的实验动物之一，受到医学家和科学研究者的重视。本书对生物学专业和医学专业的本科生和研究生的教学也有重要作用。

　　本书按局部进行解剖和编著，不同学科的研究者和使用者都可受益。我们将大体解剖与重要器官的细微解剖（组织学）结合起来，便于相关学科的研究者参考使用。将大体解剖学、器官组织学、脑科学紧密地结合起来，是本书的一个新探索。

二、藏酋猴解剖学姿势、方位和术语

　　为了描述藏酋猴各部及器官的方位及位置，参照人和其他非人灵长类动物，规定了藏酋猴的标准姿势、方位和术语，以及标志线和分区。

　　1.标准姿势

　　藏酋猴是四肢着地的动物，标准姿势是两眼平视正前方，躯体伸直且其长轴（纵轴）与地面平行，四肢自然下垂且其长轴与地面垂直，手掌和足尖向前。

2. 方位

（1）颅侧（cranial）与尾侧（caudal） 近头端为颅侧（前，anterior）；近尾端为尾侧（后，posterior）。

（2）背侧（dorsal）与腹侧（ventral） 躯干近背部为背侧，近腹部为腹侧；手近掌面为掌侧，近背面为背侧；足近足背为背侧，近足底为跖侧。

（3）内侧（medial）与外侧（lateral） 离正中矢面近的一侧为内侧，远的一侧为外侧。

（4）内（internal）与外（external） 在体腔和管状内脏里面为内，外面的为外。

（5）浅（superficial）与深（profundal） 离体表近为浅，远为深。

（6）内侧面（medial surface）和外侧面（lateral surface） 前、后肢的内、外方。

3. 术语

为了和人的描述对应，各部及器官的名称尽量和人类一致，如"背主动脉"用"腹主动脉"、"前腔静脉"用"上腔静脉"等。和人差异较大的部位和器官仍用动物的名称，如"犬齿"、"颊囊"等。

4. 标志线和分区

藏酋猴腹部和人的差异较大，为准确描述腹腔结构，做两条水平线把腹部分为三个区。前水平线为通过两侧肋弓最低点的连线，后水平线为通过脐所做的水平线。三区即腹前区、腹中区和腹后区。

三、基金资助和感谢

本书编著，得到国家自然科学基金（NO: 31540032）、发育与再生四川省重点实验室基金（SYS14-006）、成都医学院学术专著出版基金、国家重点基础研究发展计划（973计划）（2015CB554100）和四川省科技厅"藏酋猴在异种肝移植中的解剖学研究"等项目资助。

在本书编著过程中，成都医学院人体解剖与组织胚胎学教研室李磊、付向成老师参与了实验的后勤保障和标本的处理工作，临床医学专业本科学生张文瑾、郭蓉、魏春雪、刘志林、孙叶、商理超、石杰敏和彭韵兰等参与了藏酋猴解剖准备、数据记录和照片拍摄等工作。在此，一并感谢！

由于我们的水平有限，书中可能存在不足之处，恳请读者批评指正。

编　者

2016 年 7 月于成都

目　　录

前言

第一章　神经系统 ················ 1

概述 ······················· 1

第一节　脊髓 ·················· 2

一、脊髓的位置和外形 ········· 2

二、脊髓的内部结构 ·········· 4

三、脊髓的组织结构 ·········· 7

第二节　脑 ··················· 9

一、脑干 ················· 9

二、小脑 ················· 17

三、间脑 ················· 24

四、大脑 ················· 28

第三节　脑和脊髓的被膜、血管
　　　　及脑脊液循环 ········· 39

一、脑和脊髓的被膜 ·········· 39

二、脑和脊髓的血管 ·········· 42

三、脑脊液及其循环 ·········· 46

第四节　周围神经系统 ··········· 46

一、脊神经 ················ 47

二、脑神经 ················ 47

三、内脏神经 ··············· 48

第二章　头部 ················· 49

概述 ······················· 49

一、体表标志 ··············· 49

二、体表投影 ··············· 49

第一节　颅骨及其连结 ··········· 50

一、脑颅骨 ················ 50

二、面颅骨 ················ 51

三、颅的整体观 ············· 53

四、颅骨的连结 ············· 55

第二节　层次结构 ·············· 55

一、面部 ················· 55

二、颅部 ················· 59

第三节　眼 ··················· 62

一、眼球 ················· 62

二、眼副器 ················ 65

三、眼的血管和神经 ·········· 66

第四节　耳 ··················· 68

一、外耳 ················· 69

二、中耳 ················· 69

三、内耳 ················· 70

第五节　鼻 ··················· 71

一、外鼻 ················· 72

二、鼻腔 ················· 72

三、鼻旁窦 ················ 73

第六节　口腔 ················· 73

一、口唇 ················· 74

二、颊 ·················· 74

三、腭 ·············· 74

四、舌 ·············· 74

五、牙齿 ·············· 76

六、口腔腺 ·············· 77

第三章　颈部 ·············· 78

概述 ·············· 78

一、境界和分区 ·············· 78

二、体表标志 ·············· 78

第一节　层次结构 ·············· 79

一、皮肤和浅筋膜 ·············· 79

二、颈肌和肌间三角 ·············· 80

三、颈深筋膜和筋膜间隙 ·············· 84

四、颈前区 ·············· 85

五、胸锁乳突肌区 ·············· 92

六、颈外侧区 ·············· 95

七、颈根部 ·············· 97

第二节　咽 ·············· 100

第三节　喉 ·············· 101

第四章　胸部 ·············· 105

概述 ·············· 105

一、体表标志 ·············· 105

二、标志线 ·············· 105

第一节　胸廓 ·············· 106

一、骨性胸廓 ·············· 106

二、骨连结 ·············· 108

三、骨性胸廓的整体观 ·············· 108

第二节　胸壁 ·············· 109

一、浅层结构 ·············· 109

二、深层结构 ·············· 109

第三节　膈 ·············· 111

第四节　胸膜、胸膜腔与肺 ·············· 112

一、胸膜与胸膜腔 ·············· 112

二、肺 ·············· 113

第五节　纵隔 ·············· 115

一、概述 ·············· 115

二、上纵隔 ·············· 116

三、前纵隔 ·············· 118

四、中纵隔 ·············· 118

五、后纵隔 ·············· 123

六、胸部的内脏神经 ·············· 125

第五章　前肢 ·············· 126

概述 ·············· 126

一、境界与分区 ·············· 126

二、体表标志 ·············· 126

第一节　前肢骨及其连结 ·············· 126

一、前肢骨 ·············· 126

二、前肢骨的连结 ·············· 130

第二节　肩部 ·············· 134

一、腋区 ·············· 134

二、三角肌区 ·············· 137

三、肩胛区 ·············· 137

第三节　臂部 ·············· 138

一、臂前区 ·············· 138

二、臂后区 ·············· 140

第四节　肘部 ·············· 142

一、肘前区 ·············· 142

二、肘后区 ·············· 143

第五节　前臂部 ·············· 144

一、前臂前区 ·············· 144

二、前臂后区 ·············· 146

第六节　腕 ·············· 147

一、腕前区 ·············· 147

二、腕后区 …………………… 149

第七节　手 ………………………… 149

一、手掌 ……………………… 149

二、手背 ……………………… 152

三、手指 ……………………… 153

第六章　脊柱区 ………………… 155

概述 …………………………… 155

一、境界和分区 ……………… 155

二、体表标志 ………………… 155

第一节　椎骨及其连结 …………… 156

一、椎骨 ……………………… 156

二、椎骨的连结 ……………… 161

三、脊柱的整体观 …………… 163

第二节　层次结构 ………………… 164

一、浅层结构 ………………… 164

二、深筋膜 …………………… 164

三、肌层 ……………………… 164

四、脊柱区的血管和神经 …… 168

五、椎管 ……………………… 169

六、椎管内容物 ……………… 170

第七章　腹部 …………………… 171

概述 …………………………… 171

一、体表标志 ………………… 171

二、标志线 …………………… 171

第一节　腹前外侧壁 ……………… 172

一、层次结构 ………………… 172

二、局部解剖 ………………… 177

第二节　腹膜和腹膜腔 …………… 179

一、韧带 ……………………… 179

二、系膜 ……………………… 180

三、网膜 ……………………… 181

四、皱襞、隐窝和陷凹 ……… 183

五、腹膜腔的间隙 …………… 184

第三节　腹腔的血管 ……………… 184

一、腹腔的动脉 ……………… 184

二、腹腔的静脉 ……………… 188

第四节　腹腔器官 ………………… 190

一、食管腹部 ………………… 190

二、胃 ………………………… 190

三、小肠 ……………………… 193

四、大肠 ……………………… 196

五、肝 ………………………… 199

六、胰 ………………………… 202

七、脾 ………………………… 203

八、肾 ………………………… 204

九、肾上腺 …………………… 206

十、输尿管 …………………… 206

十一、腰丛及腰交感神经 …… 207

第八章　盆部与会阴 …………… 209

概述 …………………………… 209

一、境界与分区 ……………… 209

二、体表标志 ………………… 209

第一节　骨盆及其连结 …………… 210

一、髋骨 ……………………… 210

二、骨盆的连结 ……………… 212

第二节　盆壁与盆筋膜 …………… 213

一、盆壁肌 …………………… 213

二、盆膈 ……………………… 214

三、盆筋膜 …………………… 215

四、盆筋膜间隙 ……………… 216

第三节　盆部的血管、神经和淋巴 … 217

一、动脉 ……………………… 217

二、静脉 …………… 219
三、淋巴 …………… 220
四、神经 …………… 220
第四节 盆腔脏器 …………… 221
一、直肠 …………… 222
二、膀胱 …………… 223
三、输尿管盆部和壁内部 …… 224
四、前列腺 …………… 225
五、输精管盆部、射精管、
精囊及尿道球腺 …… 225
六、子宫 …………… 226
七、卵巢 …………… 228
八、输卵管 …………… 229
九、阴道 …………… 229
第五节 会阴 …………… 229
一、肛区 …………… 230
二、雄性尿生殖区 …………… 230
三、雌性尿生殖区 …………… 234

第九章 后肢 …………… 237
概述 …………… 237
一、境界与分区 …………… 237
二、体表标志 …………… 237
第一节 后肢骨及其连结 …… 238

一、后肢骨 …………… 238
二、后肢骨的连结 …………… 242
第二节 臀部 …………… 247
一、境界 …………… 247
二、浅层结构 …………… 248
三、深层结构 …………… 248
第三节 股部 …………… 251
一、股前内侧区 …………… 251
二、股后区 …………… 255
第四节 膝部 …………… 257
一、膝前区 …………… 257
二、膝后区 …………… 257
三、膝关节动脉网 …………… 259
第五节 小腿部 …………… 259
一、小腿前外侧区 …………… 259
二、小腿后区 …………… 261
第六节 踝与足部 …………… 263
一、踝前区与足背 …………… 264
二、踝后区 …………… 265
三、足底 …………… 266

参考文献 …………… 269

中英文名词对照及索引 …………… 270

第一章

神 经 系 统

概　　述

神经系统（nervous system）分为**中枢神经系统**（central nervous system）和**周围神经系统**（peripheral nervous system）。中枢神经系统由位于椎管内的脊髓和颅腔内的脑组成。脑包括脑干、小脑、间脑和大脑，其中脑干又包括延髓、脑桥和中脑。周围神经系统由神经和神经节构成，一端连于中枢神经系统，另一端连于身体各系统或器官。与脊髓相连的神经为脊神经；与脑相连的神经为脑神经。按其所支配的周围器官的性质可分为分布于体表、骨、关节和骨骼肌的**躯体神经系统**（somatic nerve system），以及分布于内脏、心血管、平滑肌和腺体的**内脏神经系统**（visceral nerve system）。

神经系统主要由**神经组织**（nervous tissue）构成，神经组织包括**神经元**（neuron）和**神经胶质细胞**（neuroglial cell）。神经元是神经系统的结构和功能单位，具有接受刺激、整合信息和传导冲动的能力。神经元由胞体和突起构成，突起又分为**树突**（dendrite）和**轴突**（axon）两种。树突呈树枝状，具有许多分支，在分支上可见大量短小突起，称为**树突棘**（dendritic spine）。树突的主要功能是接受刺激并将冲动传向胞体。轴突末端常有分支，称为**轴突终末**（axon terminal）。轴突主要将冲动从胞体传向终末。通常一个神经元有一个或多个树突，但只有一个轴突。神经元与神经元、神经元与靶细胞之间借其突起以特化的连接结构，即**突触**（synapse），形成复杂的神经网络。神经胶质细胞主要对神经元起支持、保护、分隔和营养等作用。神经元的长轴突及包绕它的神经胶质细胞构成**神经纤维**（nervous fiber）。神经纤维集合成神经束，若干神经束聚集成**神经**（nerve）。神经系统通过神经元之间或神经元与靶细胞之间建立的神经网络完成其功能，直接或间接调控机体各个系统、器官的活动，从而对体内、体外各种刺激迅速做出适应性反应。

在中枢神经系统中，神经元胞体聚集的结构称为**灰质**（gray matter），不含神经元胞体，含大量神经纤维的结构称为**白质**（white matter）。由于大脑和小脑的灰质在表层，因此其又称为**皮质**（cortex），其神经纤维或神经纤维束形成的白质位于下面，故又称为**髓质**（medulla）。在白质内有由神经元胞体和树突构成的灰质团块，称为**神经核**（nucleus）或神经核团。脊髓的灰质位于中央，白质位于周围。在周围神经系统中，神经元胞体主要积聚在神经节中。

神经系统是体内起主导作用的功能调节系统，中枢神经系统通过周围神经系统与体内其他各个器官、系统发生极其广泛复杂的联系，在维持机体内环境稳定、保持机体完整统一性及其与外环境的协调平衡中起着主导作用。

第一节　脊　　髓

　　脊髓（spinal cord）自胚胎时期神经管末端的脊髓部发育而来。脊髓在构造上仍保留着神经管的基本结构，并具有明显的节段性。脊髓发出的脊神经分布于躯干和四肢。与脑相比，其分化较低，功能较低级。脊髓和脑的各部之间在结构上有着广泛的双向联系，脑通过脊髓来完成复杂的活动，而来自躯干和四肢的各种刺激，需通过脊髓向上传递至脑才能产生感觉。脊髓的活动主要是在脑的调控下进行的，但脊髓本身也可以完成许多反射活动。

一、脊髓的位置和外形

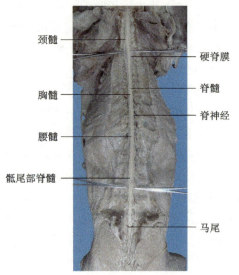

颈髓
硬脊膜
脊髓
脊神经
胸髓
腰髓
骶尾部脊髓
马尾

图1-1　脊髓背面观（原位）

　　脊髓位于椎管内，外包 3 层被膜。成体脊髓全长约 35cm，固定后其重约 20g。脊髓上端在枕骨大孔处与延髓相接，其下端变细成**脊髓圆锥**（medullary cone），约止于第 3 腰椎中点高度。脊髓软脊膜沿圆锥向下形成极细的**终丝**（terminal filament），止于尾骨的背面（图 1-1）。

　　脊髓呈圆柱形，全长粗细不等，有两个梭形的膨大，包括上端的颈膨大和下端的腰骶膨大（图 1-2）。**颈膨大**（cervical enlargement）是脊髓全长上最粗大的部位，从第 2 颈髓节段延伸至第 1 胸髓节段，相当于第 2 颈椎到第 7 颈椎的高度。其最大周径位于第 5 颈髓节段，相当于第 5 颈椎高度，横径达 0.96cm，背腹直径达 0.64cm。颈膨大的形成与上肢功能相关，支配上肢的神经臂丛神经自颈膨大发出。**腰骶膨大**（lumbosacral enlargement）与下肢的神经支配有关，从第 12 胸髓节段延伸到第 1 骶髓节段，相当于第 11 胸椎至第 2 腰椎的高度，最大周径在第 2 腰髓节段，相当于第 1 腰椎前部，横径达 0.68cm，背腹径达 0.59cm，向下迅即缩窄为脊髓圆锥。

　　脊髓的表面有纵行的沟裂。背腹两条位于正中的纵沟将脊髓分为左右对称的两半。腹侧面正中的纵沟最深，称为**腹正中裂**（ventral median fissure），内含有蛛网膜网状组织。脊髓血管的穿支进入腹正中裂，并穿入脊髓腹侧的白质腹连合，供应脊髓中央部的血液。背侧面正中的纵沟较浅，称为**背正中沟**（dorsal median sulcus），其内有由神经胶质形成的背正中隔，深入脊髓，几乎达脊髓中央管。在脊髓背外侧的表面有**背外侧沟**（dorsolateral sulcus），是脊神经背根进入脊髓的部位。在脊髓腹外侧的表面有**腹外侧沟**（ventrolateral sulcus），是传出神经纤维组成的脊神经腹根穿出脊髓之处。在脊髓的颈段和上胸段，背正中沟和背外侧沟之间有一表浅的**背中间沟**（dorsal intermediate sulcus），是脊髓内白质背索中薄束和楔束的分界沟。

脊髓在结构上并不分节，但由于脊髓发出成对的脊神经，每一对脊神经相连接的脊髓范围称为一个脊髓节段（图1-1，图1-2）。由于藏酋猴脊神经有39对，脊髓相应地分为39个节段：8节颈段（颈髓，C）、12节胸段（胸髓，T）、7节腰段（腰髓，L）、3节骶段（骶髓，S）和9节尾段（尾髓，Co）。与人相比，藏酋猴多了2节腰髓和8节尾髓，少了2节骶髓。

脊髓每对脊神经借**腹根**（ventral root）连于脊髓腹外侧沟，借**背根**（dorsal root）连于脊髓背外侧沟。腹根和背根均由许多根丝构成，一般腹根的根丝主要为躯体传出纤维，背根的根丝主要为躯体和内脏传入纤维，两者在椎间孔处合成一条脊神经，脊神经背根在椎间孔附近有椭圆形的膨大，称**脊神经节**（spinal ganglion），其中含假单极的感觉神经元，该神经元的中枢突构成了脊神经背根（图1-3）。

自圆锥向下发出的终丝，为约14cm长的结缔组织条索。终丝上端由硬膜和蛛网膜包绕，与软脑膜相延续，称为**内终丝**（internal terminal filament）；终丝尾端称为**外终丝**（external terminal filament），与硬膜融合。

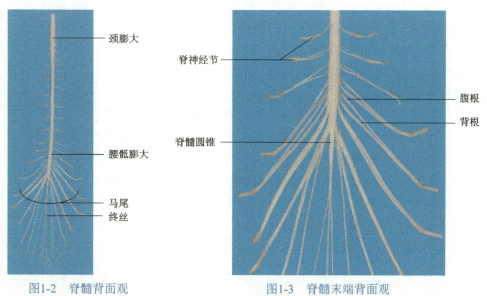

图1-2　脊髓背面观　　　　　　　　　图1-3　脊髓末端背面观

成年藏酋猴的脊髓的长度与椎管的长度不等，因而脊髓的各个节段与相应的椎骨不完全对应。推算如下：上颈髓节段 C_1~C_5 大致与相同序数的椎骨对应，下颈髓节段 C_6~C_8 和上胸髓节段 T_1~T_7 约平对同序数椎骨的上1块椎骨。下胸髓节段 T_8~T_{11} 大致与相同序数的椎骨对应，下胸髓节段 T_{12} 和上腰髓节段 L_1 约平对同序数椎骨的上1块椎骨，腰髓节段 L_2~L_5 平对第1腰椎。腰髓节段 L_6~L_7、全骶髓节段 S_1~S_3 和尾髓节段 Co_1 平对第2腰椎，剩余的尾髓节段平对第3腰椎。脊髓各节段与椎骨的对应关系见表1-1。

表1-1　脊髓节段与椎骨的对应关系

脊髓节段	对应椎骨	推算举例
上颈髓节段C_1~C_5	与同序数的椎骨对应	如第4颈髓节段平对第4颈椎
下颈髓节段C_6~C_8和上胸髓节段T_1~T_7	同序数椎骨-1	如第7颈髓节段平对第6颈椎
下胸髓节段T_8~T_{11}	与同序数的椎骨对应	如第10胸髓节段平对第10胸椎
下胸髓节段T_{12}和上腰髓节段L_1	同序数椎骨-1	如第12胸髓节段平对第11胸椎
腰髓节段L_2~L_5	平对第1腰椎	
腰髓节段L_6~L_7、全骶髓节段S_1~S_3和尾髓节段Co_1	平对第2腰椎	
剩余的尾髓节段	平对第3腰椎	

二、脊髓的内部结构

脊髓各节段的内部结构大致相似，由围绕中央部的灰质和位于外周的白质组成。在脊髓的横切面上，可见中部细小的**中央管**（central canal），贯穿脊髓全长，向上通第四脑室，下端在脊髓圆锥处扩大为**终室**（terminal ventricle），末端成盲端，内含有脑脊液。围绕中央管周围的是呈"H"形的灰质，灰质的周围是白质（图1-4）。在灰质背角基部外侧与白质之间，灰、白质混合交织，称为**网状结构**（reticular formation），在颈部最明显，向前与脑干网状结构相延续。藏酋猴脊髓内部结构与人相似。

脊髓各节段所含的灰质与白质数量不同，导致各节段的灰质和白质的比例不一样。其外形和大小也有差别（图1-4）。颈膨大和腰骶膨大处，与脊髓相连的神经根较粗，进出的脊髓神经纤维多，其相应的灰质量增加，白质量也相对较多；胸髓节段T_3~T_{10}较细，相应的灰质量和白质量都较小，其中灰质所占的比例也较小；脊髓与脑间有长纤维束相联系，因此脊髓尾端前移，纤维数量逐渐增加，如骶髓节段S_3切面呈圆形，灰质占大部分，而在其之前各节段的白质增加。

（一）脊髓灰质

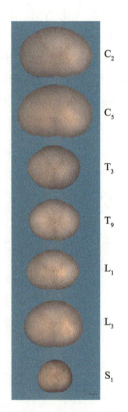

C₂

C₅

T₃

T₉

L₁

L₃

S₁

图1-4　脊髓各横切面灰质和白质比较（标尺为200μm）

在脊髓横切面上，灰质呈"H"形，肉眼观察呈灰色，其周围被白质包围（图1-5~图1-8）。"H"形的灰质两侧部的灰质向腹背方向延伸，向腹侧伸展的部分较为膨大，称为腹角，向背侧方向伸展的部分较为狭小，几乎达白质邻近脊髓的表面，称为背角。腹角和背角之间的灰质区域称中间带。位于脊髓中央管腹、背侧的灰质分别称为**灰质腹连合**（ventral gray commissure）和**灰质背连合**（dorsal gray commissure），连接两侧的灰质。在脊髓胸段和上腰段L_1~L_2，中间带向两侧突出，形成**侧角**（lateral horn）。在脊髓纵切面上，灰质纵贯成柱状，构成灰质柱，因而腹角、背角和侧角又被称为腹柱、背柱和侧柱。

脊髓的灰质主要由神经元的胞体、树突和神经末梢组成，富含血管。其中形态相似的神经元胞体集聚成群或者成层，称为神经核或板层。

1. 脊髓灰质神经核分布

（1）**腹角**（ventral horn）　主要含有运动神经元，由大、中、小型细胞组成。腹角运动神经元按位置可大致分为内、外两侧群；内侧群也称内侧核，位于腹角内侧部，支配躯干肌；外侧群又称外侧核，主要存在于颈、腰膨大处，支配四肢肌。

（2）**中间带**（intermediate zone）　主要由中小型细胞组成。中间带包括中间带外侧核、中间带内侧核等。**中间带内侧核**（intermediomedial nucleus）位于中央管外侧的中间带内侧部。**中间带外侧核**（intermediolateral nucleus）主要位于 T_1~L_2 节段的中间带向外突出的侧角内，其中的神经元胞体较小。

（3）**背角**（ventral horn）　在横切面上，自脊髓背侧向腹侧可将背角分为：背角尖、胶状质、背角头、背角颈和基底部。背角尖为一薄带，又称边缘带。背角头居背侧，较为膨大。胶状质呈新月形，似帽状冠于背角头的背部。背角颈较细，位于背角中部。背角通过基底部与灰质中间带相连接。

背角含有中间神经元，主要接受背根的传入纤维。背角的神经元主要有 4 群核团，从尖部到底部依次是：背角边缘核、胶状质、背角固有核和胸核（或背核）。**背角边缘核**（dorsalmarginal nucleus）位于背角尖部的边缘带，神经元呈弧形排列于背角尖，其接受背根的传入纤维，发出纤维参与组成脊髓丘脑束；**胶状质**（substantia gelatinosa of Rolando）由大量密集的小型细胞组成，见于脊髓全长，接受背根外侧部传入纤维；**背角固有核**（nucleus proprius）位于胶状质的腹侧，占据后角头和颈中央部，贯穿脊髓全长，接受背根的大部分纤维，发出纤维主要参与组成脊髓丘脑束。**胸核**（thoracic nucleus）又称**背核**（dorsal nucleus）或 Clarke 背核，是居于背角基底部内侧，灰质中间带背侧的一团明显的细胞群，细胞较大。胸核主要集中于脊髓的胸髓节段和上腰髓节段。

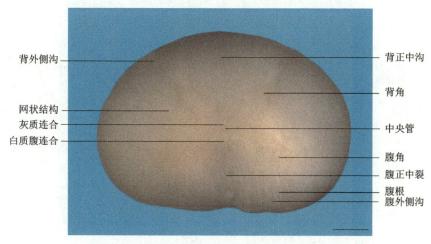

图1-5　脊髓第5颈节横切面（标尺为200μm）

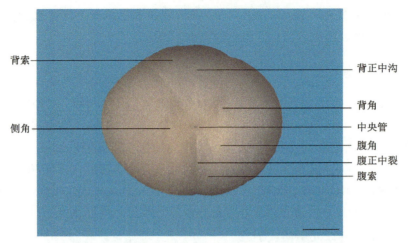

背索　　　　背正中沟

側角　　　　背角
　　　　　　中央管
　　　　　　腹角
　　　　　　腹正中裂
　　　　　　腹索

图1-6　脊髓第3胸节横切面（标尺为200μm）

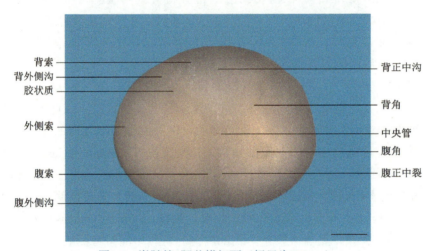

背索　　　　背正中沟
背外側沟
胶状质　　　背角

外側索　　　中央管
　　　　　　腹角
腹索　　　　腹正中裂

腹外側沟

图1-7　脊髓第3腰节横切面（标尺为200μm）

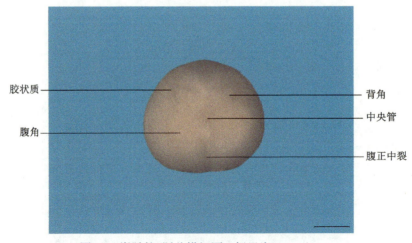

胶状质　　　背角
　　　　　　中央管

腹角
　　　　　　腹正中裂

图1-8　脊髓第1骶节横切面（标尺为200μm）

2. 脊髓灰质的板层构筑

脊髓灰质的板层构筑源于对猫脊髓的研究，目前广泛使用脊髓灰质 Rexed 分层模式来对脊髓灰质的构筑进行描述，藏酋猴的脊髓灰质也可从背侧向腹侧分为 10 个板层，以罗马数字 I～X 命名。I 层相当于背角边缘层，II 层相当于胶状质，III、IV 层相当于背角固有核，V、VI 层位于背角颈部和基部，VII 层相当于中间带，VIII 层位于腹角基部，IX 层相当于腹角运动神经元区，X 层在脊髓中央管周围。

（二）脊髓白质

白质位于脊髓灰质周围，由神经纤维、神经胶质细胞及血管构成。由于纤维中有大量的有髓纤维，因而在新鲜的切面上呈现白色。在脊髓横切面上，以腹外侧沟和背外侧沟为界，白质被分为三个索：腹正中裂和腹外侧沟之间的白质为**腹索**（ventral funiculus）；腹外侧沟、背外侧沟之间的白质为**外侧索**（lateral funiculus）；背外侧沟与背正中沟之间的白质是**背索**（ventral funiculus）。在灰质腹连合腹侧有纤维横越，称为**白质腹连合**（ventral white commissure）。

在脊髓白质内，起止、走行和功能相同的纤维集合成束，称为纤维束。人的白质主要由上下纵向走行的纤维束组成。根据纤维长短及连接部位，纤维束可分为长距离的传导束和短距离的固有束。传导束是连接脊髓和脑的神经纤维束，一般按照起止命名。根据冲动传递方向又可分为上行传导束（又称感觉传导束）和下行传导束（又称运动传导束）。前者包括薄束、楔束、脊髓丘脑束、脊髓小脑后束和脊髓小脑前束等；后者包括皮质脊髓束、红核脊髓束、前庭脊髓束、顶盖脊髓束、网状脊髓束等。脊髓固有束紧贴灰质表面，起止均在脊髓，参与脊髓节段内和节段间的反射活动。长距离的传导束位于脊髓的周边，短距离的固有束围绕在灰质周围排列。在成年藏酋猴的脊髓切片上，各种纤维束的边界不易划分。

三、脊髓的组织结构

中枢神经系统中，神经元胞体集中的部位称为灰质，不含神经元胞体、含大量神经纤维的结构称为白质。脊髓中央管位于中央，主要由单层柱状的管室膜细胞构成。中央管周围为灰质，白质位于灰质外侧（图1-9~ 图1-12）。

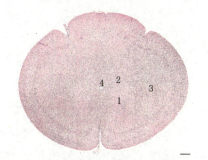

图1-9　脊髓第5颈节横切面光镜图
（标尺为500μm）

1. 前角；2. 后角；3. 白质；4. 中央管

图1-10　脊髓第3胸节横切面光镜图
（标尺为500μm）

1. 前角；2. 后角；3. 白质；4. 中央管

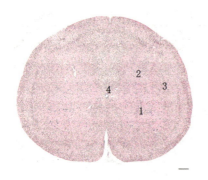

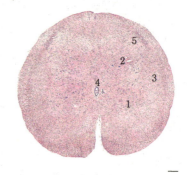

图1-11 脊髓第3腰节横切面光镜图
（标尺为500μm）

1. 前角；2. 后角；3. 白质；4. 中央管

图1-12 脊髓第1骶节横切面光镜图
（标尺为500μm）

1. 前角；2. 后角；3. 白质；4. 中央管；5. 胶状质

（一）脊髓灰质

脊髓灰质按其形态可分为腹角、背角、中间带及侧角。脊髓灰质内含有多级神经元的胞体、树突、无髓神经纤维和神经胶质细胞。

腹角内主要为**运动神经元**（motor neuron），该神经元为多极神经元。运动神经元的轴突形成腹根，末梢形成运动终板支配骨骼肌运动。腹角的神经元成群分布，形成腹角内的细胞核团。这些运动神经元的胞体不等：大型的神经元为 α 神经元，数量多，胞体大，轴突粗，支配梭外肌纤维。腹角外侧核内的运动神经元主要为 α 神经元，胞体大，细胞核位于中心，泡状，含有块状粗大的**尼氏体**（Nissl body）；小型的神经元为 γ 神经元，数量少，散布于大型的腹角神经元之间，支配梭内肌纤维；还有一种短轴突的小神经元，为**闰绍细胞**（Renshaw cell），其轴突与神经元形成突触，起抑制作用（图 1-13）。

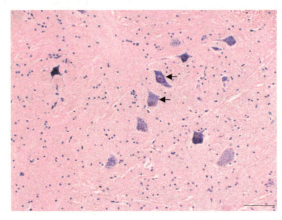

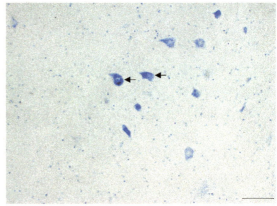

图1-13 脊髓腹角光镜图（标尺为100μm）

左图HE染色；右图Nissl染色；←神经元

背角内的神经元主要是接受感觉神经元轴突传入的神经冲动，神经元类型较为复杂。背角的**束细胞**（tract cell）发出长轴突进入白质，形成各种上行纤维束到脑干、小脑和丘脑。

脊髓灰质内还分布许多中间神经元，轴突长短不一，短轴突只与同节段的束细胞和运动神经元联系，长轴突在白质上下穿行至相邻或较远的脊髓节段，终止于同侧或对侧的神经元，但都不离开脊髓。侧角主要由较小的神经元组成，属于自主神经元（图 1-14）。

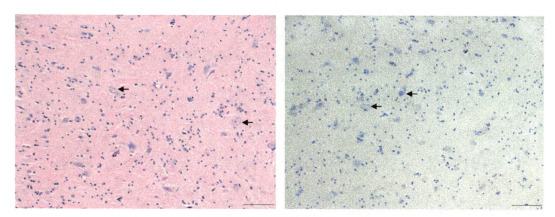

图1-14　脊髓背角光镜图（标尺为100μm）

左图HE染色；右图Nissl染色；←神经元

（二）脊髓白质

白质内主要为有髓和无髓的神经纤维、神经胶质细胞、血管和结缔组织等。神经纤维来自于脑的下行纤维、向脑的上行纤维、脊髓节段间的联系纤维。白质内的神经纤维规则排列呈束状结构。

第二节　脑

藏酋猴的**脑**（brain）由延髓、脑桥、中脑、小脑、间脑和大脑组成，其中延髓、脑桥和中脑合称脑干。固定后的成体猴脑总质量约 120g，从背面观，藏酋猴脑的外形呈卵圆形，前端较狭窄，后端较宽。从额极到枕极长约 7.8cm；最宽处约 6.1cm；从颞极到顶叶背面的厚度约 4.9cm。

一、脑干

（一）脑干的位置和外形

脑干（brain stem）位于大脑下方，是中枢神经系统中脊髓向颅腔内延伸的部分。藏酋猴脑干的基本组成与人类一样，从后往前依次是延髓、脑桥和中脑三段。脑干前面位于颅后窝，背面与小脑相连。脑干后端在枕骨大孔处其延髓与脊髓相连，上端被大脑两半球所覆盖，中脑头部与间脑相连。脑干是大脑、小脑与脊髓相互联系的重要通路。

脑干形状呈不规则柱状。其后端较细，为延髓，形如一个倒置圆锥体，与脊髓表面沟裂相续。延髓下部外形与脊髓相似，内腔有中央管。延髓下端在枕骨大孔第1颈神经根处与脊髓相接。延髓上端以腹面横行的**延髓脑桥沟**（bulbopontine sulcus）与脑桥分隔，在背侧以菱形窝中部横行的髓纹为界。脑干中上部是脑桥和中脑，较宽大，与间脑相续。延髓、脑桥和小脑之间围成的腔隙为**第四脑室**（fourth ventricle），其向后与延髓和脊髓的中央管相通，向前接中脑的**中脑水管**（mesencephalic aqueduct）。

1. 脑干腹侧面

（1）**延髓**（medulla oblongata）　在延髓腹正中裂两侧上端有纵行隆起，称**锥体**（pyramid）。在延髓腹正中裂下端有**锥体交叉**（decussation of pyramid），呈左右交叉发辫状，它是锥体内由端脑发出的皮质脊髓束纤维大部分交叉至对侧脊髓侧索下行而成，为延髓和脊髓交界。藏酋猴的**斜方体**（trapezoid body）未完全被脑桥遮掩，大部分仍然暴露于橄榄体的颅侧。在延髓上部锥体背外侧有卵圆形隆起，称**橄榄体**（olive body）（图1-15）。橄榄体和锥体之间前外侧沟中有舌下神经根丝。在橄榄体背侧，自上而下依次排列为舌咽、迷走和副神经（脑根和脊髓根）根丝。

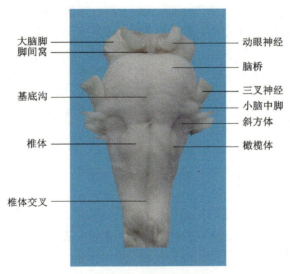

大脑脚
脚间窝

基底沟

椎体

椎体交叉

动眼神经
脑桥

三叉神经
小脑中脚
斜方体

橄榄体

图1-15　脑干腹面观

（2）**脑桥**（pons）　脑桥下端借延髓脑桥沟与延髓分界，上端与中脑大脑脚相接，腹侧主要结构有基底沟。脑桥腹面较延髓宽阔膨隆，称**脑桥基底部**（basilar part of pons）。基底部正中有一条纵行浅沟，称**基底沟**（basilar sulcus）（图1-15），此沟不如人类基底沟明显。

（3）**中脑**（midbrain）　位于视束和脑桥上缘之间，其腹侧面可见两个大脑脚和脚间窝等。**大脑脚**（cerebral peduncles）是腹侧面一对粗大纵行隆起，由大量大脑皮质发出的下行纤维构成。在大脑脚底之间凹陷部位，称**脚间窝**（interpeduncular fossa），在脚间窝内可见有两个球形隆起，为乳头体，其形状与金丝猴和叶猴相似。在大脑脚底内侧有动眼神经根（图1-15）。

2．脑干背侧面

（1）**延髓**　在延髓背面主要结构有薄束结节、楔束结节。延髓背面上端构成菱形窝下半部分。在尾侧，脊髓的薄束和楔束向上颅侧延伸扩展呈膨隆处称**薄束结节**（gracile tubercle）和**楔束结节**（cuneate tubercle），这两个隆起结节不如人类凸显（图1-16）。

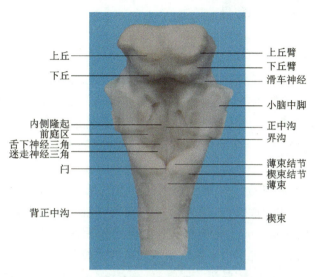

上丘　上丘臂
下丘　下丘臂
　　　滑车神经
　　　小脑中脚
内侧隆起　正中沟
前庭区　界沟
舌下神经三角　薄束结节
迷走神经三角　楔束结节
闩　薄束
背正中沟　楔束

图1-16　脑干背面观

（2）**脑桥**　脑桥背面形成第四脑室底上半部（图 1-16）。如果将小脑与脑干连接处切断，去除小脑后就能见到延髓上部和脑桥背面，此结构称为**第四脑室底**（floor of fourth ventricle），因呈菱形，亦称**菱形窝**（rhomboid fossa）。菱形窝内有明显正中沟和界沟。**正中沟**（median sulcus）位于室底正中线上，纵贯菱形窝全长，把菱形窝分为左右两半。**界沟**（sulcus limitans）则是纵行分布在正中沟外侧面，将每侧半菱形窝分为内侧和外侧。外侧部称**前庭区**（vestibular area），呈三角形，深面为前庭神经核。内侧部称**内侧隆起**（medial eminence），位于界沟与正中沟之间。**髓纹**（medullary stria）横行于菱形窝外侧角与中线之间浅表纤维束，不如人类发达。在髓纹后端，可见**舌下神经三角**（hypoglossal triangle）和**迷走神经三角**（vagal triangle）。菱形窝末端处，有第四脑室脉络带附着的弯曲边缘形成的**闩**（obex）。第四脑室底两侧外壁上有与小脑相连的左、右小脑脚，包括小脑上脚、中脚和下脚。

（3）**中脑**　中脑背面有**四叠体**（corpora quadrigemina），明显可见，即两个**上丘**（superior colliculus）和两个**下丘**（inferior colliculus）（图1-16）。这两对上丘和下丘是背面上、下呈两个圆形隆起处，并且上丘体积略大于下丘，这与人类上下丘大小一致有所不同。滑车神经根从四叠体后边穿出。连接上丘与间脑外侧膝状体及连接下丘与间脑内侧膝状体之间的条形隆起，分别为**上丘臂**（brachium of superior colliculus）和**下丘臂**（brachium of inferior colliculus）。

（二）脑干的内部结构

脑干的内部结构也由灰质和白质构成，但其结构比脊髓复杂。灰质由团状或柱形的核团构成；脑干出现了大面积的网状结构；白质由长的上行纤维束、下行纤维束和出入小脑的纤维组成；脑干的白质被灰质和网状结构划分成不连续状。脑干中的延髓、脑桥、中脑各段的内部结构存在一定的差异。

1. 延髓横切面

（1）**锥体交叉横切面**　该平面位于延髓下尾端，它与脊髓（颈段平面）比较，典型特征是：在经延髓中央管腹侧部，左、右**锥体束**（pyramidal tract）纤维越到对侧中部构成锥体交叉。此结构使得腹正中裂在锥体交叉平面没有位居中央，前角不完整。在正中沟两侧分别为薄束和楔束深面，在楔束的外侧为**三叉神经脊束**（spinal nucleus of trigeminal nerve）（图 1-17）。

（2）**内侧丘系交叉横切面**　该平面位于锥体交叉前方，此时腹正中裂呈矢状位。腹正中裂两侧，锥体束聚集为锥体。后索薄束和楔束纤维已减少，深处的**薄束核**（gracile nucleus）和**楔束核**（cuneate nucleus）增大。这两个核团发出纤维绕行中央灰质外缘，成**内弓状纤维**（internal arcuate fiber）；在中央管腹侧左右交叉，为内侧丘系交叉，交叉后的纤维在中线两侧前行，形成**内侧丘系**（medial lemniscus）。网状结构位于中央灰质腹外侧。

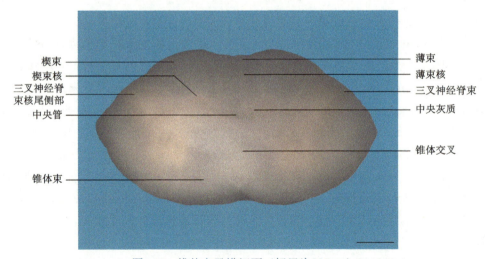

图1-17　椎体交叉横切面（标尺为200μm）

（3）**橄榄中部横切面**　该平面位于延髓前半部分，与椎体交叉平面相比，该平面最显著变化是在锥体背外侧出现**下橄榄主核**（inferior main olivary nucleus）。中央管扩大为第四脑室，在中线两侧的是**舌下神经核**（hypoglossal nucleus），此核背外侧是迷走神经背核。网状结构位于**下橄榄核**（inferior olivary nucleus）背侧，界沟外侧是前庭区，深面可见**前庭核**（vestibular nucleus）（图 1-18）。

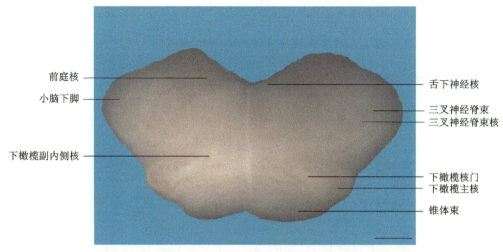

图1-18   橄榄中部横切面（标尺为200μm）

（4）**延髓脑桥交界横切面**   因小脑下脚向背外侧行，此横切面背侧部向侧方扩展。小脑下脚腹外侧有前庭蜗神经入脑，止于**蜗神经核**（cochlear nucleus）。蜗神经后核贴在小脑下脚背外侧，外形上隆起，为听结节；蜗神经前核在小脑下脚腹外侧。下橄榄核体积变小，其与三叉神经脊束核之间存在**疑核**（ambiguous nucleus）。腹侧的腹正中裂两侧为锥体束（图 1-19）。

图1-19   延髓脑桥交界横切面（标尺为200μm）

2. 脑桥横切面

（1）**脑桥后部横切面**   此切面经面神经丘横切面（图 1-20）。在背正中沟两侧隆起为面神经丘，内有**展神经核**（abducens nucleus）。界沟外侧可见前庭核。**面神经**（facial nerve）由展神经核向腹外侧行，其背侧可见三叉神经脊束核。内侧丘系横置于中线两侧，是脑桥基底部和被盖的分界标志。在内侧丘系背侧，脑桥被盖腹外侧区，可见**面神经运动核**（facial motor nerve）。在内侧丘系腹侧，可见位于锥体束间隙之间的细胞群，即**脑桥**

核（pontine nucleus）。脑桥核发出横行的**脑桥小脑纤维**（pontocerebellar fiber）。

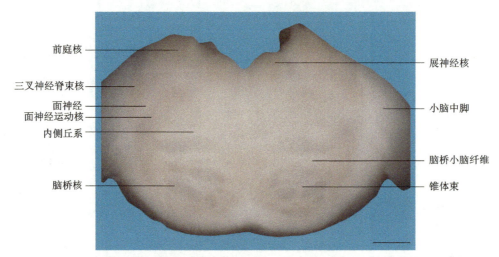

前庭核
三叉神经脊束核
面神经
面神经运动核
内侧丘系
脑桥核

展神经核
小脑中脚
脑桥小脑纤维
锥体束

图1-20　脑桥后部横切面（标尺为200μm）

（2）**脑桥中部横切面**　此切面为脑桥中间平面（图 1-21）。脑桥被盖腹外侧可见**三叉神经运动核**（motor nucleus of trigeminal nerve）。基底部位于切面腹侧，脑桥核散在于纤维间隙中。纵行纤维有锥体束，锥体束沉入基底部，分为若干小束。脑桥被盖外侧可见小脑上脚和中脚进入小脑。斜方体的纤维在被盖部和基底部之间横行，穿过内侧丘系，在上橄榄核外缘折向上行，成为外侧丘系。网状结构占据被盖部中央。

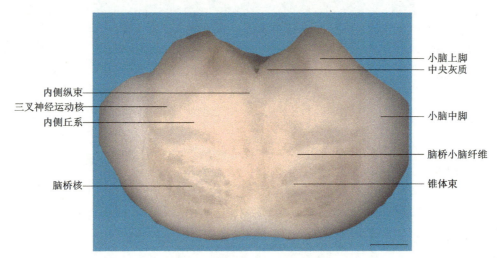

内侧纵束
三叉神经运动核
内侧丘系
脑桥核

小脑上脚
中央灰质
小脑中脚
脑桥小脑纤维
锥体束

图1-21　脑桥中部横切面（标尺为200μm）

（3）**脑桥前部横切面**　此切面为通过**滑车神经交叉**（decussation of trochlear nerve）的平面（图 1-22）。脑桥基底部进一步膨胀。在脑桥被盖部，背侧第四脑室腔隙变小，第四脑室顶为薄层的**上髓帆**（superior medullary velum），滑车神经根在其内交叉后出脑。在被盖部外侧边缘处有外侧丘系，其腹内侧有脊髓丘脑束和内侧丘系。网状结构仍位于被盖中央。**内侧纵束**（medial longitudinal fasciculus）背侧可见**滑车神经核**（trochlear nucleus）。

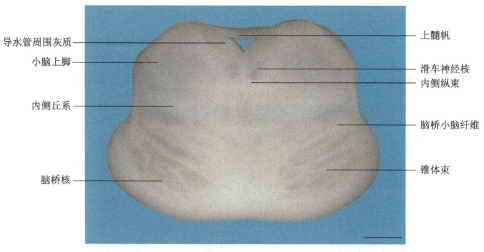

图1-22　脑桥前部横切面（标尺为200μm）

3. 中脑横切面

（1）**下丘横切面**　此切面背侧隆起为下丘，**下丘中央核**（central nucleus of inferior colliculus）位于下丘内部（图 1-23）。外侧丘系纤维散入下丘内，部分纤维经**下丘连合**（commissure of inferior colliculus）终于对侧下丘中央核。中脑内的腔隙为中脑水管，周围为**导水管周围灰质**（periaqueductal gray matter）。导水管周围灰质腹侧，可见内侧纵束。内侧纵束腹侧有**小脑上脚交叉**（decussation of superior cerebellar peduncle）。网状结构占据中脑被盖背外侧部。在与脑桥交界处，下丘腹侧面的结构与脑桥较相似。

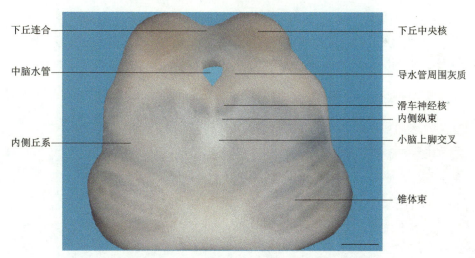

图1-23　下丘横切面（标尺为200μm）

（2）**上丘横切面**　切面背侧有一对隆起的上丘，中脑水管腹侧大部分为**大脑脚**（cerebral peduncles），包括大脑脚底和被盖部（图 1-24）。大脑脚底与被盖部分界为**黑质**（substantia nigra）。腹侧为**大脑脚底**（cerebral crus），锥体束等纤维在此下行。黑质背侧与导水管周围灰质腹外侧之间部分为被盖部。中脑水管周围腹侧有动眼神经核和动眼神经副核。从这些核发出的动眼神经纤维走向腹侧。在中脑被盖有大而圆的**红核**（red nucleus）。左右红核之间，中线上有交叉纤维，背侧为顶盖脊髓束交叉，腹侧为红核脊髓束交叉。红核外侧是内侧丘系，脊髓丘脑束和内侧丘系在此移向背侧。在脚间窝底深处可见**脚间核**（interpeduncular nucleus）。大脑脚底和黑质及网状结构与下丘平面相同。

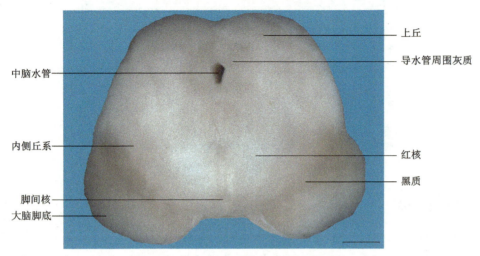

图1-24　上丘横切面（标尺为200μm）

（三）脑干的组织结构

1．脑干灰质

脑干灰质主要由聚集在一起具有相同功能的神经元胞体构成的神经核团组成，各核团断续存在于白质之中。神经元的细胞核位于中心，染色较浅，核仁明显，胞质内含有细密的尼氏体。不同脑干核团的神经胞体大小不一（图 1-25，图 1-26）。

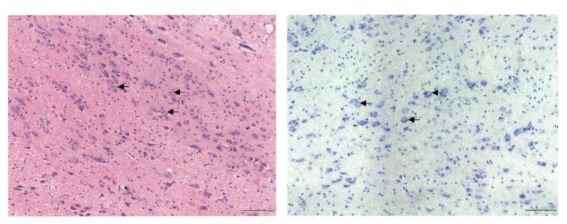

图1-25　脑桥核光镜图（标尺为100μm）
左图HE染色；右图Nissl染色；◄神经元

2. 脑干白质

脑干白质主要由神经纤维、神经胶质细胞、血管和结缔组织等组成（图1-26）。神经纤维由来自于长的上下行纤维束出入小脑的纤维组成，神经纤维规则排列呈束状，但不同的纤维束走行不一，有的纵行，有的横行。

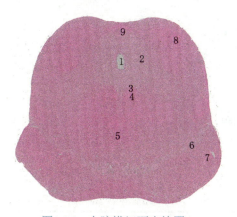

图1-26　中脑横切面光镜图

1.中脑水管；2.导水管周围灰质；3.滑车神经核；4.内侧纵束；
5.小脑上脚交叉；6.黑质；7.大脑脚底；8.下丘；9.下丘连合

二、小脑

小脑（cerebellum）由胚胎时期后脑两侧翼板融合演变而来，位于脑干的背侧，呈球形隆起。小脑对于维持藏酋猴身体平衡、调节其肌张力和协调随意运动具有重要的作用，是重要的躯体运动调节中枢之一。

（一）小脑的位置和外形

小脑位于颅后窝，在脑桥和延髓的背侧，与大脑半球颞叶后部和枕叶的腹侧相对，小脑与大脑间以小脑幕相隔。藏酋猴与人的小脑外形相似（图 1-27~ 图 1-30）。成年藏酋猴小脑重约 10g，占脑重约 8.3%。小脑宽约 4.2cm，前后长约 2.3cm，背腹厚约 1.9cm。小脑背侧较平坦，其前、后缘凹陷，分别称**小脑前切迹**（anterior cerebellar notch）、**小脑后切迹**（posterior cerebellar notch）。小脑腹侧正中有纵深的凹陷，包绕脑干，称**小脑谷**（cerebellar vallecula）。小脑可分为中间狭窄的**小脑蚓**（vermis）（又称蚓部）和两侧膨大的**小脑半球**（cerebellar hemisphere）。小脑表面有许多平行的沟，将小脑表面分成许多横行的叶片，称**小脑叶片**（cerebellar folia）。其中始自小脑中脚较深的沟，以水平方向绕小脑半球的外侧和后缘，终于小脑后切迹，称为**水平裂**（horizontal fissure），此裂是小脑背侧和腹侧的界限。在小脑背腹侧、蚓部和半球形成的小叶，其形态和名称不同（表 1-2）。

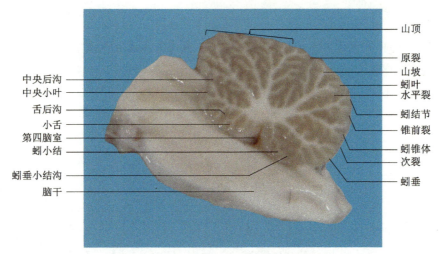

图1-27　小脑正中矢状切面

中央后沟
中央小叶
舌后沟
小舌
第四脑室
蜥小结
蜥垂小结沟
脑干

山顶
原裂
山坡
蜥叶
水平裂
蜥结节
锥前裂
蜥锥体
次裂
蜥垂

表1-2　小脑蜥部和半球背腹侧小叶的对应

	蜥部	半球
腹侧	蜥小结	绒球
	蜥垂	旁绒球
	蜥锥体	二腹小叶、旁正中叶
	蜥结节	下半月叶
背侧	小舌	—
	中央小叶	中央小叶翼
	山顶	方形小叶（前部）
	山坡	方形小叶（后部）
	蜥叶	上半月叶

1. 小脑背侧面

小脑背侧包括小脑背蜥和小脑半球的背侧（图1-28）。背蜥分为5部分，从前向后依次是**小舌**（lingula）、**中央小叶**（central lobule）、**山顶**（culmen）、**山坡**（declive）、**蜥叶**（folium of vermis）。除小舌外，每个小叶向两侧都与相应半球的小叶相连。中央小叶连接两侧**中央小叶翼**（ala of central lobule）；山顶和山坡连接两侧**方形小叶**（quadrangular lobule），山顶和山坡中间隔以**原裂**（primary fissure）；蜥叶连接两侧**上半月叶**（superior semilunar lobule），上半月叶与腹侧的**下半月叶**（inferior semilunar lobule）相接，上、下半月叶之间隔以水平裂（图1-28，图1-29）。

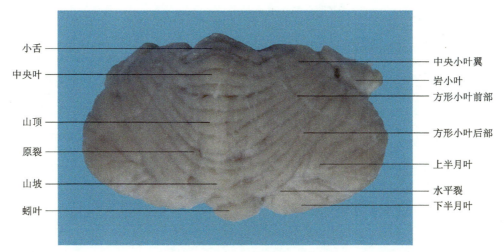

小舌　　　　　　　　　　　　　　　　中央小叶翼
中央叶　　　　　　　　　　　　　　　岩小叶
　　　　　　　　　　　　　　　　　　方形小叶前部
山顶　　　　　　　　　　　　　　　　方形小叶后部
原裂　　　　　　　　　　　　　　　　上半月叶
山坡　　　　　　　　　　　　　　　　水平裂
蚓叶　　　　　　　　　　　　　　　　下半月叶

图1-28　小脑背面观

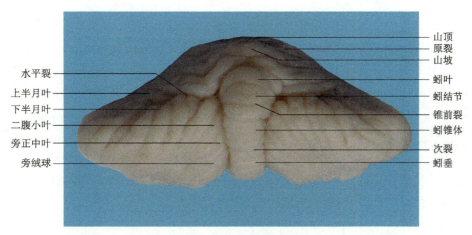

　　　　　　　　　　　　　　　　　　山顶
水平裂　　　　　　　　　　　　　　　原裂
上半月叶　　　　　　　　　　　　　　山坡
下半月叶　　　　　　　　　　　　　　蚓叶
二腹小叶　　　　　　　　　　　　　　蚓结节
旁正中叶　　　　　　　　　　　　　　锥前裂
旁绒球　　　　　　　　　　　　　　　蚓锥体
　　　　　　　　　　　　　　　　　　次裂
　　　　　　　　　　　　　　　　　　蚓垂

图1-29　小脑后面观

2．小脑腹侧面

　　小脑的腹侧的分叶不很明确，中间为小脑腹蚓，两侧为小脑半球的腹侧（图 1-30）。小脑腹蚓深陷小脑谷底，分为 4 部分，从前向后依次是**蚓小结**（nodule of vermis）、**蚓垂**（uvula of vermis）、**蚓锥体**（pyramid of vermis）和**蚓结节**（tuber of vermis）。蚓小结位于最前部，与蚓垂以**蚓垂小结沟**（uvulonodular sulcus）为界。蚓小结以**绒球脚**（peduncle of flocculus）与**绒球**（flocculus）相连，共同构成**绒球小结叶**（flocculonodular lobe）。蚓垂连接两侧的**旁绒球**（paraflocculus），共同构成**旁绒球小结叶**（paraflocculonodular lobe）。绒球与旁绒球隔以**绒球旁绒球裂**（flocculus-paraflocculus fissure）。旁绒球向小脑半球的外侧凸出形成**岩小叶**（petrosal lobe）。蚓锥体连接两侧**二腹小叶**（biventral lobule）和位于二腹小叶内侧的**旁正中叶**（paramedial lobe）。蚓垂和蚓锥体二者之间隔以**次裂**（second fissure）或称**锥后裂**（retropyramidal fissure）。蚓结节向两侧连于下半月小叶。

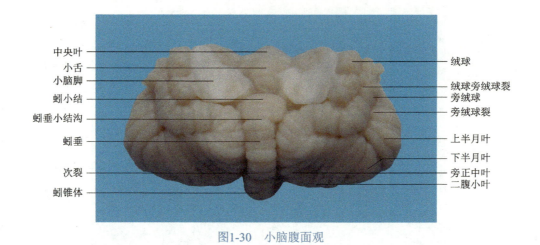

图1-30　小脑腹面观

3．小脑脚

小脑以上、中、下三对**小脑脚**（cerebellar peduncle）与脑干相连（图1-30）。其中小**脑中脚**（middle cerebellar peduncle）最粗大，又称**桥臂**（brachium pontis），与上下脚相比，其位置最靠外侧，它向腹侧连于脑桥。**小脑下脚**（inferior cerebellar peduncle）位于小脑中脚的内侧，连于延髓，又称**绳状体**（restiform body）。**小脑上脚**（superior cerebellar peduncle）位于最内侧，连于中脑，又称**结合臂**（brachium conjunctivum）。

4．小脑的分叶和分区

小脑表面借原裂和次裂可分为三个功能区：前叶、中叶、后叶。藏酋猴和人的小脑功能分区相似，但三个分区的命名存在差异（表1-3）。

表1-3　藏酋猴小脑功能分区

分叶名称			进化名称	功能名称	所包含结构		主要功能
藏酋猴	猕猴	人			蚓部	小脑半球	
前叶	前叶	前叶	旧小脑	脊髓小脑	小舌		调节肌张力
					中央小叶	中央小叶翼	
					山顶	方形小叶前部	
					原裂		
中叶	中叶	后叶	新小脑	大脑小脑	山坡	单叶	协调运动
					蚓叶	上半月叶	
					蚓结节	下半月叶	
					蚓锥体	二腹小叶和旁正中叶	
					次裂		
后叶	后叶				蚓垂	旁绒球	
		绒球小结叶	古小脑	大脑小脑	蚓小结	绒球	维持平衡

（1）**前叶**（anterior lobe）　原裂是位于小脑背侧较深的沟，原裂以前的部分即为前叶。包括蚓部的小舌、中央小叶和山顶，以及蚓部对应的两侧小脑半球的中央小叶翼、方形

小叶前部。小舌和中央小叶之间以**舌后沟**（postlingual sulcus）分隔，中央小叶和山顶之间以**中央后沟**（postcentral sulcus）分隔。

（2）**中叶**（medial lobe）　次裂是位于小脑腹侧较深的沟，原裂和次裂之间的部分称为中叶。中叶的蚓部包括山坡、蚓叶、蚓结节和蚓锥体。山坡和蚓叶隔以**后上沟**（postero-superior sulcus），蚓叶和蚓结节隔以水平裂，蚓结节和蚓锥体之间隔以**锥前裂**（prepyramidal fissure）。中叶的小脑半球包括：山坡连接外侧的方形小叶的后部或称**单叶**（simple lobule）、蚓叶连接的上半月叶、蚓结节连接的下半月叶、蚓锥体连接的二腹小叶和位于二腹小叶内侧的**旁正中叶**（paramedial lobe）。

（3）**后叶**（posterior lobe）　此叶位于次裂以后，主要由中间蚓部的蚓垂和蚓小结及两侧的旁绒球和绒球构成。蚓垂和两侧的旁绒球共同构成旁绒球小结叶，位于二腹小叶和旁正中叶的前方。蚓小结与两侧的绒球构成绒球小结叶，绒球小结叶位于旁绒球小结叶的前方。

（二）小脑的内部结构

小脑包括皮质、白质和小脑核。**小脑皮质**（cerebellar cortex）与大脑近似，为覆盖小脑表面较薄的灰质。小脑皮质内部为白质，又称髓质，主要由纤维组成。髓质内包埋有 4 对灰质核团，称**小脑核**（cerebellar nucleus）或**小脑中央核**（central nucleus of cerebellum）。

1．小脑皮质

小脑皮质为位于小脑表面的灰质。小脑皮质向内凹陷形成沟，形成许多大致横行的薄片状小脑叶片，每个叶片表层的灰质结构相似，可分为明显的 3 层，由浅入深依次为分子层、浦肯野细胞层和颗粒层。分子层位于浅层，较厚；浦肯野细胞层由排列整齐的单层浦肯野细胞的胞体组成；颗粒层位于最深层，较厚。

2．小脑白质

小脑蚓部和半球的内部为小脑的白质。蚓部内的白质较少，而半球内部的白质较多，这些白质主要包括固有束、传入纤维和传出纤维三种纤维。固有束主要是指与小脑不同区域联系而不离开小脑的纤维。传入纤维和传出纤维组成了小脑的上、中、下三对脚。

3．小脑核

小脑核位于小脑的内部，埋于小脑白质内，共 4 对，由内向外依次为：顶核、球状核、栓状核和齿状核（图 1-31）。

（1）**顶核**（fastigial nucleus）　位于小脑核最内侧，第四脑室的顶部，小脑蚓的白质内。

（2）**球状核**（globose nucleus）　位于顶核外侧。

（3）**栓状核**（emboliform nucleus）　较大，位于齿状核内侧门处。

（4）**齿状核**（dentate nucleus）　最大，位于小脑核最外侧，呈皱褶袋状，袋口向内侧。

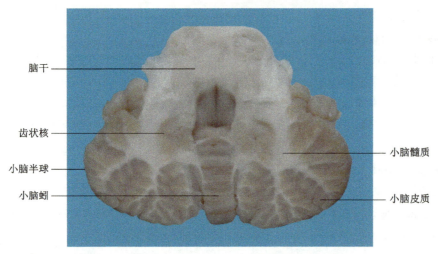

图1-31　小脑水平切面（第四脑室顶最上部被切除）

（三）小脑的组织结构

1. 小脑皮质

　　小脑皮质从外向内分为分子层、浦肯野细胞层和颗粒层，内含有神经元、神经胶质细胞及血管等。在皮质内有 5 种神经元：星形细胞、篮状细胞、浦肯野细胞、颗粒细胞和高尔基细胞。浦肯野细胞是传出神经元，颗粒细胞是兴奋性神经元，其他三种是中间神经元，起抑制性作用（图 1-32）。

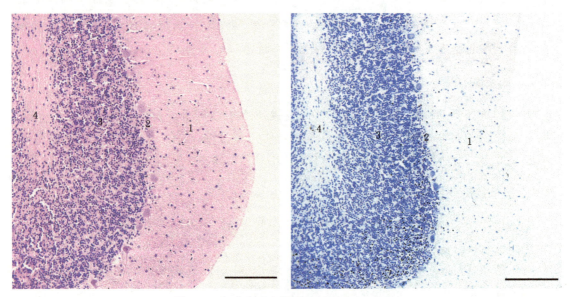

图1-32　小脑皮质光镜图（标尺为200μm）

左图 HE染色；右图 Nissl染色；1. 分子层；2. 浦肯野细胞层；3. 颗粒层；4. 小脑白质

　　（1）**分子层**（molecular layer）　较厚，细胞成分较少，纤维成分较多。细胞主要由一些小核的神经胶质细胞和散在分布的星形细胞和篮状细胞构成。星形细胞较小，位于浅层；篮状细胞胞体较大，分布于深层。

（2）**浦肯野细胞层**（Purkinje cell layer）　又称**梨状细胞层**（piriform cell layer），其中单层排列的浦肯野细胞是皮质中最大的神经元，胞体呈梨形，其细胞核大，核仁明显（图 1-33）。浦肯野细胞朝分子层发出较粗的树突分支。

（3）**颗粒层**（granule cell layer）　主要由密集的颗粒细胞、一些高尔基细胞和纤维组成，较厚。颗粒细胞很小，分布不均匀，聚集形成小堆，小堆之间的染色浅。而颗粒层中高尔基细胞胞体较大，数量较少。

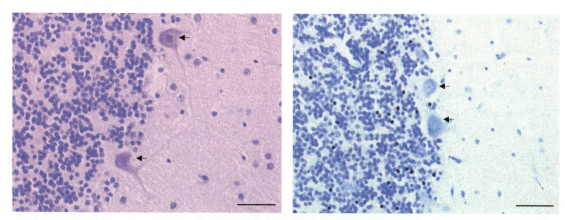

图1-33　小脑浦肯野细胞光镜图（标尺为50μm）

左图 HE 染色；右图 Nissl 染色；◄浦肯野细胞

2. 小脑白质和小脑核

小脑白质位于小脑深层，皮质内部，由神经胶质细胞、纤维和血管等构成，纤维成分较多。而小脑核包埋于白质内，为灰质核团，主要由神经元胞体、神经胶质细胞和纤维组成，小脑核中神经元较多，大小不一，纤维较少（图 1-34）。

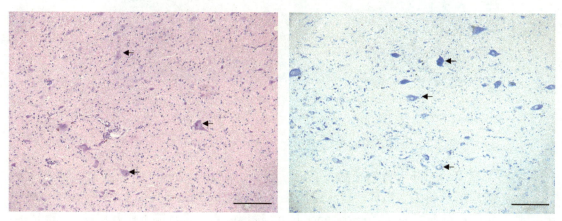

图1-34　小脑核光镜图（标尺为200μm）

左图 HE 染色；右图 Nissl 染色；◄神经元

三、间脑

间脑（diencephalon）位于端脑和中脑之间，由原始脑泡最前部发育而来。间脑的结构和功能十分复杂，是仅次于端脑的中枢高级部位。

（一）间脑的位置和外形

间脑位于中脑的前方，两侧大脑半球之间，由于大脑半球的高度发育和扩展，间脑大部分被夹在两半球之间，仅其腹侧部的结构如视交叉、视束、灰结节、漏斗、乳头体露于脑底（图1-35）。藏酋猴的间脑位置与人相似，间脑的前界以室间孔与视交叉上缘的连线为界，连线的前方为端脑，后方为间脑；后连合至乳头体的连线为间脑的后界，与中脑分界，间脑的后端与中脑连接；间脑的外侧与大脑半球的内囊、尾状核相邻；间脑的背侧面隆起，外侧有一浅沟，称**终沟**（terminal sulcus），为端脑尾状核与间脑的分界，沟内稍微隆起的纤维束，为**终纹**（stria terminalis）。间脑的背侧面和内侧面之间隔以**丘脑带**（thalamic tenia），它是第三脑室脉络膜的附着缘，其深部的纤维束为**丘脑髓纹**（thalamic medullary stria）。间脑的内侧面游离，亦即第三脑室侧壁，其后下方有一浅沟，为**下丘脑沟**（hypothalamic sulcus），此沟是背侧较大的背侧丘脑和腹侧较小的下丘脑的分界线。间脑可分为5个部分：背侧丘脑、后丘脑、上丘脑、底丘脑和下丘脑。

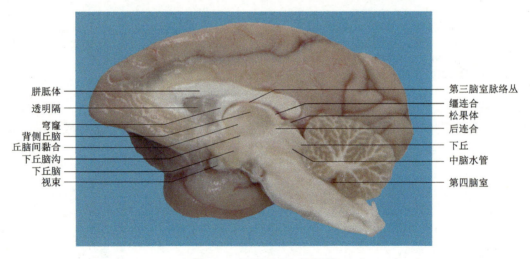

胼胝体
透明隔
穹窿
背侧丘脑
丘脑间黏合
下丘脑沟
下丘脑
视束

第三脑室脉络丛
缰连合
松果体
后连合
下丘
中脑水管
第四脑室

图1-35　间脑正中矢状切面

1. 背侧丘脑和后丘脑

间脑中最大的部分为**背侧丘脑**（又称丘脑）（dorsal thalamus），位于第三脑室两侧，由一对卵圆形的灰质团块组成，借**丘脑间黏合**（interthalamic adhesion）（图1-35）相连，其前端突起称**丘脑前结节**（anterior tubercle of thalamus），后端膨大称**丘脑枕**（pulvinar），背外侧面的外侧缘与端脑尾状核之间隔有终纹。**后丘脑**（metathalamus）位于丘脑枕的后下方，包括**内侧膝状体**（medial geniculate body）和**外侧膝状体**（lateral geniculate body）。在丘脑枕的下方有小卵圆形的隆起，为内侧膝状体；外侧与视束相连的卵圆形隆起为外侧膝状体。内侧膝状体借下丘臂连于下丘，外侧膝状体借上丘臂连于上丘。

背侧丘脑背面微凸，有对斜形浅沟，浅沟是侧脑室脉络丛的附着缘，称脉络沟，它将背面分成外侧部和内侧部。外侧部作为侧脑室体部的底，上面覆盖室管膜上皮，内侧部暴露在大脑两半球之间，作为横裂的底。横裂的顶是穹窿和胼胝体。背面的外侧缘有一沟邻接尾状核，沟内有纵行的白质纤维束，即终纹，以及和终纹相并行的终纹静脉，此静脉为中脑和尾状核的分界。丘脑的外侧有一薄的白质片，称**外髓板**（external medullary lamina），分隔丘脑和丘脑网状核。丘脑网状核外侧是内囊后肢，它位于背侧丘脑和豆状核之间。背侧丘脑腹侧面：内侧份与下丘脑连接，两者间以下丘脑沟为界，外侧份与底丘脑相邻，底丘脑是中脑被盖的延续。

2. 上丘脑

上丘脑（epithalamus）位于背侧丘脑的后上方，第三脑室顶周围（图 1-35）。包括**髓纹**（medullary stria）、**缰三角**（habenular trigone）、**缰连合**（habenular commissure）、**松果体**（pineal body）和**后连合**（posterior commissure）。髓纹是丘脑背侧面和内侧面交界处的一束纵行纤维，起自丘脑前核、隔核、下丘脑外侧区、外侧视前区和苍白球内侧份，终于缰核。髓纹纤维可交叉组成缰连合，终于对侧缰核。缰三角位于第三脑室顶后端，是上丘前方的三角形结构。松果体为一灰红色扁锥形的小体，位于上下丘之间，以柄借缰连合附着于第三脑室顶。第三脑室突入上述连合之间，形成松果体隐窝。

3. 底丘脑

底丘脑（subthalamus）又称腹侧丘脑，是中脑和间脑的移行区，位于背侧丘脑的腹侧，下丘脑的背外侧及内囊的内侧（图 1-35，图 1-36）。组成底丘脑的主要核群有：网状核、底丘脑核、膝状体前核、红核及黑质的上端等，红核和黑质的上端深入底丘脑的面积逐渐变小，至乳头体下缘时逐渐消失。经过此区显著的纤维束有后屈束、豆核束、底丘脑束、豆核襻、丘脑束及内侧丘系、脊髓丘系、三叉丘系上部、孤束核丘脑束、双侧齿状丘脑束及同侧红核丘脑束等。

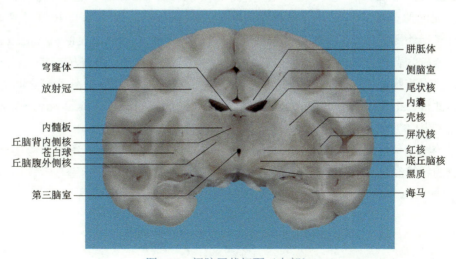

图1-36　间脑冠状切面（中部）

4. 下丘脑

下丘脑（hypothalamus）位于丘脑的腹侧，被第三脑室分为左右两半，下丘脑的前方和外侧被大脑基底部及底丘脑所包围，其后方连接中脑。下丘脑的内侧面和底面游离。内侧面构成第三脑室侧壁的下部，借下丘脑沟和丘脑分界，前起自终板，后至乳头体后缘平面。下丘脑底面外露，自前向后有视交叉、灰结节、正中隆起、漏斗柄、乳头体及后穿质。漏斗柄发自灰结节的正中，向腹侧续于垂体柄。

5. 第三脑室

第三脑室（third ventricle）位于间脑的中线上，呈矢状位的裂隙状，分割为间脑的左右部分。第三脑室的底，前部较低，后部较高；向后通中脑水管；向前经两个室间孔与大脑半球内的侧脑室相通。其外侧壁上部为背侧丘脑的前 2/3，后方为底丘脑，下部前方为下丘脑。外侧壁的上界为丘脑髓纹深面的沟，两外侧壁之间有丘脑间黏合相连，后者为两侧背侧丘脑间的灰质团块。顶为薄的室管膜，该膜在穹窿下方与脉络组织相延续。第三脑室的前界为终板和前连合，后界为松果体、后连合和中脑水管上口。在第三脑室的后上壁有松果体隐窝（pineal recess），后者的尖端有松果体柄附着。

（二）间脑的内部结构

背侧丘脑主要由灰质构成，背面覆盖一层白质纤维，称**带状层**（stratum zonale），外侧面覆盖的薄层白质为外髓板。由带状层向腹侧以 Y 形的白质板插入丘脑，称为**内髓板**（internal medullary lamina）。内髓板将背侧丘脑分为前核群、内侧核群、外侧核群。前核群占内髓板 Y 形分支内，内侧核群占 Y 形干的内侧，外侧核群占 Y 形干的外侧。**前核群**（anterior nuclear group）可分为三个亚核：最大的是**前腹侧核**（anteroventral nucleus），自丘脑前结节伸至中间水平；**前内侧核**（anteromedial nucleus）亦很大，此两核被视为主要的前核；**前背侧核**（anterodorsal nucleus）较小，紧贴在第三脑室室管膜的深面。**内侧核群**（medial nuclear group）主要是**背内侧核**（mediodorsal nucleus），位于内髓板与室周灰质之间，向前伸至前腹侧核。**外侧核群**（lateral nuclear group）分背侧核群与腹侧核群。背侧核群包括**外侧背核**（lateral dorsal nucleus）、**后外侧核**（lateral posterior nucleus）和丘脑枕。丘脑枕为背侧丘脑内最大的核群，位于后外侧核的后方。腹侧核群包括：位于腹侧核群的最前方的**腹前核**（ventral anterior nucleus）、位于腹前核和腹后外侧核之间的**腹外侧核**（ventral lateral nucleus）及位于背内侧核的腹外侧的**腹后核**（ventral posterior nucleus）（图 1-36，图 1-37）。

上丘脑缰三角内的结构为**缰核**（habenular nucleus），左、右缰三角间为缰连合，一侧丘脑髓纹的纤维经过缰连合止于对侧缰核，两侧缰核间的纤维也经过缰连合。

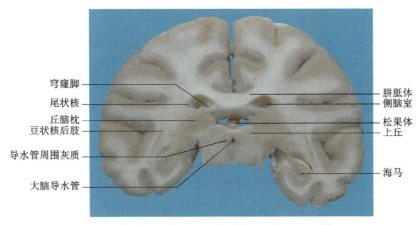

穹窿脚
尾状核
丘脑枕
豆状核后肢
导水管周围灰质
大脑导水管

胼胝体
侧脑室
松果体
上丘
海马

图1-37　间脑冠状切面（后部）

底丘脑的灰质核团中最大的是**底丘脑核**（subthalamic nucleus），位于丘脑底部尾侧，可伸展至间脑与中脑交界处（图 1-36）。在冠状切片呈双凸晶状体，斜卧于脚底的背侧，它的内侧为下丘脑。

下丘脑内有许多核团，但这些核团大多数界限不清。下丘脑从前至后可以分为 4 个区，即视前区、视上区、结节区和乳头区。**视前区**（preoptic region）位于视交叉前缘与前连合之间，较小，是第三脑室最前份的中央灰质；**视上区**（supraoptic region）位于视交叉的上方，包括两个明显的核团，室旁核和视上核；**结节区**（tuberal region）范围最大，位于灰结节区上方，被穹窿柱分为内、外侧区，位于此区的核团有弓状核、背内侧核和腹内侧核等；**乳头区**（mammillary）位于乳头体上方，包括乳头体前核、乳头体核和下丘脑后核。

（三）间脑的组织结构

间脑包括背侧丘脑、后丘脑、上丘脑、底丘脑和下丘脑，也是由灰质和白质构成。灰质主要由许多核团组成，分布于白质之间；白质主要由有髓或无髓的神经纤维、血管和神经胶质细胞组成（图 1-38，图 1-39）。

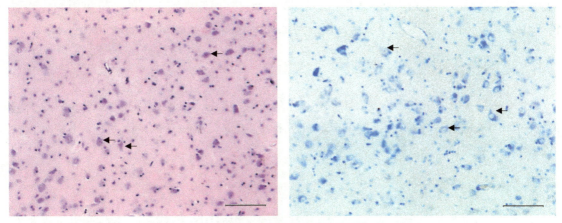

图1-38　丘脑背内侧核光镜图（标尺为100μm）
左图 HE染色；右图 Nissl染色；◀神经元

背侧丘脑是间脑最大的部分，主要由灰质构成，含有丰富的核团。背侧丘脑内，不仅其核团间神经元胞体大小不一，其核团内神经元胞体大小也不一。例如，丘脑背内侧核根据细胞形态结构可分为大细胞部、小细胞部与板旁部。大细胞部较小，位于核的前内侧，由大的多极深染细胞组成。小细胞部较大，位于核的后外侧，有小的、浅染细胞成簇分布。板旁部是靠近内髓板的一窄带，由很大的细胞组成（图1-38）；丘脑腹外侧核可分为吻部、内侧部和尾部。吻部最大，含有无数深染的大神经元排列成簇。尾部细胞较少，有分散的大细胞。内侧部在腹前核的腹侧，并向尾侧伸展至底丘脑部，细胞以密集小细胞为主（图1-39）。

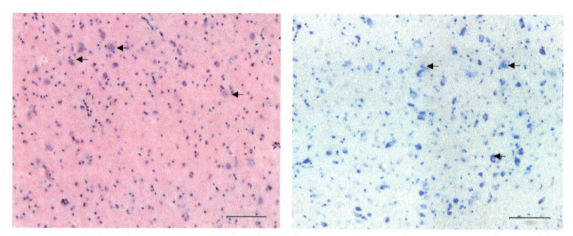

图1-39　丘脑腹外侧核光镜图（标尺为100μm）
左图 HE染色；右图 Nissl染色；◀神经元

四、大脑

大脑（cerebrum）又称端脑（telencephalon），是中枢神经系统最高级部位，由左、右两大脑半球借胼胝体连接而成，覆盖在间脑和中脑的外面。两大脑半球之间纵行的间隙为**大脑纵裂**（cerebral longitudinal fissure），裂底为连接两侧大脑半球的纤维束板，称**胼胝体**（corpus callosum）。大脑和小脑之间的间隙为**大脑横裂**（cerebral transverse fissure）。

（一）大脑的外形

大脑半球表面凹凸不平，布满深浅不同的沟裂，称**大脑沟**（cerebral sulcus）或**大脑裂**（cerebral fissure）。沟与沟之间的隆起部分称**大脑回**（cerebral gyrus）。每个半球分为背外侧面、内侧面和底面。

1. 大脑半球的主要沟和分叶

大脑半球内有三条恒定的沟，分别是外侧沟、中央沟、顶枕沟。这三条沟将每侧大脑半球分为 5 叶，包括额叶、顶叶、枕叶、颞叶和岛叶。藏酋猴这三条恒定的沟和分叶与人相似。

（1）**外侧沟**（lateral sulcus）　又称**外侧裂**（lateral fissure），起于半球下面，行向后上方，至上外侧面，是一条自前下向后上行的深裂，斜贯大脑半球外侧面。

（2）**中央沟**（central sulcus）　起于半球上缘中点稍后方，从后上方斜向前下方。此沟上方不横过大脑半球背侧缘伸入内侧面，下方弯向外侧裂中部，但不达外侧裂。中央沟较直，把额叶和顶叶分开。

（3）**顶枕沟**（parietooccipital sulcus）　又称**顶枕裂**（parietooccipital fissure），位于半球内侧面后部，自胼胝体后端稍后方，斜向后上，并略延伸至半球的上外侧面。

（4）**额叶**（frontal lobe）　位于外侧沟上方，中央沟前方。

（5）**顶叶**（parietal lobe）　位于外侧沟上方，顶枕沟和中央沟之间。

（6）**枕叶**（occipital lobe）　位于顶枕沟后方。

（7）**颞叶**（temporal lobe）　位于枕叶前方，外侧沟下方。

（8）**岛叶**（insular lobe）　隐于外侧沟深处，略呈三角形。

2. 大脑半球背外侧面

（1）**大脑半球背外侧面主要的沟**（图 1-40～图 1-42）

1）**中央沟**：详见大脑半球主要沟和分叶。

2）**中央前沟**（precentral sulcus）：位于中央沟前方，分为**中央前上沟**（superior precentral sulcus）和**中央前下沟**（inferior precentral sulcus）。中央前上沟形态多样，左右半球不一，呈线条状或 Y 形。中央前下沟位于中央前上沟外下方，沟长而弯向后，且有分支，其左右半球形态也不一。其指向前上方的支称前支（或水平支），指向前下方的支称下支（或垂直支），指向尾侧的支称尾支。中央前下沟也称**弓状沟**（arcuate sulcus）。

3）**直沟**（rectus sulcus）：位于中央前下沟前支和下支之间，后端不与中央前下沟相接，未见有分支。

4）**额上沟**（superior frontal sulcus）：位于直沟的内侧和中央前下沟前支的前方，较短，为横裂。藏酋猴的额上沟与人差异较明显。

5）**外侧沟**：详见大脑半球主要沟和分叶。

6）**颞上沟**（superior temporal sulcus）：其前段与外侧沟平行，后端与外侧沟逐渐靠近，并弯向上指向顶枕裂，不与顶枕裂相通。

7）**颞下沟**（inferior temporal sulcus）：左右半球不对称，为 2 条或 3 条短沟，位于颞上沟的下方，枕下沟的前方。

8）**中央后沟**（postcentral sulcus）：位于中央沟后部上方，呈短的分支状。

9）**顶内沟**（intraparietal sulcus）：是顶叶较显著的一条沟，沟裂较长，且稍弯曲，无分支。其后端起于顶枕裂与月状沟汇合处，并与之沟通。行向前外侧，指向中央沟下端，但不汇合。

10）**顶枕沟**：详见大脑半球主要沟和分叶。

11）**月状沟**（lunate sulcus）：为枕叶外侧很明显的一条沟，沟长且较直，少数有分支。上方与顶枕裂沟通，几乎垂直向下，指向枕下沟。

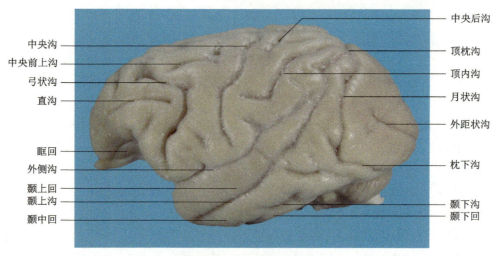

中央后沟
中央沟
中央前上沟
弓状沟
直沟
顶枕沟
顶内沟
月状沟
外距状沟
眶回
外侧沟
颞上回
颞上沟
颞中回
枕下沟
颞下沟
颞下回

图1-40 大脑半球外侧面观

12）**枕下沟**（inferior occipital sulcus）：起自枕极下方，水平向前经枕叶外侧缘伸到大脑背外侧面，末端弯向上插入月状沟与颞上沟之间。

13）**外距状沟**（lateral calcarine sulcus）：起自枕叶后缘的一条斜沟，其前上方略平行于枕下沟的上方。此沟不与大脑半球内侧面的距状沟相交。

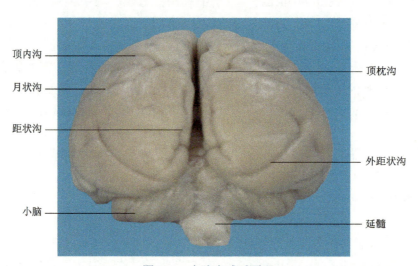

顶内沟
月状沟
距状沟
小脑
顶枕沟
外距状沟
延髓

图1-41 大脑半球后面观

（2）大脑半球背外侧面主要的回（图1-40~ 图1-42）

1）**额上回**（superior frontal gyrus）：位于中央前上沟内侧和中央前回前方。

2）**额中回**（middle frontal gyrus）：位于直沟上方和弓状沟下方。

3）**额下回**（inferior frontal gyrus）：位于直沟下方。直沟把额中回与额下回明显地分开，而额上回与额中回之间无明显界限。

4）**中央前回**（precentral gyrus）：居于中央沟前方。

5）**中央后回**（postcentral gyrus）：在中央沟后方，有与之平行的中央后沟，此沟与中央沟之间为中央后回。顶内沟的前上方为顶前回，而后下方为顶后回。

6）**顶前回**（anterior parietal gyrus）：位于顶内沟的前上方，相当于人的顶上小叶。

7）**顶后回**（posterior parietal gyrus）：位于顶内沟的后下方，相当于人的顶下小叶。顶后回也有缘上回和角回之分。**缘上回**（supramarginal gyrus）包绕在外侧沟后端，**角回**（angular gyrus）围绕颞上沟末端。

8）**颞上回**（superior temporal gyrus）：位于颞上沟上方。

9）**颞中回**（middle temporal gyrus）：位于颞上沟与颞下沟之间。

10）**颞下回**（inferior temporal gyrus）：位于颞下沟的下方。

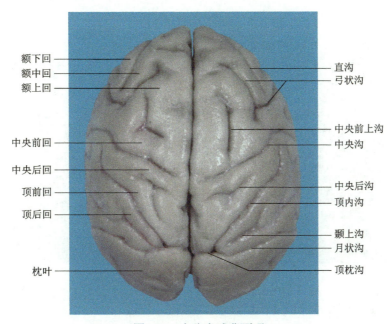

图1-42　大脑半球背面观

3. 大脑半球内侧面

（1）**大脑半球内侧面主要的沟**（图 1-43）

1）**扣带沟**（cingulate sulcus）：位于胼胝体沟上方，由嘴沟、膝状沟和胼胝体缘沟组成。**嘴沟**（rostral sulcus）位于胼胝体膝腹侧，呈线状，沟较浅，指向额极。**膝状沟**（genual sulcus），位于胼胝体膝前方，较短。**胼胝体缘沟**（marginal callosal sulcus）为扣带沟的主要部分，与胼胝体平行，后段行向斜后上方，在中央沟后方越过大脑背内侧缘终止。三条沟相连或分离，左右大脑半球不对称。

2）**胼胝体沟**（callosal sulcus）：围绕于胼胝体外围。

3）**顶枕沟**：详见大脑半球主要沟和分叶。

4）**距状旁沟**（paracalcarine sulcus）：呈"Y"形，位于顶枕裂的下端。其前支斜向上，后支斜向后上与顶枕沟相交，下支较短。

5）**距状沟**（calcarine sulcus）：又称**距状裂**（calcarine fissure），位于枕叶内侧面，呈三叉分支，分为前距状沟和后距状沟。**前距状沟**（precalcarine sulcus）向前下伸展到胼胝体压部腹侧；**后距状沟**（retrocalcarine sulcus）较短，后端达到枕极上方，前端稍向外伸展到大脑背外侧面。距状沟不与顶枕沟相交。

（2）**大脑半球内侧面主要的回**（图 1-43）

1）**扣带回**（cingulate gyrus）：位于扣带沟和胼胝体沟之间，包括胼胝体缘回和胼胝体回。**胼胝体缘回**（marginal callosal gyrus）位于胼胝体缘沟腹侧。**胼胝体回**（callosal gyrus）位于胼胝体腹前部和嘴沟之间。

2）**中央旁小叶**（paracentral lobule）：扣带回中部背侧，中央前回、中央后回在半球内侧面的延续部。

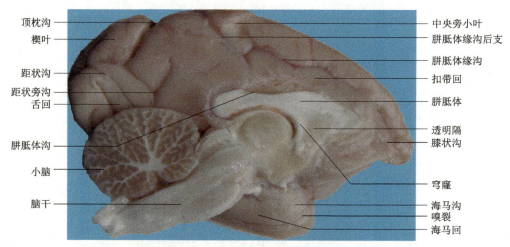

左侧标注（自上而下）：顶枕沟、楔叶、距状沟、距状旁沟、舌回、胼胝体沟、小脑、脑干

右侧标注（自上而下）：中央旁小叶、胼胝体缘沟后支、胼胝体缘沟、扣带回、胼胝体、透明隔、膝状沟、穹窿、海马沟、嗅裂、海马回

图1-43　大脑半球内侧面

3）**楔叶**（cuneus）：位于距状沟与顶枕沟之间。

4）**透明隔**（septum pellucidum）：胼胝体下方的弓形纤维束为穹窿，胼胝体与穹窿之间的薄层即为透明隔。

4．大脑半球底面

（1）**大脑半球底面主要的沟**（图 1-44）

1）**嗅沟**（olfactory sulcus）：嗅束基部深面的浅沟。

2）**眶沟**（orbital sulcus）：位于嗅束外侧，前端指向额极。此沟前端有分支，左、右半球不一，部分分支与眶额沟沟通。

3）**眶额沟**（fronto-orbital sulcus）：位于眶沟外侧，行向前外。此沟形状不规则，为短线状或分支状。

4）**嗅裂**（rhinal fissure）：由颞切迹绕过颞极而止于枕颞沟前端稍前处的弧形浅沟，与枕颞沟同在一条直线上。

5）**枕颞沟**（occipitotemporal sulcus）：位于颞叶和枕叶底面，与半球下缘平行的一条较深的沟。其中段有小的侧支，行向半球外缘。

6）**侧副沟**（collateral sulcus）：位于大脑半球底面，距状沟和枕颞沟之间，向外侧发出两较小的侧支。其前端与距状沟平齐，但不伸入海马沟，后端终止于枕极处。

7）海马沟（hippocampal sulcus）：位于海马回内侧。

（2）大脑半球底面主要的回（图 1-44）

1）直回（straight gyrus）：位于眶沟内侧。其上有细长的嗅束。

2）眶回（orbital gyrus）：位于眶沟和眶额沟之间。

3）额下回（inferior frontal sulcus）：位于眶额沟外侧。

4）海马旁回（parahippocampal gyrus）：又称海马回（hippocampal gyrus），位于嗅裂内侧。该回前端弯曲，又称海马钩（uncus）。

5）齿状回（dentate gyrus）：位于海马沟的上方，呈锯齿状的窄条皮质。从侧脑室的内面看，在齿状回的外侧，侧脑室下角底壁上有一弓形隆起，称海马（hippocampus）。海马和齿状回构成海马结构（hippocampal formation）。

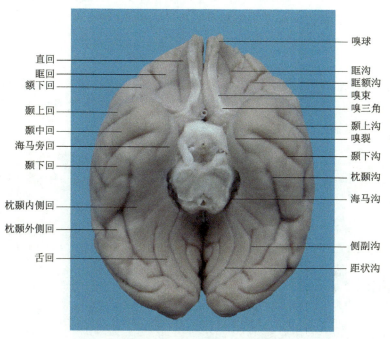

图1-44　大脑半球底面观

6）枕颞外侧回（lateral occipito-temporal gyrus）：位于枕颞沟外侧斜后方。

7）枕颞内侧回（medial occipito-temporal gyrus）：又称棱状回，位于枕颞沟和侧副沟之间。

8）舌回（lingual gyrus）：位于侧副沟和距状沟之间。该回延伸至大脑白球内侧面，距状沟后下方。

5．嗅脑

藏酋猴嗅脑（rhinencephalon）不是很发达，主要包括嗅球、嗅束、嗅三角、梨状叶和海马结构等（图 1-44）。

（1）嗅球（olfactory bulb）　嗅球呈扁卵圆形，位于额叶眶面下方，嗅脑的前段，嗅神经终止于嗅球。

（2）**嗅束**（olfactory tract） 嗅束位于嗅球后方的纤维束，延伸至嗅三角，主要是嗅球的传出纤维。

（3）**嗅三角**（olfactory trigone） 嗅束在近前穿质处变扁平，展开成平滑的嗅三角，嗅三角向后分为内侧嗅纹和外侧嗅纹。

（4）**内侧嗅纹**（medial olfactory striae）和**外侧嗅纹**（lateral olfactory striae） 内侧嗅纹较短，向内侧终止于斜角带和胼胝体回下端起始部。外侧嗅纹较长，终于海马旁回的前部。

（5）**梨状叶**（pyriform lobe） 包括外侧嗅纹、沟和海马旁回的前部。

（二）大脑的内部结构

大脑半球表面的灰质称大脑皮质，表层下的白质称大脑髓质。埋在白质深部的灰质团块为基底核，大脑半球内的腔隙为侧脑室（图1-45，图1-46）。

1. 大脑皮质

大脑皮质（cerebral cortex）是人体运动、感觉的最高中枢和语言、意识思维的物质基础，其表面有许多大脑沟和回，扩大了皮质的面积。大脑皮质含有大量的神经元胞体，并且呈分层排列，各层细胞的形态和大小各异。

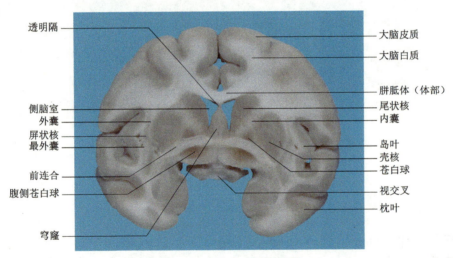

图1-45　大脑半球冠状切面

2. 大脑髓质

大脑髓质（cerebral medullary substance）由大量神经纤维束组成。髓质中的纤维结构复杂，大体可分为以下三种。

（1）**联络纤维**（association fiber） 是联络同侧大脑半球内各部分皮质的纤维。

（2）**连合纤维**（commissural fiber） 是联合左、右大脑半球皮质的纤维。主要有胼胝体、前连合和穹窿。

1）**胼胝体**（corpus callosum）：是联合两侧半球的主要横行纤维，位于侧脑室顶部。

由前向后,胼胝体可分为 4 部分,包括:胼胝体嘴部、胼胝体膝部、胼胝体干部和胼胝体压部。

2）**前连合**（anterior commissure）:是横过穹窿柱的前方,联系两侧半球的一小束纤维。

3）**穹窿**（fornix）:是联系海马和下丘脑乳头体之间的前后方向走行的弓形柱状纤维束。两侧穹窿靠近时,其部分纤维越至对侧而形成,称**穹窿连合**（fornical commissure）。

（3）**投射纤维**（projection fibers） 是联系大脑皮质与皮质下中枢的上、下行纤维,总称投射纤维。它们大部分经过内囊。

内囊（internal capsule）是位于丘脑、尾状核和豆状核之间的白质板。在水平切面上呈向外开放的"V"字形,分前肢、膝和后肢三部分。

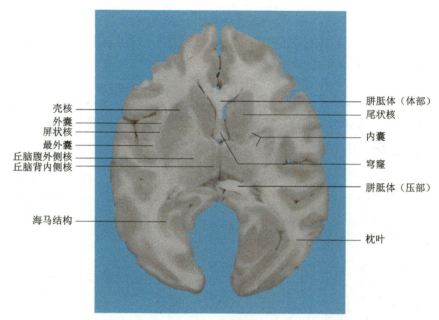

图1-46 大脑半球水平切面

3. 基底核

基底核（basal nuclei）位于白质内,位置靠近脑底,包括纹状体、屏状核和杏仁体。

（1）**纹状体**（corpus striatum） 由尾状核和豆状核组成,其前端互相连接。**尾状核**（caudate nucleus）是由前向后弯曲的圆柱体,分头、体、尾三部分,位于丘脑背外侧,延伸于侧脑室前角、中央部和下角。**豆状核**（lentiform nucleus）位于背侧丘脑外侧,被穿行其中的纤维分割为三部分:外侧部最大,称**壳**（putamen）;内侧的两部分合称**苍白球**（globus pallidus）,由较不明显的**内髓板**（internal medullary lamina）分割。从种系发生上来看,苍白球发生较早,称旧纹状体。尾状核和壳发生较晚,合称新纹状体。

（2）**屏状核**（claustrum） 位于岛叶皮质与豆状核之间。屏状核与豆状核之间的白质称**外囊**（external capsule）,与岛叶皮质之间的白质称**最外囊**（extreme capsule）。

（3）**杏仁体**（amygdaloid body） 位于尾状核末端,属于边缘系统的一部分,其功能与内脏活动、行为和情绪活动有关。

4. 侧脑室

侧脑室（lateral ventricle）位于大脑半球内,左右各一,内含透明脑脊液。侧脑室略呈"C"形，其伸向额叶的部分称前角；伸向枕叶的部分称后角；伸向颞叶的部分最长，称下角。三角相遇在顶叶内，称中央部。侧脑室经左、右**室间孔**（interventricular foramen）与第三脑室相通。

（三）大脑的组织结构

在中枢神经系统，神经元胞体集中的结构称灰质，由于大脑灰质在表层，故称大脑皮质。不含神经元胞体、含大量神经纤维的结构称白质，位于皮质下方，又称大脑髓质。

1. 大脑皮质

大脑皮质主要由神经元胞体、神经胶质细胞和纤维组成。其中神经元数量庞大，种类丰富，均为多极神经元，染色较深。主要含锥体细胞、颗粒细胞和梭形细胞。

（1）**锥体细胞**（pyramidal cell） 胞体呈锥形，尖端向皮质表面，底向髓质，大小不等，可分为大、中、小三型锥体细胞。锥体细胞是皮质的主要投射（传出）神经元。

（2）**颗粒细胞**（granular cell） 胞体较锥体细胞小，颗粒状，细胞的形态多样，多呈星形。

（3）**梭形细胞**（fusiform cell） 数量较少，主要分布在皮质深层，胞体呈梭形。

2. 大脑皮质的分层

藏酋猴大脑皮质的神经元也呈分层排列，可分为6层，与人相似。从表向里依次为：分子层、外颗粒层、外锥体细胞层、内颗粒层、内锥体细胞层、多形细胞层（图1-47）。

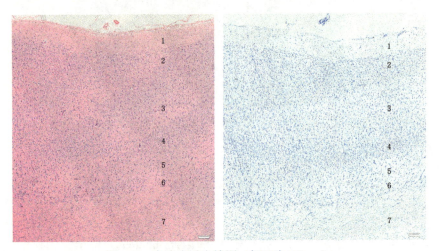

图1-47　大脑皮质光镜图（标尺为100μm）

左图HE染色；右图Nissl染色；1.分子层；2.外颗粒层；3.外锥体细胞层；
4.内颗粒层；5.内锥体细胞层；6.多形细胞层；7.髓质

（1）**分子层**（molecular layer） 位于大脑皮质的最表面。神经元较少，主要由水平细胞和星形细胞组成，细胞少而小，排列稀疏。

（2）**外颗粒层**（external granular layer） 较厚，细胞密集，由许多颗粒细胞和少量小型锥体细胞构成，后者形态较清楚，胞体呈锥体形。

（3）**外锥体细胞层**（external pyramidal layer） 较厚，细胞排列较稀疏，主要由中、小型锥体细胞组成，以中型占多数。

（4）**内颗粒层**（internal granular layer）　比外颗粒层薄,细胞密集,主要由颗粒细胞组成。

（5）**内锥体细胞层**（internal pyramidal layer）　比外锥体细胞层薄,主要由分散的大、中型锥体细胞组成。

（6）**多形细胞层**（multiform layer）　最薄,细胞散在,以梭形细胞为主,还有少量的锥体细胞和颗粒细胞。

3. 大脑髓质

大脑髓质主要由大量的神经纤维和神经胶质细胞组成。

4. 基底核

基底核位于大脑髓质深部,是髓质内神经元胞体聚集的区域,包括神经元胞体、神经胶质细胞和神经纤维。各核团内的神经胞体的数目和大小有一定的差异。例如,尾状核和屏状核的神经元胞体较多,但胞体较小;豆状核的神经元胞体较少,但胞体较大（图1-48~ 图 1-50）。

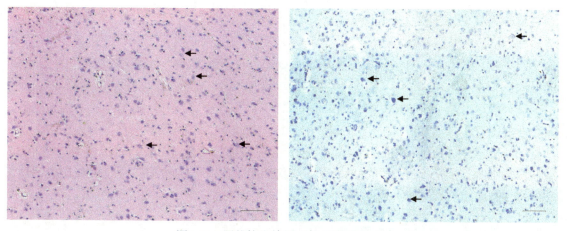

图1-48　尾状核光镜图（标尺为100μm）

左图 HE染色；右图 Nissl染色；←神经元

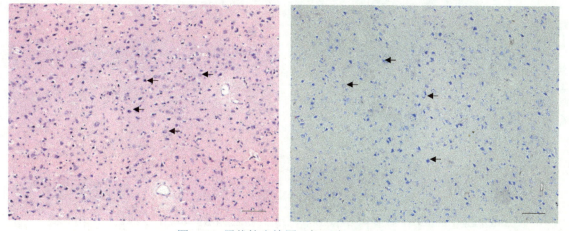

图1-49　屏状核光镜图（标尺为100μm）

左图 HE染色；右图 Nissl染色；←神经元

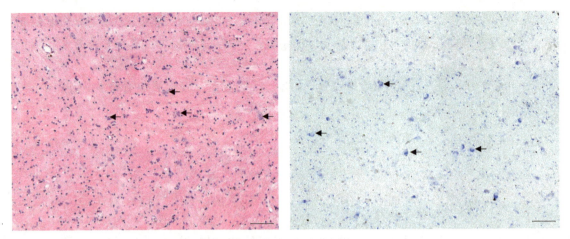

图1-50　豆状核光镜图（标尺为100µm）

左图 HE染色；右图 Nissl染色；← 神经元

5. 嗅球

嗅球为扁卵圆形实体，呈分层结构，从浅入深分为：嗅神经层、嗅小球层、外丛层、僧帽细胞层、内丛层和颗粒细胞层（图 1-51）。

（1）**嗅神经层**（olfactory nerve fiber layer）　位于最浅层，主要由嗅神经的无髓轴突组成。

（2）**嗅小球层**（olfactory glomerular layer）　嗅小球呈卵圆形，由神经胶质细胞包裹。嗅小球周围有**小球周细胞**（periglomerular cell），其属于中间神经元。

（3）**外丛层**（external plexiform layer）　主要由**簇状细胞**（tufted cell）胞体、簇状细胞和**僧帽细胞**（mitral cell）的突起构成。簇状细胞胞体较小，呈锥形，位于外丛层的浅层，其轴突参与嗅束，树突深入嗅小球。

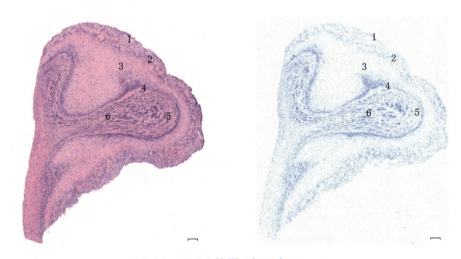

图1-51　嗅球光镜图（标尺为100µm）

左图HE染色；右图Nissl染色；1.嗅神经层；2.嗅小球层；3.外丛层；4.僧帽细胞层；5.内丛层；6.颗粒细胞层

（4）**僧帽细胞层**（mitral cell layer）　含僧帽细胞和少量的**颗粒细胞**（granule cell）。僧帽细胞形状同簇状细胞相似，胞体较大，树突深入嗅小球，轴突组成嗅束。

（5）**内丛层**（internal plexiform layer）　含僧帽细胞和簇状细胞的轴突和少量颗粒细胞胞体。

（6）**颗粒细胞层**（granule cell layer）　由颗粒细胞胞体及其突起组成。颗粒细胞属于中间神经元，胞体为圆形或星形。

第三节　脑和脊髓的被膜、血管及脑脊液循环

一、脑和脊髓的被膜

脑和脊髓的被膜简称**脑脊膜**（menings），其结构与人相似，从外向内分为三层：硬膜、蛛网膜和软膜，对脑和脊髓有支持和保护作用。

（一）脊髓的被膜

脊髓的被膜从外向内依次为硬脊膜、脊髓蛛网膜和软脊膜。

1. 硬脊膜

硬脊膜（spinal dura mater）主要由致密的结缔组织构成，其中的纤维成分主要由胶原纤维构成（图1-52）。硬脊膜头侧端附着于枕骨大孔边缘，与硬脑膜相连，向后包裹脊髓和神经根，尾端至第3腰椎水平处逐渐变细，包裹终丝，末端附着于尾骨。当脊神经穿过椎间孔时，硬脊膜围绕两侧的脊神经和脊神经根呈膨出的漏斗状，较薄，形成脊神经硬膜鞘或脊神经鞘。该鞘在脊柱前端较短，向后随脊神经根的斜度增加而逐渐变长。脊神经的硬膜鞘在椎间孔或稍远处同脊神经外膜融合。

硬脊膜与椎骨骨膜和韧带之间的间隙称为**硬膜外隙**（epidural space），内含疏松结缔组织、脂肪组织和静脉丛等。硬膜外隙可分为腹侧、背侧和两侧共4个间隙，间隙略呈负压。腹侧间隙位于椎骨背侧，腹侧硬脊膜的腹侧。背侧间隙位于背侧硬脊膜和椎弓骨膜及黄韧带之间。两侧间隙位于每侧腹、背根附着的硬脊膜与椎管之间，此间隙经椎间孔与椎旁间隙相通。此外，在硬脊膜与脊髓蛛网膜之间存在一个潜在性的间隙，称为**硬膜下隙**（subdural space）。此间隙含有浆液，向上与颅内的硬膜下隙相通。

2. 脊髓蛛网膜

脊髓蛛网膜（spinal arachnoid mater）薄而透明，由结缔组织组成。脊髓蛛网膜与脑蛛网膜相延续，紧贴于硬脊膜的内侧，包裹脊髓。脊髓蛛网膜朝尾侧于第3腰椎水平处

止于硬脊膜，向两侧随脊神经根外延至椎间孔附近与神经束膜相延续，同时硬脊膜与神经外膜相续，从而封闭了蛛网膜下隙。**蛛网膜下隙**（subarachnoid space）为脊髓蛛网膜与软脊膜之间的间隙，两膜之间有许多结缔组织小梁相连。该间隙较宽阔，其内充满脑脊液。脊髓蛛网膜下隙的尾部，自第 3 腰椎水平以后，无脊髓，仅有马尾和终丝，此处的蛛网膜下隙间隙最大，即为**终池**（terminal cistern）。

3. 软脊膜

软脊膜（spinal pia mater）薄而透明，富含血管，紧贴脊髓和神经根表面，并延伸入脊髓的腹正中沟。软脊膜朝头侧经枕骨大孔与软脑膜相延续，朝尾侧在脊髓圆锥后端延续为终丝。软脊膜向两侧在形成脊神经鞘处与覆盖脊神经鞘的外膜融合。软脊膜在脊髓两侧的腹、背神经根之间形成齿状的**齿状韧带**（dentate ligament），齿尖附着于硬脊膜上，最靠头侧的齿状韧带附着于枕骨大孔处的硬膜上，末端的齿状韧带是从脊髓圆锥向背后斜行的纤维束，止于硬膜。齿状韧带具有固定脊髓的作用。

（二）脑的被膜

脑的被膜从外向内依次为硬脑膜、脑蛛网膜和软脑膜。

1. 硬脑膜

硬脑膜（cerebral dura mater）厚而坚韧，主要由胶原纤维组成，衬于颅骨内表面（图1-52）。该膜与脑蛛网膜之间也存在潜在的腔隙，称硬膜下隙。硬脑膜分内、外两层：外层即颅骨内侧的骨膜，易与颅骨分离，有丰富的血管和神经；内层在枕骨大孔处与硬脊膜相延续。该膜在脑神经出颅处移行为神经外膜。硬脑膜不仅包裹在脑的表面，还可形成硬脑膜隔和硬脑膜窦两种特化的结构。

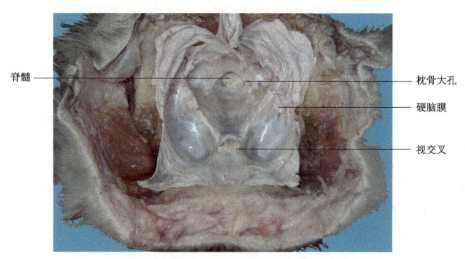

脊髓 ——　　　　　　　　　　　　　—— 枕骨大孔
　　　　　　　　　　　　　　　　　—— 硬脑膜
　　　　　　　　　　　　　　　　　—— 视交叉

图1-52　硬脑膜（取脑后背面观）

（1）**硬脑膜隔**（septum of dura mater）　主要由硬脑膜内层在一些部位折叠伸入大脑

各部之间形成，包括大脑镰、小脑幕、小脑镰和鞍膈共 4 个形态各异的隔。

1）**大脑镰**（cerebral falx）：由硬脑膜内层在大脑半球之间的纵裂内伸入其间形成的折叠。前端附着于鸡冠，向后附着于小脑幕上面的正中线，下缘游离，抵达胼胝体的背侧。

2）**小脑幕**（tentorium of cerebellum）：是硬脑膜内层折叠伸入大脑半球枕叶和小脑前面之间的折叠，呈半月形。其两侧附着于枕骨两侧的横沟和颞骨岩部前缘，下缘游离，形成一个朝向前方的弧形切迹，称**小脑幕切迹**（tentorial notch）。该切迹与鞍背围成一环形的**小脑幕裂孔**（tentorial hiatus），中脑恰好穿过此孔。小脑幕切迹和中脑之间留有空隙，幕前或幕后颅内压力过大，可形成**脑疝**（cerebral hernia）。

3）**小脑镰**（cerebellar falx）：是位于小脑幕后方，嵌入小脑半球之间的硬膜皱褶。小脑镰较小，位于正中矢状位，其下缘游离，前端附着于枕内隆凸，后端至枕骨大孔边缘。

4）**鞍膈**（diaphragma sellae）：位于蝶鞍上方，是水平位的硬膜隔，连接在前后床突之间，构成垂体窝的顶。鞍膈中央有小孔，垂体柄通过此孔。

（2）**硬脑膜窦**（sinuses of dura mater）　为硬脑膜某些部位外层和内层之间存在的一些管状腔隙，形成一个连续的系统，内含静脉血，是颅内、外静脉吻合的主要通道（详见脑的静脉）。窦壁主要由胶原纤维组成，无平滑肌，不能收缩。

2. 脑蛛网膜

脑蛛网膜（cerebral arachnoid mater）紧贴于硬脑膜内侧，包在全脑的表面，薄而透明。脑蛛网膜与软脑膜之间有蛛网膜下隙，含有中枢神经系统的大血管，蛛网膜下隙通过第四脑室的正中孔和两个外侧孔与脑室相通。孔由于脑蛛网膜与软脑膜之间有许多结缔组织相连的小梁，又称**蛛网膜小梁**（arachnoid trabeculae），小梁之间充满脑脊液。蛛网膜下隙内，蛛网膜与软脑膜之间较宽的间隙称为**蛛网膜下池**（subarachnoid cistern），包括小脑延髓池、脑桥池、脚间池、视交叉池、外侧窝池、大脑大静脉池和环池。

（1）**小脑延髓池**（cerebellomedullary cistern）　又称大池，位于延髓的背侧与小脑后侧之间，向后移行于脊髓的蛛网膜下隙。第四脑室正中孔和外侧孔开口于小脑延髓池。

（2）**脑桥池**（pontine cistern）　位于脑桥基底部的腹侧面，向后与脊髓蛛网膜下隙相通，并与背侧的小脑延髓池相通。

（3）**脚间池**（interpeduncular cistern）　位于脚间窝处，池内有大脑后动脉和动眼神经通过。

（4）**视交叉池**（chiasmatic cistern）　位于视交叉周围，该池与脚间池相通。视交叉池、脚间池和脑桥池合称为基底池。

（5）**外侧窝池**（cistern of lateral fossa）　位于大脑半球外侧沟，由蛛网膜跨外侧沟形成，内含大脑中动脉。

（6）**大脑大静脉池**（cistern of great cerebral vein）　又称静脉池或**上池**（superior cistern），位于胼胝体压部和小脑前面之间，池内有松果体、大脑大静脉、大脑后动脉和大脑上动脉。

（7）**环池**（ambient cistern）　由位于中脑两侧的蛛网膜下池与腹侧的基底池、大脑大静脉池相连组成。

　　藏酋猴脑蛛网膜在上矢状窦处形成许多绒毛状突起，突入上矢状窦内，形成**蛛网膜粒**（arachnoid granulation）。脑脊液通过蛛网膜粒渗入硬脑膜窦内，回流入静脉。

3．软脑膜

　　软脑膜（cerebral pia mater）薄而富含血管和神经，紧贴于脑的表面，并伸入到大脑的沟回和小脑的叶片之间（图 1-53）。软脑膜在脑表面包裹着血管，随血管伸入脑实质内延伸一段距离。软脑膜内陷入脑室，形成脑室的脉络组织和脉络丛。脉络组织为脑室壁的某些部位，软脑膜及其血管与室管膜上皮相结合形成的组织。脉络丛为脉络组织中的血管反复分支成丛状，并突入脑室内形成的结构，是脑脊液产生的主要结构。

二、脑和脊髓的血管

（一）脑的血管

1．脑的动脉

　　脑动脉的供血来自于颈内动脉、椎动脉和基底动脉（图 1-53～图 1-55）。

　　（1）**颈内动脉**（internal carotid artery）　起自颈总动脉，该动脉穿颞骨岩部的颈动脉管入颅腔，在颈动脉管内，其先垂直于颞骨岩部的长轴，然后与之平行。离开颈动脉总管后，穿过海绵窦，作急转弯后向上穿过硬脑膜。颈内动脉穿过硬脑膜后发出眼动脉，向外侧弯曲上行，分支成大脑前动脉和大脑中动脉，并在分支前的上行中分支发出后交通动脉。

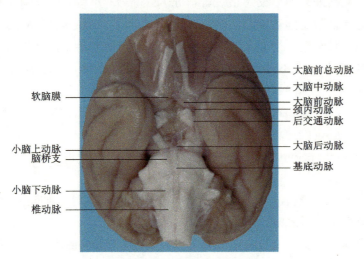

图1-53　脑底的动脉

　　1）**后交通动脉**（posterior communicating artery）：视交叉后外侧起自颈内动脉，向后与大脑后动脉吻合。

　　2）**脉络丛前动脉**（anterior choroidal artery）：一较细的分支，颈内动脉分支为后交通动脉后，其外侧壁发出的分支，经大脑脚与颞叶之间深部，延伸到脑室的脉络组织。

3）**大脑中动脉**（middle cerebral artery）：是颈内动脉最粗大的分支，自视交叉外侧向外，沿外侧裂向后上，分支供应大脑半球背外侧面，包括额叶眶面外侧部、额下回、中央后回等。

4）**大脑前动脉**（anterior cerebral artery）：视交叉向外侧分出，经其上面行向前内侧达正中矢状面，与对侧同名动脉吻合，形成单一的**大脑前总动脉**（common anterior cerebral artery），在联合的近侧可以存在一条较细的**前交通动脉**（anterior communicating artery），连接两条大脑前动脉。藏酋猴该结构与人不同，人的两侧大脑前动脉通过前交通动脉相连，并不吻合。大脑前总动脉在半球间裂内向前到胼胝体膝，再呈弓形弯向后，在胼胝体表面和大脑镰之下后行。分支供应胼胝体、大脑半球内侧面和大脑额叶及顶叶皮质。

（2）**椎动脉**（vertebral artery）　为锁骨下动脉的分支。椎动脉在前斜角肌内侧上升，进入第6颈椎横突孔，向颅侧经各颈椎横突孔至寰椎。从寰椎横突到颅侧背内侧弯曲，经椎动脉沟，然后经寰椎侧块的一个小孔进入椎孔。进入颅腔后，椎动脉沿脑干腹面行向前上，在脑桥末端，左、右两条椎动脉相结合构成基底动脉。椎动脉入颅前发出许多分支供给附近的肌肉和脊髓及硬脊膜，入颅后也发出许多分支供给脑干和小脑等。

1）**脊髓前动脉**：见脊髓的血管。

2）**脊髓后动脉**：见脊髓的血管。

3）**延髓动脉**（medulla oblongata artery）：或称**延髓支**（oblongatal branch），为若干细支，由椎动脉或其分支分出，分布于延髓。

4）**小脑下后动脉**（posterior inferior cerebellar artery）：在延髓腹面行向外侧到小脑，分布于小脑下面的后部。

（3）**基底动脉**（basilar artery）　由左、右椎动脉在脑桥和延髓之间的腹面吻合而成，经脑桥正中沟向前，到脑桥前端分为左右大脑后动脉两终支，其间发出许多分支。

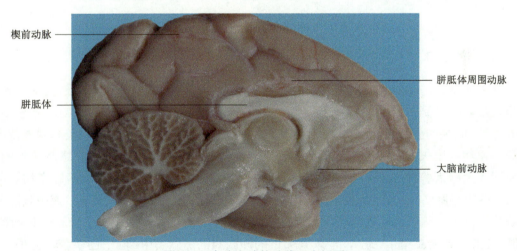

图1-54　大脑半球的动脉（内侧面）

1）**延髓动脉**：为基底动脉起始端的细小分支，分布于延髓。

2）**小脑下前动脉**（anterior inferior cerebellar artery）：发自基底动脉的起始端较粗的分支，向外侧，越过展神经到小脑，分布于小脑下前部。

3）**迷路动脉**（labyrinthine artery）：为一细支，发自基底动脉，也可发自小脑下前动脉。

随听神经传入内耳道，分布于内耳。

4）**脑桥动脉**（pontine artery）：或称脑桥支，细小分支，分布于脑桥。

5）**小脑上动脉**（superior cerebellar artery）：发自基底动脉末端，其分支在左右大脑后动脉之前。向外侧，动眼神经将其与大脑后动脉分开。沿小脑膜下侧外进，分布于小脑上部。

6）**大脑后动脉**（posterior cerebral artery）：基底动脉的终支。与小脑上动脉并行外进，绕大脑脚，分支于大脑颞叶和枕叶处。大脑后动脉与颈内动脉的后交通动脉吻合。

（4）**大脑动脉环**（cerebral arterial circle）　或称 Willis 环，呈多边形，包括前端的颈内动脉及其分支的大脑前动脉，后端的基底动脉的终支，即大脑后动脉，及其与颈内动脉分支的前、后交通动脉。

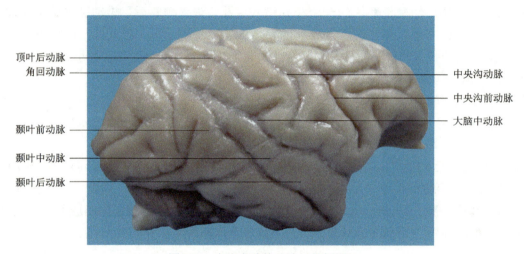

顶叶后动脉
角回动脉
颞叶前动脉
颞叶中动脉
颞叶后动脉
中央沟动脉
中央沟前动脉
大脑中动脉

图1-55　大脑半球的动脉（外侧面）

2. 脑的静脉

脑的静脉不与动脉伴行，脑的小静脉出脑后汇合成较大的静脉注入硬脑膜中的各静脉窦，最后汇合到两侧的横窦和乙状窦，通过颈静脉孔流入颈内静脉。脑的静脉包括大脑的静脉、间脑的静脉、小脑的静脉和脑干的静脉。大脑浅层（包括大脑皮质和髓质浅层）的静脉血注入上矢状窦和颅底的静脉窦。大脑深部的髓质、间脑、脑室脉络丛等处的静脉血汇入**大脑大静脉**（great cerebral vein），注入直窦；间脑的静脉与大脑静脉密切相关，汇入**大脑内静脉**（internal cerebral vein）、大脑大静脉、**基底静脉**（basal vein）或中脑静脉；小脑静脉位于小脑表面的软脑膜内，包括**小脑上静脉**（superior cerebellar vein）和**小脑下静脉**（inferior cerebellar vein），汇入到邻近的硬脑膜的静脉窦中；脑干的中脑、脑桥和延髓前端的静脉与大脑的静脉密切相关，而延髓后端的静脉同脊髓静脉相连。

硬脑膜静脉窦是颅内的静脉管道，位于硬脑膜内、外两层之间。包括位于中线的上矢状窦、下矢状窦、直窦，两侧成对的横窦、岩上窦、岩下窦、海绵窦、岩鳞窦和乙状窦。无枕窦和基底丛，与人的硬脑膜静脉窦存在一定的差异。

（1）**上矢状窦**（superior sagittal sinus）　位于颅顶正中线，前段起自于盲孔，沿矢状沟及大脑镰附着缘向后行，到枕内隆凸合于横窦。该窦由前向后逐渐变粗，接受大部分的大脑上静脉。

（2）**下矢状窦**（inferior sagittal sinus）　存在于大脑镰下缘的后段，较短，后端连于直窦。接收多数大脑上静脉。

（3）**直窦**（straight sinus）　在大脑镰与小脑幕的连接部，水平向后，在枕内隆凸处与横窦相合窦。收集大脑大静脉、小脑上静脉和小脑幕静脉。

（4）**横窦**（transverse sinus）　较粗，由小脑幕背缘的硬脑膜围成。起始于枕内隆凸，沿小脑幕附着部外行，到颞骨岩部上棱后端弯曲向下移行为乙状窦。收集大脑外侧静脉、大脑下静脉、小脑下静脉等，以及岩鳞窦的回流血液。

（5）**乙状窦**（sigmoid sinus）　位于乙状窦沟，由硬脑膜内、外层合成，是横窦的延续。末端稍向前曲，到颈静脉孔称为颈内静脉。

（6）**岩鳞窦**（petrosquamosal sinus）　起自颞骨岩部区域的一骨性窝，向后外侧汇入横窦，即乙状窦的始端部。收集几条大的小脑静脉。

（7）**岩上窦**（superior petrosal sinus）　位于颞骨岩部上缘，始于大脑中静脉入脑膜处。向后外侧注入横窦。岩上窦主要接收大脑中静脉的血液，且不与海绵窦相通。

（8）**海绵窦**（cavernous sinus）　主要回流血液是眼静脉。海绵窦的出口为岩下窦和岩上窦。颈内静脉穿过海绵窦。腔隙较小。

（9）**岩下窦**（inferior petrosal sinus）　起自海绵窦后端，较粗短，沿颞骨岩部与枕骨基部之间的沟行向背外侧，经颈静脉孔前方，注入颈内静脉起始端。接收迷路静脉和延髓、脑桥及小脑下面的静脉属支。

（二）脊髓的血管

1．脊髓的动脉

脊髓的动脉血主要来源于脊髓前动脉、脊髓后动脉和节段性动脉。脊髓前动脉和脊髓后动脉为椎动脉的分支，两者在行向脊髓末端的过程中，不断得到节段性动脉的补充，包括颈升动脉、肋间动脉、腰动脉等发出的分支。

（1）**脊髓前动脉**（anterior spinal artery）　是左、右椎动脉合并之前发出的分支。形成的左、右脊髓前动脉在延髓腹面合并成一细干，经枕骨大孔入椎管，沿脊髓腹面的前正中裂行至脊髓末端。

（2）**脊髓后动脉**（posterior spinal artery）　发自椎动脉或其分支小脑下后动脉，绕延髓向背后方，经椎骨大孔入椎管，沿脊髓背面行至末端。

2．脊髓的静脉

脊髓的静脉主要汇聚为6条纵行的静脉干，包括脊髓前静脉、脊髓后静脉、两侧的脊髓前外侧静脉和两侧的脊髓后外侧静脉。6条静脉干最后导入椎内静脉丛。

（1）**脊髓前静脉**（anterior spinal vein）　位于脊髓的腹正中裂内。

（2）**脊髓后静脉**（posterior spinal vein）　较大，位于脊髓的背正中沟内。

（3）**脊髓前外侧静脉**（spinal external anterior vein） 位于脊髓腹面的两侧。

（4）**脊髓后外侧静脉**（spinal external posterior vein） 位于脊髓背面的两侧。

三、脑脊液及其循环

（一）脑脊液

脑脊液（cerebral spinal fluid）存在于脑室和蛛网膜下隙、脊髓中央管内，为无色透明的液体。其主要是侧脑室、第三脑室和第四脑室的脉络丛产生，少量由室管膜上皮和毛细血管产生。

（二）脑脊液循环

侧脑室脉络丛产生的脑脊液经室间孔进入到第三脑室内，连同第三脑室的脉络丛产生的脑脊液，经中脑水管进入到第四脑室内，与第四脑室脉络丛产生的脑脊液汇集，再通过第四脑室的正中孔和两个外侧孔从脑室进入蛛网膜下隙的小脑延髓池和脑桥池。此后一部分脑脊液经脑桥池、脚间池和视交叉池等到达大脑半球的蛛网膜下隙，另一部分进入脊髓蛛网膜下隙和脊髓中央管。脑部的蛛网膜下隙与脊髓的蛛网膜下隙相通，脑脊液也相通，脊髓部的脑脊液再返回基底池和脑表面蛛网膜下隙。脑脊液主要经上矢状窦的蛛网膜粒的绒毛被吸收到上矢状窦，进入血液循环。

第四节　周围神经系统

周围神经系统是联络中枢神经系统和其他系统之间的神经系统，由中枢神经系统发出，导向人体各部分：根据连于中枢的部位不同分为连于脊髓的脊神经和连于脑的脑神经；根据分布的对象不同可分为躯体神经系统和内脏神经系统。躯体神经系统和内脏神经系统中枢部都在脑和脊髓，周围部分别称躯体神经和内脏神经。

周围神经系统的神经纤维包括传入神经纤维和传出神经纤维。**传入神经纤维**（afferent nerve fiber）是神经冲动由感受器传向中枢神经系统的神经纤维，由这类神经纤维构成的神经称为**传入神经**（afferent nerve）或**感觉神经**（sensory nerve）。**传出神经纤维**（efferent nerve fiber）是神经冲动由中枢神经系统传出到达周围的效应器的神经纤维，由这类神经纤维构成的神经称为**传出神经**（efferent nerve）或**运动神经**（motor nerve）。脊神经和脑神经，或者躯体神经和内脏神经，都含有传入神经（感觉神经）和传出神经（运动神经）。周围神经系统担负着与身体各部分的联络工作，起传入和传出信息的作用。

一、脊神经

脊神经（spinal nerve）指与脊髓相连的神经，分布于躯干和四肢。藏酋猴脊神经总数与人类不同，共 39 对，借运动性的腹根和感觉性的背根与脊髓相连（图 1-2，图 1-3）。腹根的纤维来自脊髓灰质腹角的运动神经元；背根的纤维来自呈膨大状的脊神经节，其内含有假单极的感觉神经元，其周围突分布于皮肤、内脏等感受器，中枢突形成背根，进入脊髓。脊神经内纤维根据其分布范围和功能可分为 4 类：躯体传入纤维、内脏传入纤维、躯体传出纤维和内脏传出纤维。39 对脊神经由 8 对颈神经、12 对胸神经、7 对腰神经、3 对骶神经和 9 对尾神经组成。由于脊髓短而椎管长，因此各节段的脊神经根在椎管内走行的方向和长短是不一样的。颈部根丝纤维短且近似水平，越向尾侧根丝越长，走行亦越倾斜，至腰骶部根丝较长且近垂直走行，根丝相互平行形成马尾。每对脊神经都是混合神经，既含有运动纤维也含有感觉纤维。

脊髓腹根和背根合并为 1 条脊神经干后出椎间孔，随即分为**脊膜支**（meningeal branch）、**交通支**（communicating branch）、**背支**（dorsal branch）和**腹支**（ventral branch）。脊膜支经椎间孔返回椎管，分布于脊髓的被膜；交通支与交感神经干相连；腹支相当于人的前支，背支相当于人的后支，腹支和背支均为混合性。背支细小，分布于背部的皮肤和肌肉，可分为肌支和皮支；腹支粗大，分布于躯干前外侧及四肢的皮肤和肌肉。脊神经腹支中，胸神经腹支呈节段性分布于胸、腹部，其他脊神经腹支相互交织成神经丛，包括颈丛、臂丛、腰丛和骶丛（详见各局部所在章节）。

二、脑神经

脑神经（cranial nerve）指与脑相连的周围神经，主要分布于头面部。藏酋猴脑神经与人类一样，共有 12 对，分别为：Ⅰ嗅神经、Ⅱ视神经、Ⅲ动眼神经、Ⅳ滑车神经、Ⅴ三叉神经、Ⅵ展神经、Ⅶ面神经、Ⅷ前庭蜗神经、Ⅸ舌咽神经、Ⅹ迷走神经、Ⅺ副神经和Ⅻ舌下神经（详见各局部所在章节）。

脑神经与脊神经不同，脊神经均为混合神经，而脑神经有三种：运动神经（动眼神经、滑车神经、展神经、副神经和舌下神经）、感觉神经（嗅神经、视神经和前庭蜗神经）和混合神经（三叉神经、面神经、舌咽神经和迷走神经）。此外，脑神经中的内脏运动纤维均属副交感成分，仅存在于Ⅲ、Ⅶ、Ⅸ、Ⅹ这 4 对脑神经中；而脊神经中的内脏运动纤维多数为交感成分，且存在于每对脊神经中。

脑神经总体上包括以下 7 种纤维成分。

（1）**一般躯体感觉纤维**　分布于皮肤、肌、肌腱和口、鼻腔的大部分黏膜。

（2）**特殊躯体感觉纤维**　分布于视器和前庭蜗器。

（3）**一般内脏感觉纤维**　分布于头、颈、胸、腹的脏器。

（4）**特殊内脏感觉纤维**　分布于味蕾和嗅器。

（5）**一般躯体运动纤维**　分布于眼球外肌、舌肌。

（6）**一般内脏运动纤维**　分布于平滑肌、心肌和腺体。

（7）**特殊内脏运动纤维**　分布于咀嚼肌、咽喉肌和表情肌等。

三、内脏神经

内脏神经（visceral nerve）可分为中枢部和周围部。中枢部位于脑和脊髓，周围部指分布于内脏、心血管和腺体的神经。内脏神经包含内脏传出神经和内脏传入神经，又称**内脏运动神经**（visceral motor nerve）和**内脏感觉神经**（visceral sensory nerve），分别负责内脏的运动和感觉（详见其局部所在章节）。

内脏运动神经又称**自主神经**（autonomic nervous）或**植物性神经**（vegetative nervous），调节内脏、心血管的运动和腺体的分泌，不受意识的调控，分为交感神经和副交感神经。交感神经由中枢部、交感干、神经节、神经和神经丛组成。藏酋猴中枢部位于脊髓胸段全长和上腰段 $L_1 \sim L_2$ 的灰质侧角；交感干位于脊柱两侧，由交感干神经节和节间支连接而成，可分颈、胸、腰、骶和尾 5 部分；神经节分为椎旁节和椎前节。

内脏感觉神经的感觉神经元胞体位于脑神经节或脊神经节内，周围支分布于内脏和心血管等的感受器中，把感受的刺激通过神经冲动传达到各级中枢或大脑皮层。

概　述

头部以下颌骨体下缘、下颌角、乳突尖端、上项线和枕外隆凸的连线和颈部分界，由颅与面两部分组成。颅部主要容纳脑，面部有视器、位听器、口、鼻等器官。藏酋猴的头部，除眼、鼻附近的区域外，均覆有长且密的毛；在长期进化过程中，由于咀嚼器官的改变，致使其面部相应缩短，使颅和面的比例发生了较大变化，其比例较其他灵长类小得多，更接近于人类。枕外隆凸、外矢状嵴和下颌骨发达，特别是雄性，这些形态特点的形成和其长期的进攻、防御密不可分。头整体观正面呈倒置的三角形，侧面呈菱形。

一、体表标志

（1）**眉弓**（superciliary arch）是位于眶上缘上方的弓状隆起，向前、上突出明显。

（2）**眶上切迹**（supraorbital notch）（或**眶上孔**，supraorbital foramen）位于眶上缘内侧，眶上血管和神经由此通过。

（3）**眶下孔**（infraorbital foramen）位于眶下缘中份的下方约 1.5cm 处，眶下血管及神经由此通过。

（4）**下颌角**（angle of mandible）是下颌支后缘与下颌体下缘结合处形成的隆起，微向背内侧卷曲。

（5）**颧弓**（zygomatic arch）由颞骨的颧突和颧骨的颞突共同构成，在体表可触及其全长。

（6）**茎突**（styloid process）位于耳垂前下方，呈倒置的三角形。

（7）**乳突**（mastoid process）位于耳垂后方，其根部的前内方有茎乳孔，面神经由此孔出颅。在乳突后部的颅底内面有乙状窦沟，容纳乙状窦。

（8）**枕外隆凸**（external occipital protuberance）是位于枕骨外面正中向后的最突隆起，其内面是窦汇。枕外隆凸向两侧的弓形骨嵴称上项线。

二、体表投影

（1）中央沟的投影在颧弓中点与外矢状嵴前、中 1/3 交点的连线上。

（2）中央前、后回的投影分别位于中央沟投影线的前、后约 1cm 宽的范围内。

（3）外侧沟的投影在颧弓中点与外矢状嵴后、中 1/3 交点的连线上。

（4）大脑下缘的投影在鼻根中点、眶上缘和枕外隆凸的连线上。

第一节　颅骨及其连结

藏酋猴的颅骨和人类一样，由 23 块骨构成。可分为脑颅骨和面颅骨两部分。其连结多为直接连结，颞下颌关节为唯一的滑膜关节。

一、脑颅骨

脑颅骨由 8 块骨组成（图 2-1），成对的有**顶骨**（parietal bone）和**颞骨**（temporal bone），不成对的有**额骨**（frontal bone）、**蝶骨**（sphenoid bone）、**筛骨**（ethmoid bone）、**枕骨**（occipital bone）。它们以缝或骨性结合围成颅腔，颅腔的顶由额骨、顶骨和枕骨构成。颅腔的底由额骨、筛骨、蝶骨、颞骨和枕骨构成。颅腔内有脑及出入脑的血管和神经等。

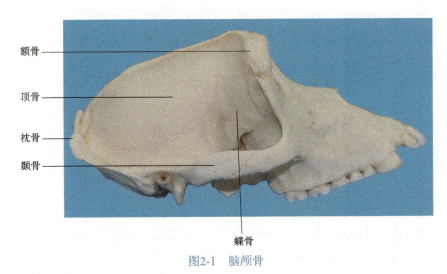

额骨
顶骨
枕骨
颞骨

蝶骨

图2-1　脑颅骨

（1）**额骨**（frontal bone）　位于颅的前上方，分为额鳞、眶部和鼻部三部分。额骨内无人类具有的额窦。

（2）**顶骨**（parietal bone）　位于颅顶的两侧。在矢状缝处形成向外突出的外矢状嵴。

（3）**枕骨**（occipital bone）　位于颅的后下部。前下部有枕骨大孔，枕骨大孔的前方有斜坡，前外侧有舌下神经管，两侧有枕髁，后方有枕外嵴和枕外隆凸。

（4）**颞骨**（temporal bone）　位于颅骨两侧，分为鳞部、鼓部和岩部三部分。

　　（5）**筛骨**（ethmoid bone）　位于两眶之间，分为筛板、垂直板和筛骨迷路三部分。无人类具有的筛窦。

　　（6）**蝶骨**（sphenoid bone）　位于颅底中央，形如蝴蝶。分为体、小翼、大翼和翼突四部分。蝶骨体内无蝶窦；蝶骨大翼较短，伸向两侧，参与构成翼点；翼突内侧板短而薄，翼突外侧板长而薄，内、外侧板之间形成翼窝。

二、面颅骨

　　面颅骨由 15 块骨组成（图 2-2），包括成对的**上颌骨**（maxilla）、**颧骨**（zygomatic bone）、**泪骨**（lacrimal bone）、**鼻骨**（nasal bone）、**腭骨**（palatine bone）和**下鼻甲**（inferior nasal concha），单块的**犁骨**（vomer）、**下颌骨**（mandible）和**舌骨**（hyoid bone）。成年后，除犁骨、下颌骨和舌骨外，其余均以缝或骨性结合连结。面颅骨构成眶、鼻腔和口腔的骨性支架。

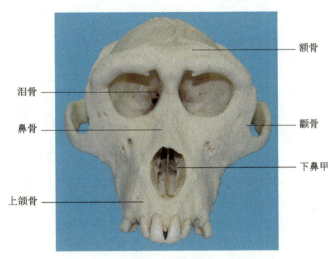

泪骨　　　　　　　　　　　　　　　　额骨

鼻骨　　　　　　　　　　　　　　　　颧骨

　　　　　　　　　　　　　　　　　　下鼻甲

上颌骨

图2-2　面颅骨

　　下颌骨略呈"V"形，位于上颌骨下方，分体和支两部分（图 2-3）。

　　体呈弓状，下缘光滑，上缘生有下齿槽；体的前正中下份向前的骨性隆起称**颏隆凸**（mental protuberance），其内面中线处向后的突起称**颏棘**（mental spine）。颏棘下方两侧有二腹肌窝，由窝的上缘形成一条斜线，称下颌舌骨线。下颌舌骨线的内上方和外下方各有一浅窝，上方为舌下腺窝，外下方为下颌下腺窝。

　　下颌支末端分叉，形成前方的冠突，后方的髁突，中间凹陷处称下颌切迹；髁突上端膨大，称**下颌头**（head of mandible），向下稍细，称**下颌颈**（neck of mandible）。在下颌支的内面中部有**下颌孔**（mandibular foramen），下颌孔经下颌管通向**颏孔**（mental foramen）。下颌支与下颌体的结合部称**下颌角**（angle of mandible），藏酋猴的下颌角微向背内侧卷曲。角的外侧面有咬肌粗隆，内侧面有翼肌粗隆。

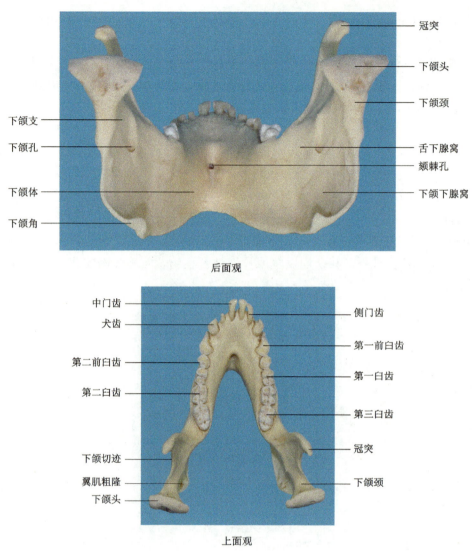

冠突

下颌头

下颌颈

下颌支

下颌孔

舌下腺窝

颏棘孔

下颌体

下颌下腺窝

下颌角

后面观

中门齿

侧门齿

犬齿

第一前白齿

第二前白齿

第一白齿

第二白齿

第三白齿

下颌切迹

冠突

翼肌粗隆

下颌颈

下颌头

上面观

图2-3　下颌骨

三、颅的整体观

（一）顶面观

　　颅顶呈卵圆形，前窄后宽，各骨之间由缝或骨性结合相连，在两侧顶骨间形成矢状缝，矢状缝处有向外突起的外矢状嵴。雄性的外矢状嵴较为明显，高度可达 1~3cm，是两侧颞肌的附着点。在顶骨和枕骨间形成人字缝，人字缝处有向外突起的外人字嵴，外人字嵴向前连于颧弓后部（图 2-4）。

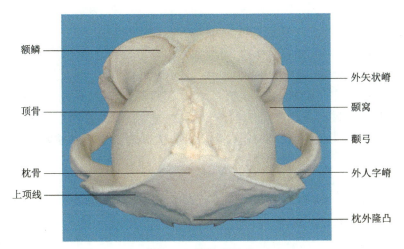

额鳞

顶骨

枕骨

上项线

外矢状嵴

颞窝

颧弓

外人字嵴

枕外隆凸

图2-4　颅的顶面观

（二）前面观

呈倒三角形，由额骨、鼻骨、颧骨、上颌骨和下颌骨等构成。可分为眶、骨性鼻腔和骨性口腔三部分（图 2-5）。

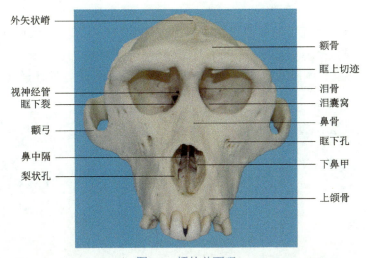

外矢状嵴

视神经管
眶下裂

颧弓

鼻中隔

梨状孔

额骨

眶上切迹

泪骨

泪囊窝

鼻骨

眶下孔

下鼻甲

上颌骨

图2-5　颅的前面观

1. 眶

眶（orbit）容纳视器，呈圆锥形窝。窝尖通过**视神经管**（optic canal）与颅中窝相通。窝底为眶口，其上、下缘分别称眶上缘和眶下缘；眶上缘的内侧有一**眶上切迹**（supraorbital notch）或**眶上孔**（supraorbital foramen），内有眶上神经走行；眶下缘的中份下方 1.5cm 处有眶下孔，内有眶下神经走行。眶由四壁围成，上壁的外侧有**泪腺窝**（fossa for lacrimal gland），容纳泪腺；上、下壁的后部有眶上、下裂，眶上裂较短，没有人的明显；眶上裂向后通颅中窝，眶下裂向后通颞下窝和翼腭窝；下壁中部有眶下沟，此沟经眶下管通眶下孔；内侧壁前下部有泪囊窝，向下经鼻泪管通下鼻道。

2. 骨性鼻腔

骨性鼻腔（bony nasal cavity）位于面部中央。前方开口于**梨状孔**（piriform aperture），后方开口于**鼻后孔**（posterior nasal aperture），有部分经鼻腭管与口腔相通。鼻腔中部有由筛骨垂直板与犁骨构成的骨性鼻中隔，把鼻腔分为左、右鼻道。鼻腔外侧壁有鼻甲和鼻道，但上鼻甲没有人类明显。在鼻腔外侧壁的外侧，位于上颌骨体内，有一对较大的含气的腔隙，称**上颌窦**（maxlliary sinus）。无人类所具有的额窦、筛窦和蝶窦。

3. 骨性口腔

骨性口腔（bony oral cavity）由上颌骨、腭骨和下颌骨构成。顶为骨腭，前壁和外侧壁由上、下齿槽骨及上、下颌齿围成。

（三）侧面观

颅的侧面由于上颌骨和枕骨向前下和后上突出明显，呈菱形。主要由额骨、蝶骨、顶骨、颧骨、颞骨、枕骨和上颌骨、下颌骨构成。在乳突的前上方可见**外耳门**（external acoustic meatus），外耳门前方的弓形突起称**颧弓**（zygomatic arch）。颧弓的内上方有一浅而大的窝，称**颞窝**（temporal fossa）。在颞窝内，额、顶、颞、蝶四骨会合处，称为**翼点**（pterion）。此处骨质较薄，内有脑膜中动脉通过。颞窝下方的窝称**颞下窝**（infratemporal fossa），颞下窝向内通**翼腭窝**（pterygopalatine fossa）。翼腭窝向下、向内侧、向前、向后及向外分别与口腔、鼻腔、眶、颅腔及颞下窝相通，是许多血管神经走行的通道（图2-6）。

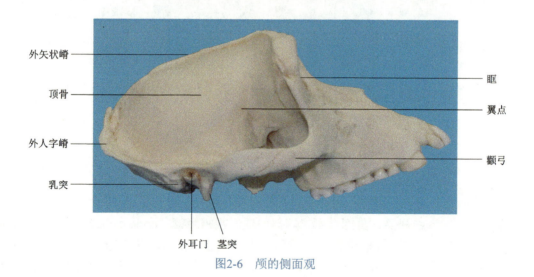

外矢状嵴　　顶骨　　眶　　翼点
外人字嵴　　颧弓
乳突
外耳门　茎突

图2-6　颅的侧面观

（四）底面观

见本章第二节。

四、颅骨的连结

颅骨的连结可分为**纤维连结**（fibrous joint）、**软骨连结**（cartilaginous joint）和**滑膜关节**（synovial joint）三种。成年后，各颅骨之间，多借缝、软骨和骨性结合相连结，彼此之间结合较为牢固。

颅骨的唯一关节为**颞下颌关节**（temporomandibular joint）。

（1）**组成**　由下颌骨的下颌头与颞骨的下颌窝和关节结节构成。

（2）**特点**　关节表面覆盖有一层纤维软骨。关节囊松弛，上方附着于下颌窝和关节结节的周围，下方附着于下颌颈。囊外有从颧弓根部至下颌颈的**颞下颌韧带**（temporomandibular ligament）予以加强。囊内有纤维软骨构成的关节盘，关节盘呈椭圆形，上面如鞍状，前凹后凸，与关节结节和下颌窝的形状相对应。关节囊的前部较薄弱，故颞下颌关节易向前脱位。

（3）**运动**　两侧颞下颌关节属于联合关节。下颌骨可作上提和下降、前进和后退及侧方运动。

第二节　层次结构

一、面部

（一）皮肤与浅筋膜

面部皮肤除眼、鼻附近的区域外，均长有灰白的毛。皮肤颜色不均，额部、上眼睑和唇部颜色较浅，鼻背和颊部颜色较深。皮肤薄而柔软，富有弹性，含有丰富的皮脂腺、汗腺和毛囊。面部不同部位有不同走向的皮纹，皮纹的分布和走向同人类，但较人类的多而明显；皮纹与其深面组织紧密相连，皮纹的纹线相当于由真皮突入表皮内的乳头，纹线之间的沟相当于乳头间的深凹。因而皮纹具有相当的稳定性。浅筋膜较为疏松，内有表情肌、神经、血管和腮腺管等结构分布；在颊肌表面及其与咬肌之间有大量的脂肪团块，称**颊脂体**（buccal fat pad）。睑部皮肤最薄，皮下浅筋膜疏松，一般不含脂肪组织（图 2-7）。

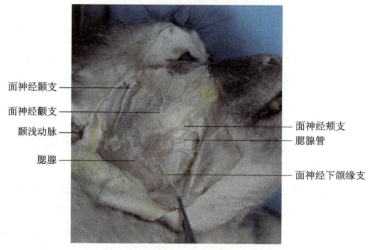

面神经颞支
面神经颧支
颞浅动脉
腮腺

面神经颊支
腮腺管
面神经下颌缘支

图2-7　面部浅层结构

（二）面肌

面肌又称表情肌，属于皮肌，薄而纤细。面肌起自颅骨或筋膜，止于皮肤，主要围绕在眼裂、口裂、鼻和耳的周围，如眼轮匝肌、口轮匝肌等，有缩小或开大孔裂的作用，且收缩时可牵动皮肤，使面部呈现各种表情。面肌主要由面神经分支支配。

（三）血管、淋巴管及神经

1. 血管

分布于面部浅层的主要血管为面动脉和面静脉。

（1）**面动脉**（facial artery）　起自颈外动脉，行向前内上方，在咬肌止点前缘处绕过下颌体下缘转至面部，经口角和鼻翼外侧至内眦，改称**内眦动脉**（angular artery）。面动脉的分支主要有**颏下动脉**（submental artery）、**下唇动脉**（inferior labial artery）、**上唇动脉**（superior labial artery）和鼻外侧动脉等。

（2）**面静脉**（facial vein）　起始于内眦静脉，伴行于面动脉的后方，向外下越下颌体下缘至下颌角下方，与下颌后静脉、颏下静脉和下颌下腺支汇合，穿颈深筋膜浅层，于舌骨大角高度注入颈内静脉。

2. 淋巴管

面部浅层的淋巴管非常丰富，常吻合成网，注入下颌下淋巴结和颏下淋巴结。其输出管注入颈外侧深淋巴结。

3. 神经

管理面部感觉的为三叉神经，支配面肌活动的是面神经。

（1）**三叉神经**（trigeminal nerve）　为混合性神经，发出眼神经、上颌神经和下颌神经三大分支。

1）**眼神经**（ophthalmic nerve）：由三叉神经节发出后，向前穿海绵窦外侧壁，经眶上裂入眶。沿途发出鼻睫神经、**眶上神经**（supraorbital nerve）和泪腺神经，分布于额、眼及鼻的皮肤和黏膜（图2-8）。

图2-8　三叉神经及其分支

2）**上颌神经**（maxillary nerve）：由三叉神经节发出后，向前穿海绵窦外侧壁，经圆孔出颅，至翼腭窝内分为数支，本干入眶下裂续为**眶下神经**（infraorbital nerve）。眶下神经与同名血管伴行，穿出眶下孔，在提上唇肌的深面下行，分为数支，分布于下睑、鼻翼及上唇的皮肤和黏膜（图2-8）。

3）**下颌神经**（mandibular nerve）：由三叉神经节发出后，向前穿海绵窦外侧壁，经卵圆孔出颅后发出肌支，支配咀嚼肌。主要分支有**耳颞神经**（auriculotemporal nerve）、**下牙槽神经**（inferior alveolar nerve）、**颊神经**（buccal nerve）和**舌神经**（lingual nerve），分布于耳、口附近的皮肤和黏膜（图2-8）。

（2）**面神经**（facial nerve）　由茎乳孔出颅，向前外穿入腮腺，分为上、下两干，前行出腮腺分为5支，支配面肌和颈阔肌。

1）**颞支**（temporal branch）：常为2支，由腮腺上缘穿出，支配额肌和眼轮匝肌上份。

2）**颧支**（zygomatic branch）：多为2~3支，由腮腺前缘穿出，支配颧肌、眼轮匝肌下部及提上唇肌。

3）**颊支**（buccal branch）：常为3~5支，由腮腺前缘穿出，水平行向口角，支配颊肌和口裂周围诸肌。

4）**下颌缘支**（marginal mandibular branch）：常为1~3支，从腮腺下缘穿出后，沿下颌体下缘前行，支配下唇诸肌及颏肌。

5）**颈支**（cervical branch）：多为1~2支，由腮腺下端穿出，在下颌角附近至颈部，行于颈阔肌深面，并支配该肌。

（四）腮腺咬肌区

腮腺咬肌区内主要结构有腮腺、咬肌及有关血管、神经等。

1. 腮腺（parotid gland）

腮腺位于外耳门前下方，其上缘邻近颧弓，下缘平下颌角，外面与浅筋膜相贴，前内面邻接咬肌、下颌支及翼内肌后部，后内面与乳突、茎突、胸锁乳突肌及二腹肌后腹相邻。腮腺是最大的一对口腔腺，形状不规则，分浅、深两部。从腮腺的前缘发出**腮腺管**（parotid duct），其向前横行越过咬肌表面，至咬肌前缘呈直角转向内，穿过颊脂体和颊肌，开口于上颌第二臼齿相对的颊黏膜处，腮腺管长 5~6cm（图2-7）。

2. 咬肌（masseter）

咬肌起自颧弓下缘及其深面，止于下颌支外侧面和咬肌粗隆，表面覆以咬肌筋膜，后部被腮腺覆盖。藏酋猴咬肌发达，肌腹肥厚，向颊两侧膨隆，是颞下颌关节运动的主要肌肉，其形成和食谱及争斗撕咬有密切关系（图2-9）。

（五）面侧深区

此区位于腮腺咬肌区前部的深面、口腔及咽的外侧，即颞下窝的范围。此区内有翼内、外肌及出入颅底的血管和神经分布（图2-8）。

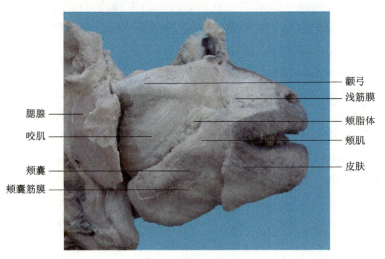

图2-9　面部深层结构

1. 翼内肌、翼外肌

翼外肌（lateral pterygoid muscle）有两头，上头起自蝶骨大翼，下头起自翼突外侧板的外面，两束肌纤维均斜向外后方集中，止于下颌支内侧面。**翼内肌**（medial pterygoid muscle）起自翼窝，肌纤维斜向外下，止于下颌角内侧面的翼肌粗隆。翼内肌、翼外肌两肌腹间及其周围的疏松结缔组织中，有血管与神经交错穿行。翼内、外肌由三叉神经支配。

2. 翼静脉丛

翼静脉丛（pterygoid venous plexus）位于翼内肌、翼外肌与颞肌之间，收纳与上颌动脉分支伴行的静脉，最后汇合成上颌静脉。翼静脉丛通过面部的深静脉与面静脉交通，并与海绵窦交通。

3. 上颌动脉

上颌动脉（maxillary artery）起自颈外动脉，经下颌颈深面入颞下窝，在翼外肌两头间入翼腭窝。分支主要有腮腺支、咬肌动脉、面横动脉和**颞浅动脉**（superficial temporal artery）等。

二、颅部

颅部由颅顶、颅底、颅腔及其内容物组成。颅顶可分为额顶枕区和颞区，由颅顶软组织及其深面的颅盖骨组成。颅底有许多重要的孔道，是神经和血管出入颅的部位。颅腔容纳脑、脑膜和血管等。

（一）额顶枕区

此区前界为眶上缘，后界为枕外隆凸及上项线，两侧借上颞线分界（图2-10）。

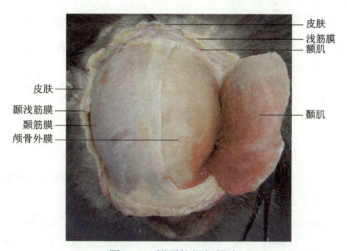

图2-10　颅顶软组织层次

1. 皮肤

皮肤厚而致密，含有大量的毛囊、汗腺、皮脂腺。覆有长而密的毛，毛的颜色多为棕黄色。

2. 浅筋膜

浅筋膜由致密结缔组织和脂肪组织构成。致密结缔组织形成许多纤维隔，连接皮肤和帽状腱膜，头皮的血管和神经主要位于此层内。

3．帽状腱膜

帽状腱膜（epicranial aponeurosis）位于浅筋膜深面，坚韧致密，前连枕额肌的额腹，后连枕额肌的枕腹，两侧至颞区逐渐变薄，与颞浅筋膜相续。

4．腱膜下疏松结缔组织

腱膜下疏松结缔组织又称腱膜下间隙，由一层疏松结缔组织构成，头皮借此层与颅骨外膜疏松连接。

5．颅骨外膜

颅骨外膜由致密结缔组织构成，借疏松结缔组织与颅骨表面相连，易于剥离，但在骨缝处与缝韧带结合紧密。

（二）颞区

位于颅顶的两侧，上界为颞上线，下界为颧弓上缘，前界为额骨和颧骨的结合部，后界为颞上线的后下段。层次从浅入深依次为皮肤、浅筋膜、深筋膜、颞肌和骨膜。除颞肌外，其他各层和额顶枕区相似。

颞肌（temporalis）呈扇形，起自外矢状嵴、颞窝和颞筋膜深面，肌束经颧弓深面，止于下颌骨的冠突。此肌较人类发达，厚度可达 2~3cm，呈扇形展开，前可达额骨，后达枕骨。颞肌是藏酋猴头部的主要保护结构（图 2-10）。

（三）颅底区

1．颅底内面观

颅底内面凹凸不平，由前向后有三个呈阶梯状的窝，分别为颅前窝、颅中窝和颅后窝（图 2-11）。

（1）**颅前窝**（anterior cranial fossa）　容纳大脑额叶。前界为额鳞，后界为蝶骨小翼的后缘，窝的中部凹陷处为筛骨筛板，筛板上有许多筛孔，穿过筛孔有嗅神经的嗅丝。颅前窝中部的筛板构成鼻腔顶，前外侧部形成眶的顶部。

（2）**颅中窝**（middle cranial fossa）　容纳大脑颞叶和垂体。前界为蝶骨小翼的后缘，后界为颞骨的岩部上缘及鞍背。可分为较小的中央部（蝶鞍区）和两个较大且凹陷的外侧部。

1）**蝶鞍区**：指颅前窝中央部的蝶鞍及其周围的区域。中央部可见马鞍形的结构，称**蝶鞍**（sella turcica），蝶鞍的正中有容纳垂体的**垂体窝**（hypophysial fossa），垂体窝的前方为**鞍结节**（tuberculum sellae），前外侧为视神经管，后方为**鞍背**（dorsum sellae），两侧的浅沟为颈内动脉沟。颈内动脉沟向前通眶上裂，向后通**破裂孔**（foramen lacerum）。蝶鞍两侧由前向后有圆孔、卵圆孔和棘孔，分别有上颌神经、下颌神经及脑膜中动脉通过。该区主要的结构有垂体和两侧的海绵窦等。

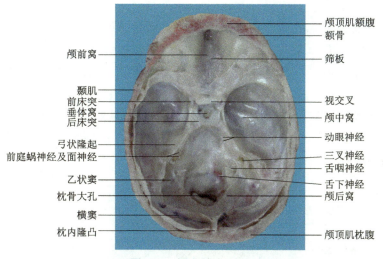

图2-11　颅底的内面观

A. **垂体**（hypophysis），位于蝶鞍上面的垂体窝内，借漏斗穿鞍膈中央的膈孔与第三脑室底的灰结节相连。垂体呈椭圆形或圆形。

B. **海绵窦**（cavernous sinus），为一对重要的硬脑膜窦，位于蝶鞍的两侧，前达眶上裂内侧部，后至颞骨岩部的尖端。海绵窦的上壁向内侧与鞍膈相移行，下壁与蝶骨体相邻，外侧壁内有动眼神经、滑车神经、眼神经、上颌神经通过，内侧壁上部与垂体相邻。窦腔内有结缔组织小梁，将窦腔分隔成许多相互交通的小腔隙，内有颈内动脉及其外侧的展神经通过。

2）**外侧部**：由蝶骨大翼和颞骨岩部构成，容纳大脑颞叶。前方的眶上裂中有动眼神经、滑车神经、眼神经、展神经及眼上静脉穿行，后方有位于颞骨岩部前面中份的弓状隆起，其外侧的鼓室盖由薄层骨质构成，分隔鼓室、颞叶及脑膜。颞骨岩尖处的浅窝，称三叉神经压迹。

（3）**颅后窝**（posterior cranial fossa）　容纳脑桥、延髓和小脑。前界为鞍背，前外侧界为颞骨岩部，后外侧界为枕骨。窝底的中央有**枕骨大孔**（foramen magnum），该孔位于颅后窝中央最低处，孔内有延髓与脊髓相连。椎骨大孔的前方为斜坡，承托脑桥和延髓；后方有**枕内隆凸**（internal occipital protuberance），为窦汇所在处；窦汇向两侧延续为横窦，横窦向两侧行续于**乙状窦**（sigmoid sinus），乙状窦继而转向内侧，达颈静脉孔，续于颈内静脉。枕骨大孔的前外侧有舌下神经管内口，有舌下神经通过；在舌下神经管内口的外侧有颈静脉孔，内有舌咽神经、迷走神经、副神经和颈内静脉通过；在颞骨岩部后面中央有内耳门，有面神经、前庭蜗神经通过。颅后窝的顶为**小脑幕**（tentorium cerebelli），是介于大脑枕叶与小脑上面之间，由硬脑膜形成的一个呈水平位的弓形隔板。小脑幕的后外侧缘附着于横窦沟及颞骨岩部的上缘；小脑幕前缘游离，向前延伸附着于前床突，形成一个朝向前方的弓形切迹，即**小脑幕切迹**（tentorial notch）。

2. 颅底外面观

颅底前部的中央为骨腭，由上颌骨与腭骨构成。骨腭前部正中的孔为门齿孔，经鼻腭管使鼻腔与口腔相通；骨腭后部两侧的孔为腭大孔，腭大孔后方为卵圆形的鼻后孔，鼻后孔两侧的垂直骨板称为翼突。翼突根部后外方从前向后有卵圆孔和棘孔。翼突的两侧有翼腭窝、颞下窝和颧骨的颧弓。颧弓根部后内侧有**下颌窝**（mandibular fossa），和人不同，下颌窝平坦，关节结节不发达。颅底后部中央为枕骨大孔。枕骨大孔两侧为枕髁，枕髁与寰椎构成寰枕关节。枕髁根部有舌下神经管外口，枕髁外侧有颈静脉孔和颈动脉管外口。颈静脉孔的后外侧是茎突，茎突根部后方为茎乳孔，其前外侧是外耳道，再后方为**乳突**（mastoid process）。颈动脉管外口内侧可见破裂孔，枕骨大孔后正中的突起为枕外隆凸，其两侧延伸为上项线（图2-12）。

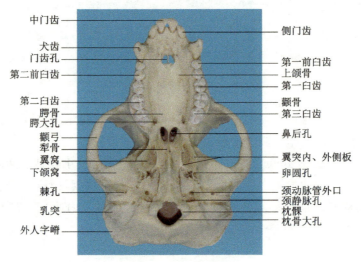

图2-12　颅底的外面观

第三节　眼

藏酋猴的眼，又称视器，形态结构大致同人类，由眼球和眼副器构成，大部分位于眶内。眼球的功能是接受光刺激，将感受到的光波刺激转变为神经冲动，经视觉传导通路传入大脑视觉中枢，产生视觉。眼副器位于眼球的周围，包括眼睑、结膜、泪器、眼球外肌及眶脂体和眶筋膜等，对眼球起支持、保护和运动的作用。

一、眼球

眼球（eyeball）是眼的主要部分，位于眶的前部，后面借视神经连于视交叉。眼球大致呈球形，其眼轴长约为1.8cm。眼球由眼球壁和眼球内容物组成。

（一）眼球壁

眼球壁从外向内依次分为纤维膜、血管膜和视网膜三层。

1. 纤维膜

纤维膜又称外膜，由坚韧的纤维结缔组织构成，具有支持和保护作用，分为角膜和巩膜两部分。

（1）**角膜**（cornea）　占眼球外膜的前 1/6，无色透明，富有弹性，无血管但富有感觉神经末梢。角膜凸向前，径线长 0.9~1.1cm，具有屈光作用。角膜的营养物质来源于角膜周围的毛细血管、泪液和房水。角膜由三叉神经的眼神经支配。

（2）**巩膜**（sclera）　占纤维膜的后 5/6，质地厚而坚韧，呈乳白色，不透明。前缘与角膜相连接，交接处称角膜缘，其深面有一环形的**巩膜静脉窦**（scleral venous sinus），是房水流出的通道。后方与视神经的硬膜鞘相延续。巩膜厚薄不一，后极部最厚，向前逐渐变薄，中纬线附近最薄，在眼外肌附着处再次增厚。巩膜有保护眼球内容物的作用。

2. 血管膜

血管膜又称中膜，位于纤维膜的深面，富有血管和色素细胞，呈棕黑色。血管膜由前向后分为虹膜、睫状体和脉络膜三部分（图 2-13）。

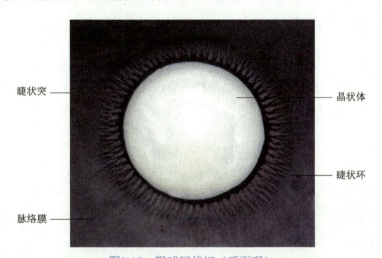

睫状突　　　　　　　　　　　　　　　　　晶状体

　　　　　　　　　　　　　　　　　　　　睫状环

脉络膜

图2-13　眼球冠状切（后面观）

（1）**虹膜**（iris）　位于中膜的最前部，呈冠状位的圆盘形，中央有圆形的**瞳孔**（pupil）。虹膜游离缘较肥厚，另一缘接**睫状体**（ciliary body）。

虹膜内有两种不同排列的平滑肌纤维。环绕瞳孔周围的称**瞳孔括约肌**（sphincter pupillae），可缩小瞳孔，由副交感神经支配；以瞳孔为中心呈放射状排列的称**瞳孔开大肌**（dilator pupillae），可扩大瞳孔，由交感神经支配。虹膜将角膜和晶状体之间的间隙分隔为较大的眼前房和较小的眼后房。在前房的周缘，虹膜与角膜交界处构成的环形区域，称**虹膜角膜角**（iridocorneal angle），亦称前房角，是房水循环的通道，具有滤过作用。

（2）**睫状体**（ciliary body）　前与虹膜相接，后与脉络膜相延续，是中膜中部环形增厚的部分，位于巩膜的内面；其后部较为平坦，称**睫状环**（ciliary ring）。前部有向内突出呈放射状排列的皱襞，称**睫状突**（ciliary process），睫状突借睫状小带连于晶状体。

睫状体内的平滑肌，称为**睫状肌**（ciliaris），由副交感神经支配。睫状肌收缩，睫状突向内，睫状小带松弛后对晶状体的牵拉力减弱，晶状体借助其本身的弹性变厚，以此调节晶状体的屈度。睫状体还有产生房水的作用。

（3）**脉络膜**（choroid）　占中膜的后 2/3，其前部较薄，后部较厚，是一层富含血管、色素的棕色薄膜。位于巩膜和视网膜之间，后方有视神经穿过。脉络膜具有营养视网膜、吸收眼内分散光线的功能。

3．视网膜

视网膜（retina）又称内膜，位于中膜内面。视网膜从后向前可分为视网膜脉络膜部、视网膜睫状体部和视网膜虹膜部三部分。睫状体部和虹膜部贴附于睫状体和虹膜的内面，无感光作用，故称为视网膜盲部。视网膜脉络膜部附于脉络膜的内面，为眼接受光波刺激并将其转变为神经冲动的部分，称视网膜视部。视部的后部最厚，愈向前愈薄。在视网膜内面视神经起始处有圆形白色隆起，称**视神经盘**（optic disc），有视网膜中央动、静脉穿过。视神经盘处无感光细胞，称生理性盲点。在视神经盘的颞侧有一黄色区域，称**黄斑**（macula lutea），其中央凹陷称**中央凹**（fovea centralis），此区无血管，由密集的视锥细胞构成，是感光最敏锐处。

视网膜视部主要由三层细胞组成。外层为**视锥细胞**（cone cell）和**视杆细胞**（rod cell），它们是感光细胞，紧邻色素上皮层；中层为**双极细胞**（bipolar cell），将感光细胞的神经冲动传导至内层的细胞；内层为**节细胞**（ganglion cell），节细胞的轴突向眼球后端汇集，穿过脉络膜和巩膜，构成视神经。

（二）眼球内容物

眼球的内容物包括房水、晶状体和玻璃体。这些结构透明而无血管，具有屈光作用，它们和角膜共同构成眼的屈光系统，使物像投射在视网膜上。

1．眼房和房水

（1）**眼房**（chambers of eyeball）　位于角膜、晶状体和睫状体之间的间隙，被虹膜分隔为眼前房和眼后房。眼前房、眼后房借瞳孔相互交通。

（2）**房水**（aqueous humor）　为无色透明的液体，充满在眼房内。房水由睫状体产生，自眼后房经瞳孔至眼前房，再经虹膜角膜角隙进入巩膜静脉窦，最后汇入眼静脉。房水的生理功能是为角膜和晶状体提供营养，维持正常的眼内压，还有折光作用。

2．晶状体

晶状体（lens）无色透明，富有弹性，不含血管和神经。位于虹膜与玻璃体之间，呈双凸透镜状，前面曲度较小，后面曲度较大，其长轴长约 0.8cm，中央厚度约 0.3cm。晶状体实质由平行排列的晶状体纤维所组成，周围部质地较软，称**晶状体皮质**（cortex of lens），中央部质地较硬，称**晶状体核**（nucleus of lens）。晶状体外面包以具有高度弹性的被膜，称为**晶状体囊**（capsule of lens），其通过睫状小带连于睫状突。

3. 玻璃体

玻璃体（vitreous body）是无色透明的胶状物质，填充于晶状体与视网膜之间。玻璃体前面因以晶状体及其悬韧带为界，故呈凹面状，称玻璃体凹。玻璃体除了具有屈光作用外，还具有支撑视网膜的作用。

二、眼副器

眼副器（accessory organs of eye）包括眼睑、结膜、泪器、眼球外肌、眶脂体和眶筋膜等结构，有保护、运动和支持眼球的作用（图 2-14）。

（一）眼睑

眼睑（eyelids）位于眼球的前方，是保护眼球的屏障。分上睑和下睑，上、下睑之间的裂隙称睑裂。睑裂两端成锐角，分别称内眦和外眦。睑的游离

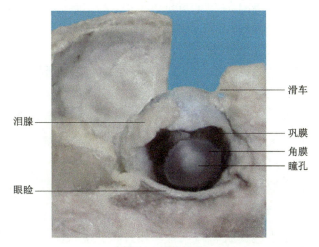

泪腺

眼睑

滑车

巩膜

角膜

瞳孔

图2-14　眼副器

缘称睑缘，睑缘上生有睫毛。在上、下睑缘近内侧端各有一小隆起，称**泪乳头**（lacrimal papilla），其顶部有一小孔，称**泪点**（lacrimal punctum），是泪小管的开口。眼睑由浅至深分为皮肤、皮下组织、肌层、睑板和睑结膜。眼睑的皮肤薄，皮下组织疏松，缺乏脂肪组织。肌层主要是眼轮匝肌的睑部，该肌收缩时闭合睑裂。

位于上睑的上睑提肌可上提上睑。**睑板**（tarsus）为一半月形致密结缔组织板，睑板内有许多呈麦穗状分支的**睑板腺**（tarsal gland），与睑缘垂直排列，其导管开口于睑后缘。睑板腺为特化的皮脂腺，分泌油脂样液体，富含脂肪、脂酸及胆固醇，有润滑睑缘和防止泪液外溢的作用。

（二）结膜

结膜（conjunctiva）是一层富含血管、薄而光滑的黏膜，覆盖在眼球的前面和眼睑的内面。按所在部位可分为：**睑结膜**（palpebral conjunctiva）为衬覆于上、下睑内面的部分，与睑板结合紧密；**球结膜**（bulbar conjunctiva）为覆盖在巩膜前面的部分。睑结膜和球结膜互相移行，返折处构成**结膜上穹**（superior conjunctival fornix）和**结膜下穹**（inferior conjunctival fornix）。结膜上穹较结膜下穹深。当上、下睑闭合时，整个结膜形成囊状腔隙，称**结膜囊**（conjunctival sac）。

（三）泪器

泪器由泪腺和泪道组成，泪道包括泪点、泪小管、泪囊和鼻泪管。

1. 泪腺

泪腺（lacrimal gland）位于泪腺窝内，由大小不等的腺叶构成，并以 10~20 条排泄管开口于结膜上穹的外侧部。泪腺分泌的泪液借眨眼活动涂抹于眼球表面，具有湿润和清洁角膜的作用。

2. 泪道

（1）**泪点**（lacrimal punctum） 上、下泪点分别位于上、下睑缘近内侧端的泪乳头中央，是泪小管的开口，为泪道的起始部。

（2）**泪小管**（lacrimal ductule） 起自泪点，分为上、下泪小管。与睑缘垂直走行，继而转折近似水平向内合成一总管，注入泪囊。

（3）**泪囊**（lacrimal sac） 位于泪囊窝内，为一膜性囊。上部为盲端，下部移行为鼻泪管。

（4）**鼻泪管**（nasolacrimal duct） 为膜性管道。鼻泪管上部包埋于骨性鼻泪管中，与骨膜紧密结合；下部在鼻腔外侧壁深面，末端开口于下鼻道的外侧壁。

（四）眼球外肌

眼球外肌（extraocular muscles）是指位于眼球周围的骨骼肌，是眼球的运动装置。包括上睑提肌、内直肌、外直肌、上直肌、下直肌、上斜肌和下斜肌。其中上睑提肌、4 块直肌和上斜肌均起自视神经管周围的总腱环，下斜肌起自眶下壁的前内侧部。

（五）眶脂体和眶筋膜

眶脂体（adipose body of orbit）是填充于眼球、眼肌与眶骨膜之间的脂肪组织块。在眼球后方，视神经与眼球各肌之间含量较多，前部较少，其功能是固定眶内各种软组织，对眼球、视神经、血管和泪器起保护作用。

眶筋膜（orbital fasciae）包括眶骨膜、眼球筋膜鞘、肌筋膜鞘和眶隔。对眼球起固定、连接和保护作用。

三、眼的血管和神经

（一）血管

主要来自**眼动脉**（ophthalmic artery），由颈内动脉穿出海绵窦后发出，经视神经管入眶，在眶内分支分布于眼，主要分支为**视网膜中央动脉**（central artery of retina）和脉络膜动脉，分别分布于视网膜周边部分和脉络膜。静脉与同名动脉伴行，收集动脉分布区域回流的静脉血。

（二）神经

眼的神经来源较多（图 2-15，图 2-16）。主要有：传导视觉的视神经；支配上睑提肌、上直肌、内直肌、下直肌和下斜肌的动眼神经；支配上斜肌的滑车神经，支配外直肌的展神经；眼球内肌的瞳孔括约肌和睫状肌由动眼神经内的副交感纤维支配；瞳孔开大肌由交感神经支配；感觉神经则来自三叉神经的眼支；泪腺分泌由面神经支配。

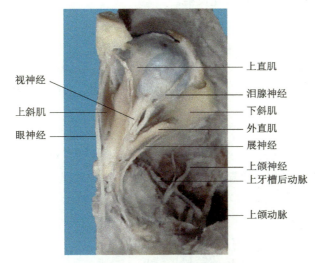

图2-15　眶内结构上面观

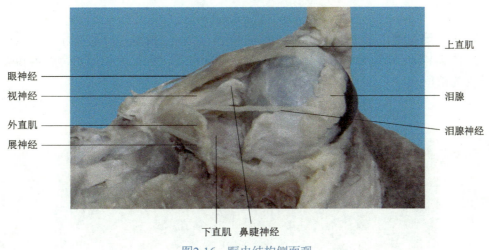

图2-16　眶内结构侧面观

1. 视神经

视神经（optic nerve）为感觉性神经，传导视觉。由视网膜节细胞的轴突在视神经盘处聚集、穿出巩膜后形成。向后经视神经管入颅中窝，连于视交叉，向后延续为视束，终于间脑的外侧膝状体。

2．动眼神经

动眼神经（oculomotor nerve）为运动性神经，含躯体运动纤维和内脏运动（副交感神经）纤维。躯体运动纤维起于动眼神经核，内脏运动纤维起自动眼神经副核。两种纤维组成动眼神经，经中脑的脚间窝出脑，向前穿海绵窦外侧壁，再经眶上裂入眶，分支支配上睑提肌、上直肌、下直肌、内直肌和下斜肌。其内脏运动纤维分布于睫状肌和瞳孔括约肌，参与调节反射和瞳孔对光反射。

3．滑车神经

滑车神经（trochlear nerve）为运动性神经，含躯体运动纤维。起于滑车神经核，绕中脑外侧向前行，向前穿海绵窦外侧壁，再经眶上裂入眶，分支支配上斜肌。

4．展神经

展神经（abducent nerve）为运动性神经，含躯体运动纤维。起于脑桥展神经核，自延髓脑桥沟中线两旁出脑，向前穿海绵窦，经眶上裂入眶，支配外直肌。

第四节　耳

耳又称前庭蜗器，包括前庭器和蜗器两部分。与人耳相似，分为外耳、中耳和内耳三部分（图2-17）。外耳和中耳是收集和传导声波的装置，内耳是位置觉感受器和听觉感受器所在的部位。

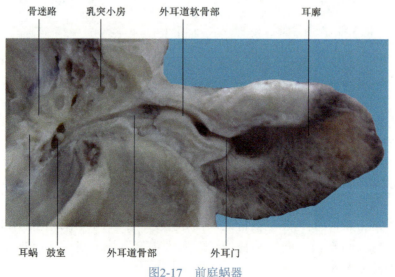

骨迷路　　乳突小房　　外耳道软骨部　　　　耳廓

耳蜗　鼓室　　外耳道骨部　　　外耳门

图2-17　前庭蜗器

一、外耳

外耳包括耳廓、外耳道和鼓膜（图 2-17）。

（一）耳廓

耳廓（auricle）位于头部两侧，表面由长有稀疏毛的皮肤覆盖，皮下组织很薄，除耳垂外大部分以弹性软骨为支架。耳廓外形呈漏斗状，有收集声波的作用。耳廓的前外侧面凹凸不平，中部有外耳门，外耳门内侧接外耳道，外与耳甲汇合，耳甲后有对耳轮，对耳轮上部形成对耳轮脚，对耳轮后有耳轮，耳轮上、下部卷曲，上部移行为耳轮脚，下部移行为耳垂。在外耳门的前外和后外分别有耳屏和对耳屏，其间为耳屏间切迹（图 2-18）。

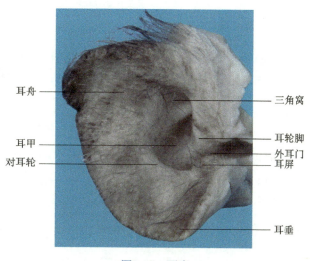

耳舟　三角窝　耳轮脚　外耳门　耳屏　耳甲　对耳轮　耳垂

图2-18　耳廓

（二）外耳道

外耳道（external acoustic meatus）是从外耳门到鼓膜的弯曲管道，成年藏酋猴外耳道长约 3cm。外耳道外侧 1/2 为软骨部，粗细不等，皮肤较薄，内含有丰富的感觉神经末梢、毛囊、皮脂腺和耵聍腺；其内侧 1/2 为骨部，管腔较狭窄。

（三）鼓膜

鼓膜（tympanic membrane）位于外耳道与鼓室之间，为椭圆形半透明薄膜。鼓膜的边缘附着于颞骨上，其外侧面向前、向下、向外倾斜。鼓膜中心向内凹陷，称鼓膜脐，为锤骨柄末端附着处。鼓膜内面的中耳侧壁为鼓室黏膜上皮，鼓膜外面的外耳道则为皮肤上皮所覆盖。

二、中耳

中耳（middle ear）位于外耳和内耳之间，大部分在颞骨岩部内。包括鼓室、咽鼓管、乳突窦和乳突小房（图 2-17）。

（一）鼓室

鼓室（tympanic cavity）是颞骨岩部内的不规则含气小腔。位于鼓膜与内耳之间，向前经咽鼓管通咽，向后借乳突窦通乳突小房。鼓室内有三块听小骨，由外向内分别是**锤骨**（malleus）、**砧骨**（incus）和**镫骨**（stapes）。外侧锤骨形如小锤，有一头、一柄和两个突起，锤骨柄附着于鼓膜脐；中间的砧骨与锤骨和镫骨形成关节；内侧的镫骨形似马镫，镫骨底借韧带连于前庭窗边缘，三块骨借关节相连构成**听骨链**（ossicular chain）。鼓室壁和听小骨表面都被覆黏膜，并与咽鼓管、乳突窦及乳突小房内的黏膜相延续。

（二）咽鼓管

咽鼓管（auditory tube）是连通咽与鼓室的管道。近鼓室的 1/3 为骨部，近鼻咽的 2/3 为软骨部。咽鼓管鼓室口开口于鼓室前壁，咽鼓管咽口开口于鼻咽侧壁。

（三）乳突小房和乳突窦

乳突小房（mastoid cell）是颞骨乳突内许多不规则的含气小腔，互相连通。**乳突窦**（mastoid antrum）是介于乳突小房与鼓室之间的腔，向前开口于鼓室后壁的上部，向后下与乳突小房相通。乳突小房和乳突窦的壁上都被覆黏膜，且与鼓室的黏膜相延续。

三、内耳

内耳（internal ear）又称迷路，位于颞骨岩部内，介于鼓室内侧壁和内耳道底之间（图2-17）。内耳由多个迂曲的管道组成，包括骨迷路和膜迷路。骨迷路又称内耳外淋巴部，由致密骨质围成的骨性隧道组成。膜迷路又称内耳内淋巴部，位于骨迷路内，由互相连通密闭的膜性小管和小囊组成。骨迷路与膜迷路之间的间隙内充满外淋巴，膜迷路内充满内淋巴。

（一）骨迷路

骨迷路（bony labyrinth）可分为三部分，由后外向前内依次为骨半规管、前庭和耳蜗，它们互相连通。

1. 骨半规管

骨半规管（bony semicircular canals）位于骨迷路的后部，由三个相互垂直排列的半环形小管组成，分别称为前骨半规管、后骨半规管和外骨半规管。每个骨半规管一端膨大，称骨壶腹，另一端不膨大，称单骨脚。前、后骨半规管的单骨脚合成一个总骨脚，三个骨半规管开口于前庭。

2. 前庭

前庭（vestibule）位于骨迷路的中部，为一不规则的腔隙。前庭外侧壁即鼓室的内侧壁，其上有前庭窗和蜗窗；前庭内侧壁为内耳道底，有神经穿行；后壁有 5 个小孔与 3

个骨半规管相通；前壁有一大孔通向耳蜗。

3. 耳蜗

耳蜗（cochlea）在颞骨岩部内，位于前庭的前内侧，形似蜗牛壳，耳蜗的尖端朝向前外侧，称蜗顶，蜗底朝向后内侧。位于耳蜗中央呈水平位的圆锥形骨性中轴称蜗轴，蜗螺旋管是环绕蜗轴走行的螺旋形骨性管道。自蜗轴向蜗螺旋管内伸出骨螺旋板，把蜗螺旋管不完全地分成两个阶，上部为**前庭阶**（scala vestibuli），下部为**鼓阶**（scala tympani）。前庭阶起于前庭窗；鼓阶始于蜗窗，蜗窗由第二鼓膜与中耳分开；在蜗顶前庭阶与鼓阶由蜗孔相通。

（二）膜迷路

膜迷路（membranous labyrinth）可分为膜半规管、椭圆囊和球囊、蜗管三部分。

1. 膜半规管

膜半规管（membranous semicircular duct）为三个半环形膜性细管，分别位于同名的骨半规管内。每管一端膨大，称**膜壶腹**（membranous ampullae），其管壁内有一嵴状隆起，称**壶腹嵴**（crista ampullaris），是位觉感受器，能感受头部旋转变速运动的刺激。

2. 椭圆囊和球囊

椭圆囊（utricle）和**球囊**（saccule）均位于前庭内，为两个互相连通的膜性小囊。椭圆囊位于后上方，后壁有 5 个开口连通膜半规管；球囊位于前下方，以一连合管通向蜗管。在囊壁上分别有突入囊腔的**椭圆囊斑**（macula utriculi）和**球囊斑**（macula sacculi），均为位觉感受器，能感受静止、直线变速运动的刺激。

3. 蜗管

蜗管（cochlear duct）位于蜗螺旋管内，是骨螺旋板游离缘与蜗螺旋管外侧之间的一条横断面呈三角形的膜管。蜗管的上壁和下壁分别称前庭膜和螺旋膜。在螺旋膜上有**螺旋器**（spiral organ），为听觉感受器，能感受声波的刺激。

第五节　鼻

鼻（nose）是呼吸道的起始部，又是嗅觉器官，并辅助发音。鼻可分为外鼻、鼻腔和鼻旁窦三部分（图 2-19）。

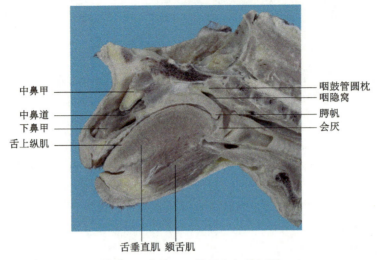

中鼻甲
中鼻道
下鼻甲
舌上纵肌

咽鼓管圆枕
咽隐窝
腭帆
会厌

舌垂直肌　颏舌肌

图2-19　鼻腔、口腔正中矢状切面

一、外鼻

外鼻（external nose）位于面部中央，以鼻骨和鼻软骨为支架，外由皮肤和少量皮下组织构成。藏酋猴外鼻长而宽，鼻背和鼻尖多数塌陷。外鼻上端较窄，与额部相连，称鼻根；下端扁阔，称鼻尖；鼻根与鼻尖之间的部分称鼻背；鼻尖两侧的扩大部分称鼻翼。鼻根的皮肤薄而松弛，生有少量短细的毛；鼻背、鼻翼和鼻尖部的皮肤则较厚，含丰富的皮脂腺和汗腺；鼻背皮肤多皱褶，鼻背和鼻翼皮肤布有少量短粗的毛，鼻尖无毛（图 2-19）。

二、鼻腔

鼻腔（nasal cavity）为由骨和软骨所围成的不规则腔隙，内覆皮肤或黏膜（图 2-19）。藏酋猴的鼻腔长而狭窄，在矢状切面上呈三角形，被一纵行的**鼻中隔**（nasal septum）分为不完全对称的左、右两部分。鼻中隔以犁骨、筛骨垂直板和鼻中隔软骨为支架，覆以黏膜而成。每侧鼻腔向前经鼻孔通外界、向后经鼻后孔通鼻咽。每侧鼻腔又以**鼻阈**（nasal limen）为界，分为鼻前庭和固有鼻腔两部分。

（一）鼻前庭

鼻前庭（nasal vestibule）位于鼻腔的前下部，由鼻翼和鼻中隔围成。鼻前庭被覆皮肤，生有鼻毛，有滤过尘埃和净化空气的作用。

（二）固有鼻腔

固有鼻腔（nasal cavity proper）位于鼻阈和鼻后孔之间，由骨性鼻腔覆以黏膜而成。

鼻腔顶部的筛板较薄，有嗅神经和血管通过；**嗅神经**（olfactory nerve）为感觉性神经，传导嗅觉冲动。起于鼻腔嗅区黏膜内的嗅细胞，中枢突聚集为 20 余条嗅丝，向上穿筛孔进入颅前窝，终于嗅球。鼻腔底为腭，分隔鼻腔和口腔；鼻腔内侧壁为鼻中隔，鼻腔外侧壁有**鼻甲**（nasal concha）和**鼻道**（nasal meatus），藏酋猴下鼻甲较长，从门齿孔达鼻后孔，为卷曲的骨片，其下方为下鼻道，有鼻泪管的开口。中鼻甲呈舌形，少部分附着在鼻外侧壁的背侧部，大部分是游离的，它的下方为中鼻道，有上颌窦的开口。由于中鼻甲外侧游离，中、下鼻道相通。藏酋猴上鼻甲不明显。

三、鼻旁窦

鼻旁窦（paranasal sinus）是位于鼻腔周围的骨性腔隙，腔内衬以黏膜，并与鼻腔黏膜相移行。和人类不同，藏酋猴没有明显的筛窦、额窦和蝶窦，只有上颌窦。**上颌窦**（maxillary sinus）较大，呈锥体形，位于上颌骨体内，开口于中鼻道。

第六节   口   腔

口腔（oral cavity）为消化管的起始端，向前经口裂与外界相通，向后借咽峡与咽相通。口腔前壁为上、下唇，两侧壁为颊，上壁为腭，下壁为封闭口腔底的软组织。口腔借上、下齿弓和齿龈分为口腔前庭和固有口腔两部分。口腔器官有舌和牙齿（图 2-20）。

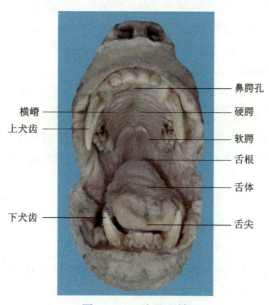

图2-20　口腔及咽峡

一、口唇

口唇（oral lips）由皮肤、皮下组织、口轮匝肌及黏膜组成。唇黏膜深面有唇腺，为口腔腺的一部分。上、下唇间的裂隙称为口裂，其左、右结合处称口角。上唇的两侧以弧形的鼻唇沟与颊分界，在上唇外面正中线处有一纵行浅沟，称人中，但部分藏酋猴没有明显的鼻唇沟和人中。唇系带也不明显（图 2-20）。

二、颊

颊（cheek）由皮肤、皮下组织、颊肌及黏膜组成。颊肌的肌腹因颊囊凸向外侧而形成颊囊壁的肌层。通向口角的颊肌主要部分位于颊囊开口的颅侧，起自下颌齿槽缘与下颌支连接处的少量纤维，止于颊囊深面。在颊囊内侧面的口腔开口处以结缔组织和黏膜附于下颌齿槽缘。颊黏膜深面有颊腺。在颊黏膜上平对上颌第二臼齿有腮腺管开口；在下颌第一前臼齿和第二前臼齿所平对的颊黏膜处有颊囊开口，开口近似椭圆形，长约为3cm，宽约为1.5cm。

颊囊（cheek pouch）为暂时贮存食物的囊袋，左、右各一。从颊部下降达颈部两侧，被颈阔肌筋膜所包裹。在未被食物充盈时，长约7cm，宽约5cm。

三、腭

腭（palate）构成口腔的上壁，分隔口腔和鼻腔。藏酋猴腭狭长，成年雄性长8~8.5cm，最宽处2~3cm。其前 2/3 为硬腭（hard palate），后 1/3 为软腭（soft palate）。硬腭主要以骨腭为基础，表面覆以厚而致密的黏膜；黏膜形成 8~11 条横嵴（transverse ridge），横嵴呈弧形，凹向背侧。前两条横嵴与犬齿相对，最后两条与第三上臼齿相对。在门齿后方有一三角形黏膜襞覆盖鼻腭孔。软腭主要由骨骼肌和黏膜构成。软腭前接硬腭，后部斜向后下，称腭帆（velum palatinum）。腭帆的后缘游离，中央有一垂向下方的突起，称腭垂（uvula）。自腭帆向两侧有前后两对弓形的黏膜皱襞，前方的一对称为腭舌弓（palatoglossal arch），连于舌根；后方的一对称腭咽弓（palatopharyngeal arch），向下延至咽侧壁。两弓之间有扁桃体窝（tonsillar fossa），容纳腭扁桃体（palatine tonsil）。腭垂、腭帆游离缘、两侧的腭舌弓和舌根共同围成咽峡（isthmus of fauces），是口腔和咽的分界（图2-20）。

四、舌

舌（tongue）位于口腔底，由骨骼肌和表面覆盖的黏膜构成。藏酋猴舌狭长，长约9cm，宽约4cm，舌具有协调咀嚼、吞咽食物、感受味觉和辅助发音等功能。

（一）舌的形态

舌分上、下两面。上面称为舌背，以后部的**舌盲孔**（foramen cecum of tougue）为界，将舌分为两部。腹侧 3/4 为**舌体**（body of tougue），背侧 1/4 为**舌根**（root of tougue）。舌体的前端称**舌尖**（apex of tougue）。舌下面中线处有连于口腔底的黏膜皱襞，称**舌系带**（frenulum of tougue）。舌系带根部两侧向背外侧延续成带状黏膜皱襞，称**舌下襞**（sublingual fold），其深面有舌下腺，舌下腺小管开口于舌下襞表面（图 2-21，图 2-22）。

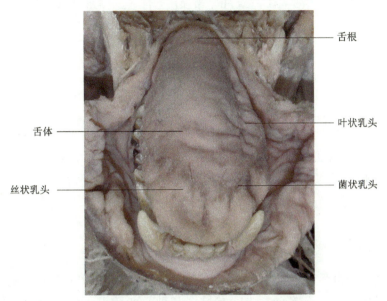

图2-21　舌背

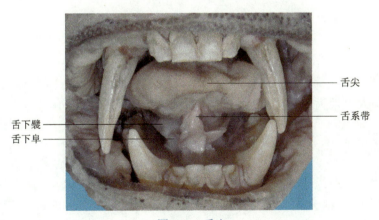

图2-22　舌底

（二）舌的构造

舌分为浅层的舌黏膜和深层的舌肌两部分。

1．舌黏膜

舌黏膜覆于舌的表面，呈淡红色。舌体上面及两侧缘的黏膜上有许多小突起，称**舌乳头**（papillae of tongue）（图 2-21）。舌乳头有 4 种：**丝状乳头**（filiform papillae）布满于舌体背面，数量最多，形短而细，通常呈白色；**菌状乳头**（fungiform papillae）散布于舌尖及舌体两侧，数目较少，钝圆状，形体较大，呈鲜红色；**叶状乳头**（foliate papillae）呈皱襞状排列在舌外侧缘的后部；**轮廓乳头**（vallate papillae）在舌乳头中最大，位于盲孔腹侧，乳头中央隆起，周围有环状沟。在舌根背部黏膜内，有许多由淋巴组织聚集而成的小结节，称舌扁桃体。

2．舌肌

舌肌（muscle of tongue）为骨骼肌，可分为**舌内肌**（intrinsic lingual muscle）和**舌外肌**（extrinsic lingual muscle）两组（图 2-19）。舌内肌起、止均在舌内，其肌纤维有纵行、横行和垂直三种，收缩时分别可使舌缩短、变窄或变薄。舌外肌起自舌外，止于舌内，共有茎突舌肌、舌骨舌肌、颏舌肌和舌腭肌 4 对；其中主要的是**颏舌肌**（genioglossus），其起自下颌体背侧面的颏棘，肌纤维呈扇形向背侧分散，止于舌中线两侧。两侧颏舌肌同时收缩，将舌拉向腹前下方；一侧收缩，使舌伸向对侧。

（三）舌的血管和神经

舌的血液供应来自**舌动脉**（lingual artery），其在舌骨舌肌和颏舌肌之间走行，分为舌背支、舌下支及舌深支，分布于舌。舌静脉多与动脉伴行汇入颈内静脉或面静脉。感觉神经主要通过舌神经及舌咽神经分布，均含有一般感觉和味觉两种神经纤维。

五、牙齿

牙齿（tooth）嵌于上、下颌骨的齿槽内，是最坚硬的器官。藏酋猴的牙齿在数目、构造和排列上与人有很大的相似性。但在形态和功能上又有较大的差异。

（一）牙齿的形态

藏酋猴的牙齿分为齿冠、齿颈和齿根三部分（图 2-3，图 2-12）。

暴露在口腔内的部分为**齿冠**（crown of tooth），嵌入齿槽内的部分为**齿根**（root of tooth），介于齿根和齿冠交界的部分为**齿颈**（neck of tooth）。门齿的齿冠呈凿形，唇面为四边形，舌面呈扁平状；犬齿的齿冠呈锥形，较发达，尤其是雄性，长度可达 3cm，由于犬齿较长，出现了犬齿与邻近齿之间的空隙，即齿隙。上颌齿隙位于犬齿与侧门齿之间，下颌齿隙则在犬齿和前臼齿之间。上、下颌齿咬合时，上、下犬齿互相交错，彼此插入齿隙，致使咀嚼时上、下颌齿不能前后左右移动。门齿和犬齿只有 1 个齿根。臼齿的齿冠最大，呈方形，咬合面凹凸不平，有 2 或 3 个齿根。齿根尖端有齿根尖孔，齿根尖孔通齿根管并与齿冠内较大的齿冠腔相通。齿根管与齿冠腔合称**髓腔**（pulp cavity）。牙齿的血管、淋巴管和神经由齿根尖孔、齿根管出入髓腔。和人一样，藏酋猴的齿冠和齿根多发结石。

（二）牙齿的种类

牙齿是咀嚼食物的器官并有协助发音等作用。藏酋猴恒齿共有 32 颗，根据牙齿的形态和功能分为门齿、犬齿、臼齿（图 2-3，图 2-12）。门齿分为中门齿和侧门齿，上、下各 4 颗，共有 8 颗；犬齿上、下各 2 颗，共 4 颗；臼齿分前臼齿和臼齿，前臼齿上、下各 4 颗，共 8 颗；臼齿上、下各 6 颗，共 12 颗。

（三）牙齿的血管和神经

1．牙齿的血管

上颌齿的血液供应来源于**上牙槽动脉**（superior alveolar artery），分前后两支。上牙槽后动脉来自上颌动脉，在上颌骨后面下降，分支进入上颌骨，供应臼齿及前臼齿并分支至齿龈、颊黏膜及上颌窦。上牙槽前动脉来自眶下动脉，下行供应其余牙齿。下颌的静脉汇入下牙槽静脉，再至翼静脉丛。

2．牙齿的神经

支配上颌齿的神经发自上牙槽神经，分为前、中、后 3 组，分布于上颌齿。支配下颌齿的神经由下牙槽神经分支进入下颌孔后，即分出牙槽支，下牙槽神经的终支颏神经出颏孔，支配颊部、颏部及下唇皮肤。

六、口腔腺

口腔腺（oral gland）主要有腮腺、下颌下腺和舌下腺。腮腺见本章第二节。

（一）下颌下腺

藏酋猴的**下颌下腺**（submandibular gland）发达，呈扁椭圆形，位于下颌下三角内，被筋膜包裹，浅面被颈阔肌和皮肤覆盖。其腺管从腺体颅侧缘发出，向内上走行，开口于口腔底。

（二）舌下腺

藏酋猴的**舌下腺**（sublingual gland）最小，呈扁长条形，位于口腔底舌下襞的深面。其腺管分大、小两种，开口于舌下阜和舌下襞黏膜的表面和附近。

第三章

颈 部

概 述

颈部位于头部与胸部之间，其腹侧正中有消化管和呼吸道的颈段，背侧正中是脊柱颈段，两侧有大血管和神经纵行排列。颈根部除有斜行的血管神经束外，还有胸膜顶和肺尖由胸腔突入。颈部各结构之间有疏松结缔组织填充，并形成筋膜鞘和筋膜间隙。颈肌分为外侧浅群、外侧深群、舌骨上群、舌骨下群和脊椎肌群，数目众多，大小不一，可使头、颈灵活运动，参与呼吸、发音、吞咽等生理活动。颈部淋巴结较多，主要沿血管神经束排列。

一、境界和分区

（一）境界

颅侧界以下颌骨尾侧缘、下颌角、乳突尖、上项线和枕外隆凸的连线与头部分界。尾侧界以胸骨颈静脉切迹、胸锁关节、锁骨颅侧缘和肩峰至第 7 颈椎棘突的连线与胸部及前肢分界。

（二）分区

颈部分为固有颈部和项部两部分。位于两侧斜方肌腹侧缘之间和脊柱颈部的腹侧面称为固有颈部，即通常所指的颈部。斜方肌腹侧缘与脊柱颈部背侧之间的区域称为项部。

固有颈部分为颈前区、胸锁乳突肌区和颈外侧区。颈前区的内侧界为颈前正中线，上界为下颌骨尾侧缘，外侧界为胸锁乳突肌前缘。双侧颈前区以舌骨为界分为舌骨上区和舌骨下区。颈外侧区位于胸锁乳突肌后缘、斜方肌前缘和锁骨上缘之间。胸锁乳突肌区即该肌所覆盖的区域。

二、体表标志

（1）**舌骨**（hyoid bone） 位于颏隆突的尾背侧方，沿舌骨体向背外侧可摸到舌骨大角。
（2）**甲状软骨**（thyroid cartilage） 位于舌骨与环状软骨之间，形似盾牌。
（3）**环状软骨**（cricoid cartilage） 位于甲状软骨尾侧，形似指环，是喉与气管、咽与食管分界的标志，也可作为计数气管环的标志。

（4）**腹侧结节**（tuberculum ventralis）　即第 6 颈椎横突腹侧结节，特别大，呈薄板状。

（5）**胸锁乳突肌**（sternocleidomastoid muscle）　由胸骨乳突肌、锁骨乳突肌构成，其背侧缘中点有颈丛皮支穿出。

（6）**胸骨上窝**（suprasternal fossa）　位于胸骨颈静脉切迹颅侧的凹陷处，在此处可触及气管颈段。

（7）**锁骨上大窝**（greater supraclavicular fossa）　位于锁骨中 1/3 段颅侧方。在窝底可触及锁骨下动脉、臂丛和第 1 肋。

（8）**颊囊**（cheek pouch）　位于下颌骨尾侧缘及颈阔肌表面，呈囊带状，两侧颊囊开口于下颌第一前臼齿和第二前臼齿所平对的颊黏膜处。

（9）**下颌下腺**（submandibular gland）　位于下颌骨尾侧缘，胸锁乳突肌腹侧缘及颈前正中线所围成的三角内，呈卵圆形，被颈深筋膜的浅层包绕。

第一节　层次结构

一、皮肤和浅筋膜

颈前外侧部皮肤较薄，移动性大，皮纹呈横向分布。颈浅筋膜为含有脂肪的一层疏松结缔组织。在颈腹外侧部浅筋膜内有一薄层的皮肌，为**颈阔肌**（platysma）。该肌深面的浅筋膜内有颈前静脉、颈外静脉、颈外侧浅淋巴结、颈丛的皮支及面神经的颈支等（图3-1）。

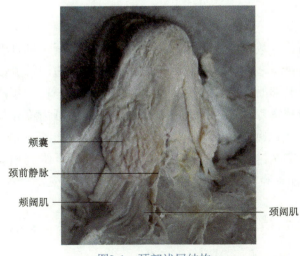

图3-1　颈部浅层结构

（一）浅静脉

1．颈前静脉

颈前静脉（anterior jugular vein）起自颊囊尾侧部，在颈腹侧正中线两侧，沿下颌舌骨肌浅面下行，至锁骨颅侧方时转向外侧，穿入胸骨上间隙，汇入颈外静脉末端或锁骨下静脉，少数汇入头臂静脉。左、右颈前静脉在胸骨上间隙内借横行的**颈静脉弓**（jugular venous arch）相吻合。若左、右颈前静脉合为一支，沿颈前正中线下行，则称颈前正中静脉。

2．颈外静脉

颈外静脉（external jugular vein）由下颌后静脉后支与耳后静脉和枕静脉等汇合而成，沿胸锁乳突肌浅面斜行向尾侧，于锁骨中点颅侧方 2~5cm 处穿颈深筋膜，汇入锁骨下静脉或静脉角，该静脉末端虽有一对瓣膜，但不能阻止血液逆流。当上腔静脉血回心受阻时，可致颈外静脉扩张。因为颈外静脉与颈深筋膜结合紧密，当静脉壁受伤破裂时，管腔不易闭合，可致气体栓塞。

（二）面神经颈支

面神经颈支（cervical branch of facial nerve）自腮腺尾侧缘浅出后行向腹尾侧，走行于颈阔肌深面，支配该肌。

（三）颊囊

颊囊（cheek pouch）为暂时贮存食物的囊袋。在未被食物充盈时，宽约 4.7cm，长约 7cm，伸展到下颌骨体尾侧缘约 8cm。有内侧面、外侧面、腹侧缘和背侧缘之分，其尾侧缘呈 U 形边缘。腹侧缘在口角稍背侧。背侧缘经过下颌角并覆盖于其上，并经过颈阔肌纤维和咬肌腹侧纤维。

颊囊直接位于皮肤之下，被颈阔肌筋膜所包裹。在颈阔肌从颈部到脸部时，较腹侧的纤维通过颊囊深面，少数纤维止于颊囊内侧面。其背侧纤维到颊囊表面，紧贴于其颅侧并伸展到口角。颊肌与颊囊的关系较为复杂。颊肌的肌腹因颊囊凸向外侧而形成颊囊壁的肌层，尤其是尾侧部的肌腹。通向口角的颊肌主要部分位于颊囊开口的颅侧，而通向口角的尾侧纤维沿颊囊背侧缘止于其内侧面上。起自下颌齿槽缘与下颌支连接处的少量纤维止于颊囊深面。在颊囊内侧面的口腔开口处以结缔组织和黏膜附于下颌齿槽缘。颊囊壁的横纹肌纤维交织排列。颊囊的开口较大。颊神经纤维到颊囊背侧部，颏神经支配颊囊的腹侧部，而面神经支配颊囊肌纤维。前两者为感觉支，后者为运动支。

二、颈肌和肌间三角

颈肌分为外侧浅群、外侧深群、舌骨上群、舌骨下群和脊椎前群。

（一）外侧浅群

外侧浅群有胸骨乳突肌、锁骨乳突肌和锁骨枕骨肌。

1．胸骨乳突肌

胸骨乳突肌（sternum mastoid muscle）位于颈部外侧浅层，与锁骨枕骨肌和锁骨乳突肌并列。起于胸骨柄颅侧端正中线两旁，两侧的起点互相紧靠，并与胸大肌起点的颅侧缘相接。起点的浅面为肌性，深面为腱性。肌纤维斜向背侧，止于外耳道尾背侧方的颞骨乳突。

胸骨乳突肌由副神经及第二颈神经支配。

2．锁骨乳突肌

锁骨乳突肌（collarbone mastoid muscle）位于胸骨乳突肌和锁骨枕骨肌深面。起点为肌性，起于锁骨内侧端颅侧缘（即锁骨枕骨肌深面），离胸骨乳突肌起点有一定距离。肌纤维斜向颅背侧，止于外耳道外背侧方颞骨乳突（即胸骨乳突肌止点的深面）。

锁骨乳突肌由副神经及第 2 颈神经支配。

3．锁骨枕骨肌

锁骨枕骨肌（cleido-occipitalis muscle）起于锁骨内侧端腹颅侧缘（即在锁骨乳突肌起点的浅面），起点全为肌性。与上述两肌相依，斜向颅背侧，止于枕骨上项线外侧 1/2~2/3，与斜方肌的枕骨起点相接。

锁骨枕骨肌由副神经及第 2 颈神经支配。

（二）外侧深群

外侧深群有前斜角短肌、斜角长肌和后斜角短肌。

1．前斜角短肌

前斜角短肌（scalenus brevis anterior muscle）位于臂丛腹侧，起于第 3~5 颈椎横突和第 6 颈椎大的腹侧板，肌纤维行向尾侧，止于第 1 肋颅侧缘腹外侧面上，起点和止点均为部分腱性和部分肌性。

前斜角短肌由颈神经腹侧支的短支支配。

2．斜角长肌

斜角长肌（scalenus longus muscle）位于臂丛背侧，以坚韧的腱膜起于第 4 颈椎横突，有时高达第 2 颈椎横突，肌纤维行向尾侧，止于第 3~5 肋颅侧缘外侧面。止点全为肌性。

斜角长肌由颈神经腹侧支的短支及上部肋间神经支配。

3．后斜角短肌

后斜角短肌（scalenus brevis posterior muscle）位于臂丛背侧（即在斜角长肌深面），

起于第 1~7 颈椎横突，止于第 1 肋颅侧缘背外侧面，其止点被胸长神经穿过。起点是较坚韧的腱性，止点全为肌性。

后斜角短肌由颈神经腹侧支的短支支配。

（三）舌骨上群

舌骨上群有二腹肌、茎突舌骨肌、下颌舌骨肌和颏舌骨肌。

1．二腹肌

二腹肌（digastric muscle）有两个肌腹，中间以腱相连。位于下颌骨尾侧，被颈阔肌和下颌下腺所覆盖。后腹呈梭形，起于颞骨乳突部（即在胸骨乳突肌止点深面），肌纤维横向腹侧方，腹侧端移行为强韧的中间腱，此腱向腹侧延伸，至舌骨腹侧面与对侧腱相连而形成一腱弓，其尾腹侧方以腱膜延伸到舌骨体下缘。前腹肌纤维以腱弓发出，与矢状面平行向前，两侧肌纤维既不被裂缝中断，也不被腱所中断。以肌纤维止于下颌下缘的腹侧半。前腹的肌腹有分两层的倾向，深层很薄，其肌纤维走向与浅层稍有不同，成 Y 形，从中线的一条腱向两侧附于下颌骨。

前腹由三叉神经下颌支的下颌舌骨肌神经支配，后腹受面神经支配。

2．茎突舌骨肌

茎突舌骨肌（stylohyoid muscle）位于二腹肌深面，是一条细条状肌。以腱起于颞骨乳突部茎突。以一弱腱带止于舌骨，即在胸骨舌骨肌止点外缘。在某些情况下，弱腱可以不附着在舌骨上，而止于二腹肌腱弓上。茎突舌骨肌并不像人那样被二腹肌腱所穿过。

茎突舌骨肌由面神经支配。

3．下颌舌骨肌

下颌舌骨肌（mylohyoid muscle）位于下颌骨与舌骨之间，其浅面有二腹肌前腹。起于下颌骨体内侧面，两侧肌纤维在下颌联合处相接。止于中线上的腱性缝际和舌骨。这条缝较宽，且直接位于舌骨腹侧面，肌纤维从口的两侧斜向后方，止于缝际。纤维近"V"字形排列。在一些标本中，下颌舌骨肌很不发达，最前部缺乏肌纤维。也就是说，在下颌联合处无起点，故可见到位于其深面的颏舌骨肌。在这种例子中，其后部肌纤维因腱性缝际特别宽而显得很弱。

下颌舌骨肌由下颌舌骨肌神经（三叉神经下颌支的分支）支配。

4．颏舌骨肌

颏舌骨肌（geniohyoid muscle）位于下颌舌骨肌深面。起于下颌骨内面下颌联合后面，肌纤维与矢状面平行行向后方，止于舌骨。两侧肌纤维相接而不融合，两侧的起点和止点也是相接的。

颏舌骨肌由舌下神经支配。

（四）舌骨下群

舌骨下群有肩胛舌骨肌、胸骨舌骨肌、胸骨甲状肌和甲状舌骨肌。

1. 肩胛舌骨肌

肩胛舌骨肌（omohyoid muscle）是一窄带状肌束。以肌纤维起于肩胛骨颅侧缘中部，起点介于冈上肌与肩胛下肌之间。肌束过胸锁乳突肌群和斜角肌群，斜向腹颅侧，以一窄腱止于胸骨舌骨肌止点边缘的舌骨，其腱与胸骨舌骨肌腱相融合。此肌没有腱划。

肩胛舌骨肌由舌下神经袢支配。

2. 胸骨舌骨肌

胸骨舌骨肌（sternohyoid muscle）为舌骨下肌群中最浅面的一条，位于气管腹侧面。两侧肌腹相互接触并列，其起端两侧纤维有些融合。起于胸骨柄颅背侧缘，可部分延伸到第 2 肋软骨。肌纤维行向颅侧，止于舌骨体，两侧止点相接。此肌在靠近起端部有一腱划。

胸骨舌骨肌由舌下神经袢支配。

3. 胸骨甲状肌

胸骨甲状肌（sternothyroid muscle）大部分位于胸骨舌骨肌的深面，为带状薄肌片。两侧肌腹稍微分开。起点在胸骨舌骨肌的深面（背侧）的胸骨柄，并与后者融合，起端处有一腱划，此腱划不与胸骨舌骨肌相融合。肌片斜向颅外侧，于胸骨舌骨肌外侧缘出现，止于甲状软骨的尾外侧缘。两肌束止点距离约 2cm，此肌在接近起端部有一腱划，此腱划可与胸骨舌骨肌腱划相融合。

胸骨甲状肌由舌下神经袢支配。

4. 甲状舌骨肌

甲状舌骨肌（thyrohyoid muscle）是一短小的肌片，贴于甲状软骨的表面，起于甲状软骨尾侧缘，与胸骨甲状肌止点部分相接，止于舌骨体外侧部。

甲状舌骨肌由舌下神经支配。

（五）脊椎前群

脊椎前群有颈长肌、头长肌、头前直肌和头侧直肌。

1. 颈长肌

颈长肌（musculus longus colli）很发达。起点分为两部：一部起自第 4 胸椎到第 4 颈椎椎体，甚至有时这部分肌束起点低至第 6 胸椎椎体；另一部起自肌纤维从下向上走的第 6 到第 3 颈椎腹侧突，其中以第 6 颈椎腹侧突的起点最强。两部起点均带腱性。纤维行向颅侧，止于 1~4 个或 1~5 个颈椎体腹面宽的前纵韧带上。

2. 头长肌

头长肌（musculus longus capitis）起自第 6 到第 3 颈椎横突腹面，其中大多数纤维束起自第 6 颈椎。纤维行向颅侧，止于枕骨基底部。

3．头前直肌

头前直肌（rectus capitis anterior）起自寰椎横突，止于枕骨基底部，即在头长肌止点后面。

4．头侧直肌

头侧直肌（rectus capitis lateralis）较头前直肌粗壮，起自寰椎横突，即在头前直肌起点外侧。止于枕骨外侧部，即在头上斜肌的止点腹侧面。

上述 4 条肌均由参加颈丛和臂丛的脊神经腹侧支的短支支配。

三、颈深筋膜和筋膜间隙

颈筋膜（cervical fascia）是位于浅筋膜和颈阔肌深面的深筋膜。包绕颈、项部的肌和器官。颈筋膜可分为浅、中、深三层，各层之间的疏松结缔组织构成筋膜间隙。

（一）颈筋膜

1．浅层

浅层又称封套筋膜。此层向颅侧附于头颈交界线，向尾侧附于颈、胸和前肢交界线，向腹侧在颈前正中线处左、右相延续，向两侧包绕斜方肌和胸锁乳突肌，形成两肌的鞘；向背侧则附于项韧带和第 7 颈椎棘突，形成一个完整的封套结构。此筋膜在舌骨颅侧部分为深、浅两层，包裹二腹肌前腹和下颌下腺。在面后部，深、浅两层包裹腮腺。在颈静脉切迹颅侧，分为深、浅两层，向尾侧分别附着于颈静脉切迹的腹、背侧缘。

2．中层

中层又称**气管前筋膜**（pretracheal fascia）或内脏筋膜。此筋膜位于舌骨下肌群深面，包裹着咽、食管颈部、喉、气管颈部、甲状腺和甲状旁腺等器官，并形成甲状腺鞘。在甲状腺与气管、食管颅侧邻接处，腺鞘后层增厚，形成甲状腺悬韧带。腹尾侧部覆盖于气管者，称为气管前筋膜；背颅侧部覆盖颊肌和咽缩肌者，称为颊咽筋膜。气管前筋膜向颅侧附于环状软骨弓、甲状软骨斜线及舌骨，向尾侧经气管腹侧方及两侧入胸腔，与心包上部相续。

3．深层

深层又称**椎前筋膜**（prevertebral fascia）。位于颈深肌群浅面，向颅侧附着于颅底，向尾侧续于前纵韧带及胸内筋膜，两侧覆盖臂丛、颈交感干、膈神经、锁骨下动脉及锁骨下静脉。此筋膜向尾外侧方，由斜角肌间隙开始包裹锁骨下动脉、静脉及臂丛，并向腋窝走行，形成腋鞘。

4．颈动脉鞘

颈动脉鞘（carotid sheath）是颈筋膜向两侧扩展，包绕颈总动脉、颈内动脉、颈内静脉和迷走神经等形成的筋膜鞘。

（二）颈筋膜间隙

1．胸骨上间隙

颈深筋膜浅层（封套筋膜）在胸骨柄颅侧缘 3~4cm 处，分为浅深两层，向尾侧分别附于胸骨柄腹侧、背侧缘，两层之间为**胸骨上间隙**（suprasternal space）。内有颈静脉弓、颈前静脉下段、胸骨乳突肌、淋巴结及脂肪组织。

2．气管前间隙

气管前间隙（pretracheal space）位于气管前筋膜与气管颈部之间。内有甲状腺最下动脉、甲状腺下静脉和甲状腺奇静脉丛等，幼年藏酋猴还有胸腺上部、左头臂静脉和主动脉弓等。

3．咽后间隙

咽后间隙（retropharyngeal space）位于椎前筋膜与颊咽筋膜之间，其延伸至咽外侧壁的部分为咽旁间隙。

4．椎前间隙

椎前间隙（prevertebral space）位于脊柱、颈深肌群与椎前筋膜之间。

四、颈前区

颈前区以舌骨为界分为舌骨上区和舌骨下区（图 3-2）。

（一）舌骨上区

舌骨上区包括中央的颏下三角和两侧的下颌下三角。

1．颏下三角

颏下三角（submental triangle）是由左、右二腹肌前腹与舌骨体围成的三角区。其浅面为皮肤、浅筋膜及封套筋膜，深面由两侧下颌舌骨肌及其筋膜构成。此三角内有 1~3 个颏下淋巴结。

2．下颌下三角

下颌下三角（submandibular triangle）由二腹肌前、后腹和下颌骨体尾侧缘围成，又称**二腹肌三角**（digastric triangle），浅面有皮肤、浅筋膜、颈阔肌和封套筋膜，深面有下颌舌骨肌、舌骨舌肌及咽中缩肌。内有下颌下腺、血管、神经和淋巴结等。

（1）**下颌下腺**（submandibular gland）：包裹在封套筋膜形成的筋膜鞘内，此腺呈 U 形，分浅、深两部。浅部较大，位于下颌舌骨肌浅面；绕该肌的背侧缘向腹侧延至其深面，为该腺的深部。下颌下腺管由腺深部的腹侧端发出，在下颌舌骨肌的深面前行，开口于口底黏膜的舌下阜。

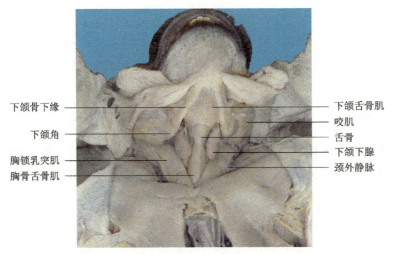

下颌骨下缘
下颌角
胸锁乳突肌
胸骨舌骨肌

下颌舌骨肌
咬肌
舌骨
下颌下腺
颈外静脉

图3-2　颈部深层结构（一）

（2）**血管、神经和淋巴结**：**面动脉**（facial artery）平舌骨大角起自颈外动脉，经二腹肌后腹的深面进入下颌下三角，沿下颌下腺深面前行，至咬肌腹侧缘处绕过下颌骨体尾侧缘入面部。**舌下神经**（hypoglossal nerve）在下颌下腺的内尾侧方，行于舌骨舌肌表面，与二腹肌中间腱之间有舌动脉及其伴行静脉。舌动脉前行至舌骨舌肌背侧缘深面入舌。**舌神经**（lingual nerve）在下颌下腺深部内颅侧方与舌骨舌肌之间前行入舌。**下颌下神经节**（submandibular ganglion）位于下颌下腺深部颅侧方和舌神经尾侧方，颅侧方连于舌神经，向尾侧发出分支至下颌下腺及舌下腺，在下颌下腺周围有 4~6 个下颌下淋巴结。

（二）舌骨下区

该区是指两侧胸锁乳突肌前缘之间、舌骨以下的区域，包括左、右颈动脉三角和肌三角（图 3-3）。

1. 颈动脉三角

颈动脉三角（carotid triangle）由胸锁乳突肌颅侧前缘、肩胛舌骨肌上腹和二腹肌后腹围成。其浅面有皮肤、浅筋膜、颈阔肌及封套筋膜，深面有椎前筋膜，内侧是咽侧壁及其筋膜。主要结构有颈内静脉及其属支、颈总动脉及其分支、舌下神经及其降支、迷走神经及其分支、副神经及部分颈深淋巴结等。

（1）**颈总动脉**（common carotid artery）有左右两支，左颈总动脉起自总干，右颈总动脉起自头臂干，左颈总动脉自起始便位于气管的外侧，右颈总动脉起始先位于气管腹外侧，然后转至气管外侧，沿气管和喉的外侧行向颅侧，约在舌骨水平的高度分为颈内动脉和颈外动脉，全长不发任何分支。在分支处的尾侧处稍膨大，形成**颈动脉窦**（carotid sinus），窦壁内有压力感受器。由于头臂干较长，右侧的颈总动脉明显地较左侧为短。右侧全长约 7.5cm，左侧全长约 9cm。两侧颈总动脉在颈根部相距约 1cm，在颈内、外动脉分叉处相距 3~3.5cm。

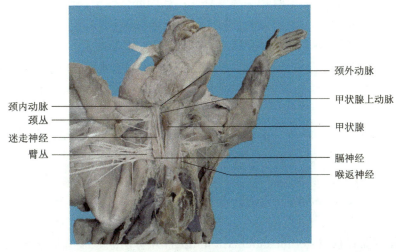

颈内动脉 —
颈丛 —
迷走神经 —
臂丛 —

— 颈外动脉
— 甲状腺上动脉
— 甲状腺
— 膈神经
— 喉返神经

图3-3 颈部深层结构（二）

（2）**颈外动脉**（external carotid artery）在舌骨水平发自颈总动脉，于颈内动脉腹内侧行向颅侧，从甲状软骨颅侧缘至舌骨大角处，自腹侧壁由尾侧向颅侧依次发出甲状腺上动脉、舌动脉和面动脉；近二腹肌后腹尾侧缘处，自后壁向后颅侧发出枕动脉；自起始部内侧壁向颅侧发出咽升动脉。颈外动脉的分支如下。

1）**甲状腺上动脉**（superior thyroid artery）（图 3-3）是颈外动脉的第 1 条分支，位于舌下神经和二腹肌后腹之尾侧。动脉很短，长约 0.5cm，呈扇形分支。喉上动脉水平通过甲状舌骨肌之尾侧，与同名神经伴行，穿过甲状舌骨肌供应喉的颅侧部。另一支继续向尾侧供应其他的舌下诸肌。甲状腺上动脉继续下向尾侧走行，在甲状腺侧叶颅侧端分为前后两支。后支从背面进入腺体。前支沿腺体颅侧缘向内对侧的相应分支吻合，并发出多条细支入腺体。在前支起始部还发出环甲肌支，经胸骨甲状肌深面，分布到环甲肌和胸骨甲状肌及气管颅侧部，其终支穿环甲膜入喉内。

2）**舌动脉**（lingual artery）为舌面动脉干的较大分支。过舌骨舌肌深面一直延伸到舌尖。走行中发三条分支。

舌背支（dorsum linguae artery）主要分布于舌根部、舌会厌襞、腭扁桃体及这个区域的肌肉。

舌深支（profunda linguae artery）为舌的主要血管。由舌深支发出相互平行的升支，在到舌黏膜之前，大量分支互相交通，形成舌背的动脉网。由此网再形成更小的次级网，并发支到黏膜下。

舌下支（sublingual artery）经过舌的更深面向下颌联合。发出多支到舌下腺。在向腹侧通过时，与颏舌肌外侧相接触，并分支供应颏舌肌和颏舌骨肌，还与面动脉的下颌支和颏下支相交通。另外，还发支供应齿龈。之后，左右两侧的舌下支穿过下颌联合孔进入下唇。在经唇缘时，再分为左右两支分布于下唇，并与面动脉的小支吻合，形成围绕着口裂的动脉网。

3）**面动脉**（facial artery）为颈外动脉分支舌面动脉干的主干。先向腹侧过下颌骨体深面，在下颌骨尾侧缘出浅面到达面部，过咬肌止点的前面，几乎垂直行向颅侧，达眶下孔区域，在此分为与眶下动脉的吻合支和内眦动脉两终支，在颈部行程中发出如下分支。

腭升动脉（ascending palatine artery）发自下颌体深面的面动脉分叉处附近。在发出分支供应茎突舌肌和茎突咽肌后，其终支在腭扁桃体水平入咽壁。

下颌下动脉（submandibular artery）在发出腭升动脉后，面动脉向下颌骨体折向腹侧，在与翼内肌接触时发出此动脉和一小支颏下动脉。下颌下动脉主要供应下颌下腺，并发出大量小支，供应翼内肌和止于下颌角的咬肌。

颏下动脉（submental artery）发出后，沿下颌骨尾侧缘供应二腹肌前腹和颈阔肌。

下颌舌骨肌支（mylohyoid artery）在面动脉过下颌骨尾侧缘时发出，到下颌舌骨肌外侧面，并继续向前供应二腹肌前腹。

颊囊支（cheek pouch artery）在面动脉紧靠咬肌处发出，分布于颊囊的内侧和外侧壁，并形成血管网。

4）**胸锁乳突肌动脉**（sternocleidomastoid artery）有两条，发自颈外动脉后干。行向外尾侧方到胸锁乳突肌群颅侧深面。

5）**枕动脉**（occipital artery）和**耳后动脉**（posterior auricular artery）共干发自二腹肌后腹的颈外动脉后干，共干的长度有一定变化，在达到外耳道水平时才分为枕动脉和耳后动脉。枕动脉供应附着在头顶和后部的枕部肌肉，并发出脑膜后动脉，由外耳道后方约2cm处的枕骨乳突裂缝中的一小孔穿过颅骨。在行向颅骨颅侧面时，位于乙状窦的起始部。此动脉有一弯曲的行程，在骨和大脑外侧静脉窦之间行向尾侧方。分布于颅后窝的硬脑膜，其分支与脑膜中动脉的顶支相吻合，而自身的分支也相互吻合，并以短的横支横过上矢状窦与对侧的相应分支吻合。耳后动脉为一短干，在耳廓后尾侧行向颅侧，很快便分成若干支。其中，一些分支沿耳廓的附着缘供应耳廓背侧部。另一些分支供应胸骨乳突肌颅侧部。耳支供应附近肌群、头顶外侧和后部及耳廓。到耳廓的分支以血管弓的形式相互交通。还有一些穿茎乳突孔，与面神经伴行。

6）**咽升动脉**（ascending pharyngeal artery）为细的分支，发自后干的主干或前干，在颈长肌颅侧面垂直向行向颅侧，在近颅底时分为几个终支，一条穿颈静脉孔，供应乙状窦区域的脑膜；另一支行向腹颅侧，分布于咽颅侧部的肌肉和黏膜。咽升动脉沿颅底继续向腹侧面向颅侧，在犁骨背侧缘和硬腭背侧，供应鼻中隔，并发小支分布到软腭。

（3）**颈内动脉**（intental carotid artery）在舌骨水平发自颈总动脉，该动脉在颈部无分支，较颈外动脉为小，且位于其背内侧。动脉在二腹肌和颈长肌之间，而交感干则紧靠它的内侧。咽升动脉经过它的腹内侧，而迷走神经和颈内静脉位于其外侧。在靠近颅底时副神经、舌下神经和舌咽神经过它的外侧。颈内动脉穿颞骨岩部的颈动脉管入颅腔。在颈动脉管内，它首先垂直于颞骨岩部的长轴，然后与之平行。在离开颈动脉管后穿过海绵窦，向视交叉腹外侧作乙状弯曲，沿蝶骨鞍前突内侧缘向颅侧通过，并穿过脑膜到鞍前突颅侧面而离开海绵窦。恰在穿过硬脑膜时发出眼动脉，并与视神经一起入视神经孔。在发出眼动脉后，颈内动脉向腹外侧弯曲行向颅侧的一短程中，再分成大脑前动脉和大脑中动脉两终支。颈内动脉还在分出两终支之前的那一行向颅侧的短程中，发出交通动脉。

（4）**静脉**：颈内静脉（infernal jugular vein）位于胸锁乳突肌腹侧缘深面，与颈内动脉和颈总动脉伴行并位于颈总动脉外侧，直接参与头臂静脉的合成。其颅外支收纳的属支为面静脉的一支、舌静脉、甲状腺上静脉、喉上静脉等。并与上颌静脉有粗支相交通。

（5）**舌下神经**（hypoglossal nerve），该神经以若干细根起自延髓腹外侧部（即在副神经起点的内侧）。合成一束后穿过硬脑膜，经枕骨的舌下神经管出颅外，先在副神经尾侧面，再到颈内动脉的外侧。在二腹肌水平弯向腹侧，经过颈内、外动脉和二腹肌、茎突舌骨肌及下颌舌骨肌的内侧，并接收来自第1或第1、2颈神经的纤维。然后转向腹侧，在弓形处向尾侧发出降支，称颈袢上根，该根沿颈总动脉浅面向尾侧下降，在环状软骨水平与来自颈丛第2、3颈神经的颈袢下根组成颈袢。

（6）**副神经**（accessory nerve）经二腹肌后腹深面入颈动脉三角，继经颈内动、静脉之间行向背外侧，自胸锁乳突肌颅侧穿入该肌，并发出肌支支配该肌，本干行向背侧至枕三角。

（7）**迷走神经**（vagus nerve）行于颈动脉鞘内，沿颈内静脉和颈内动脉及颈总动脉之间的背侧方行向尾侧，在迷走神经上颅侧端的下神经节处发出喉上神经，在颈动脉三角还发出心支，沿颈总动脉表面行向尾侧，入胸腔参与组成心丛。

（8）**二腹肌后腹**（posterior belly of digastric）：是颈动脉三角与下颌下三角的分界标志。其表面有耳大神经、下颌后静脉及面神经颈支；深面有颈内动、静脉，颈外动脉，末三对脑神经及颈交感干；其颅侧缘有耳后动脉和面神经及舌咽神经等；尾侧缘有枕动脉和舌下神经（图3-4）。

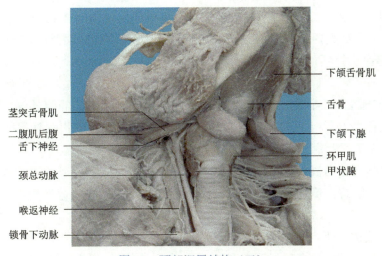

图3-4 颈部深层结构（三）

2.肌三角

肌三角（muscular triangle）位于颈前正中线、胸锁乳突肌腹侧缘和肩胛舌骨肌上腹之间。其浅面的结构由浅入深依次有皮肤、浅筋膜、颈阔肌、颈前静脉、皮神经和封套筋膜，深面为椎前筋膜。

肌三角内含有位于浅层的胸骨舌骨肌和肩胛舌骨肌上腹，位于深层的胸骨甲状肌和甲状舌骨肌，以及位于气管前筋膜深部的甲状腺、甲状旁腺、气管颈部和食管颈部等器官（图3-5）。

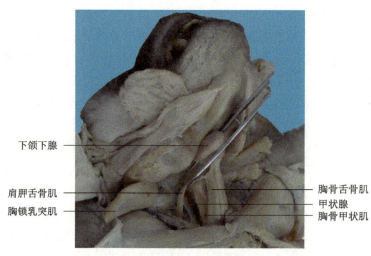

图3-5　舌骨下区肌肉及周围结构

（1）甲状腺

1）形态与被膜：甲状腺（thyroid gland）左右各一，位于喉、气管两侧，呈椭圆形倒八字形排列，无峡部。

甲状腺被气管前筋膜包裹，该筋膜形成甲状腺假被膜，即甲状腺鞘。甲状腺的外膜称真被膜，即纤维囊，二者之间形成的间隙为囊鞘间隙，内有疏松结缔组织、血管、神经及甲状旁腺。假被膜内侧增厚形成的甲状腺悬韧带，使甲状腺两侧叶内侧连于甲状软骨、环状软骨及气管软骨环，将甲状腺固定于喉及气管壁上。吞咽时，甲状腺可随喉的活动而上下移动。

2）位置与毗邻：甲状腺的两侧叶位于喉尾侧部和气管颈部的腹外侧，左侧甲状腺位于甲状软骨尾侧缘与第4气管软骨环之间，右侧甲状腺位于甲状软骨尾侧缘与第二气管软骨环之间，左侧甲状腺长约2.9cm，右侧甲状腺长约2.4cm。

甲状腺的腹侧面由浅入深有皮肤、浅筋膜、封套筋膜、舌骨下肌群及气管前筋膜；左右两甲状腺侧叶的背内侧邻近喉、气管、咽与食管及喉返神经；背外侧与颈动脉鞘及颈交感干相邻。

腺体的血液供应来自甲状腺上动脉和甲状腺下动脉。甲状腺上动脉与喉上动脉共干发自颈外动脉起始部或颈总动脉。动脉在舌骨水平达侧叶颅侧端，随即分为前支和后支，后支从背面分支进入腺体，前支从前面发出分支进入腺体。甲状腺下动脉发自锁骨下动脉的分支甲状颈干，从侧叶基部尾侧缘进入腺体。血液回流由甲状腺上、中、下静脉承担，大部分静脉在不同水平上注入胸骨后面的头臂静脉，或者左右两条甲状腺静脉都注入左、右头臂静脉。甲状腺上静脉收纳侧叶顶部和内侧的血液。甲状腺下静脉侧叶基部血液，甲状腺中静脉侧叶后面的血液，注入甲状腺上静脉或直接注入颈内静脉。

甲状腺的神经由颈下神经节发出的交感神经纤维支配，其包绕腺体内侧后面形成丛状神经网。

（2）**气管颈部**（cervical part of trachea）：颅侧平对第 4 颈椎尾侧缘，尾侧平对胸骨颈静脉切迹处移行为气管胸部，成年藏酋猴长约 10.6cm，横径约为 1.8cm，矢径约为 1.2cm，由 24~26 个气管软骨环组成。气管周围有疏松结缔组织包绕，故活动性较大，当仰头或低头时，气管可上、下移动。头转向一侧时，气管亦随之转向同侧，食管却移向对侧。从腹侧面观察，气管呈圆管状，从喉延伸到纵隔，均位于食管腹侧面，但气管几乎全长都位于食管稍右腹侧。

气管颈部的毗邻：腹侧面由浅入深依次为皮肤、浅筋膜、封套筋膜、胸骨上间隙及其内的静脉弓、舌骨下肌群、气管前筋膜和气管前间隙。

气管颈部两侧为甲状腺、颈总动脉、颈内静脉和迷走神经，而且前两者直接与气管相贴，腹侧面有胸骨甲状肌和胸骨舌骨肌，背侧面为食管，在气管食管旁沟内有喉返神经上行，其后外侧有颈交感干和颈动脉鞘等，此外，幼年藏酋猴的胸腺、左头臂静脉和主动脉弓等，常会高出胸骨颈静脉切迹，达气管颈部前面。

（3）**食管颈部**（cervical part of esophagus）：在第 4 颈椎体颅侧缘水平始于咽的尾侧，尾侧端在颈静脉切迹平面处移行为食管胸部，在第 12 胸椎水平续于胃贲门。全长14~18cm。在近起始的一段食管为背腹相贴扁平管，横径为 0.8~1.0cm，向尾侧逐渐变圆，尾侧半完全呈圆形，且直径增大为 1.0~1.2cm。这种增大主要是肌壁明显增厚，特别是环形肌大量增加。食管从颈段气管背面进入纵隔，贯穿纵隔的整个背侧部。

食管颈部的毗邻：腹侧面为气管颈部，背侧面有颈长肌和脊柱；背外侧隔椎前筋膜与颈交感干相邻；两侧为甲状腺、颈动脉鞘及其内容物（图 3-6）。

图3-6　颈部深层结构（四）

食管由迷走神经和交感神经构成的食管神经丛支配。

食管的血液供应：在颈段为甲状腺下动脉的食管支。

五、胸锁乳突肌区

（一）境界

胸锁乳突肌区（sternocleidomastoid region）是指该肌在颈部所占据和覆盖的区域。

（二）内容及毗邻

1．颈袢

颈袢（ansa cervicalis）由第 1~3 颈神经前支的分支构成。来自第 1 颈神经前支的部分纤维先随舌下神经走行，至颈动脉三角内离开此神经，称为舌下神经降支，又名颈袢上根，沿颈内动脉和颈总动脉浅面行向尾侧。来自颈丛第 2、3 颈神经前支的部分纤维组成颈袢下根，沿颈内静脉浅面（或深面）下行，上、下两根在颈动脉鞘表面合成颈袢。颈袢位于肩胛舌骨肌中间腱的颅侧缘附近，与环状软骨弓水平，颈袢发支支配肩胛舌骨肌、胸骨舌骨肌和胸骨甲状肌。

2．颈动脉鞘及其内容

颈动脉鞘颅侧起自颅底，尾侧续纵隔。鞘内全长有颈内静脉和迷走神经，鞘内颅侧部有颈内动脉，尾侧部为颈总动脉。在颈动脉鞘尾侧部，颈内静脉位于腹外侧，颈总动脉位于背内侧，在二者之间的背外方有迷走神经。鞘的颅侧部，颈内动脉居腹内侧，颈内静脉在其背外方，迷走神经行于二者之间的背内方。

颈动脉鞘浅面有胸锁乳突肌、胸骨舌骨肌、胸骨甲状肌和肩胛舌骨肌下腹、颈袢及甲状腺上、中静脉；鞘的后方有甲状腺下动脉通过，隔椎前筋膜有颈交感干、椎前肌和颈椎横突等；鞘的内侧有咽、食管颈部、喉、气管颈部、喉返神经和甲状腺等。

3．颈丛

颈丛（cervical plexus）由第 2~4 颈神经腹侧支组成，常有第 1 颈神经的少量纤维加入。位于头长肌和斜角肌之间。在锁骨枕骨肌背侧缘可看到这个丛的 3 或 4 条皮神经，即耳大神经、枕小神经、颈皮神经和锁骨上神经。由颈神经丛发出如下分支。

（1）**斜方肌支**（trapezius muscle branch）　有 2 或 3 条。第 1 支来自第 2、3 颈神经，经过前寰肩胛肌表面，在进入斜方肌深面之前，与副神经相结合。第 2 支来自第 3、4 颈神经，与前寰肩胛肌支一起从深面进入前寰肩胛肌，然后从肌表面穿出到斜方肌深面，直接支配斜方肌，或加入到副神经。第 3 支来自第 4 颈神经，与后寰肩胛肌支一起发出，经后寰肩胛肌腹侧缘到斜方肌。

（2）**胸锁乳突肌支**（sternocleidomastoid branch）　由副神经的分支和来自第 2 颈神经

的纤维组成。分支从深面进入胸骨乳突肌、锁骨乳突肌和锁骨枕骨肌。

（3）**耳大神经**（great auricular nerve）　是一条皮神经。来自第 2、3 颈神经，有时仅来自第 2 或第 3 颈神经。在胸锁乳突肌群深面行向背侧，出现在锁骨枕骨肌背侧缘，再折向颅侧行走。分支到耳基部、耳前和耳后部的皮肤。

（4）**枕小神经**（lesser occipital nerve）　也来自第 2 或第 3 颈神经，或来自这两者。经胸锁乳突肌群深面行向背侧，出现在锁骨枕骨肌后缘，再折向颅侧行。发 1~2 支到耳后皮肤。

（5）**颈皮神经**（cutaneous nerve of neck）　由第 3 和第 4 颈神经组成。在前寰肩胛肌与胸锁乳突肌群之间行向外侧，出现在锁骨枕骨肌背侧缘（即耳大神经出现点稍尾侧）。然后过该肌表面，分为两支，分布于颈前部皮肤。

（6）**锁骨上神经**（supraclavicular nerve）　来自第 3 和第 4 颈神经。在前寰肩胛肌与胸锁乳突肌群之间行向尾外侧，出现在锁骨枕骨肌背侧缘，位于两条皮神经出现点的稍尾侧，分为像人那样的前、中、后三支，折向尾侧，分布于锁骨和肩峰区。前支到锁骨胸骨端，分布于胸颅侧部和颈尾侧部皮肤；中支向锁骨中段行向尾侧，分布于锁骨表面皮肤；后支到锁骨肩峰端，分出许多细支，分布于肩峰附近皮肤。

（7）**前寰肩胛肌支**（musculus atlantoscapularis anterior branch）　有 2 或 3 支，其中一条来自第 4 颈神经，其余的来自第 3 和第 4 颈神经。均从深面直接进入该肌。

（8）**后寰肩胛肌支**（musculus atlantoscapularis posterior branch）　来自第 4 颈神经。从该肌前缘颅侧部进入。

（9）**前锯肌支**（musculus serratus anterior branch）　发自第 4 颈神经根部，有 1 或 2 支，经前寰肩胛肌深面到前锯肌颈部。

（10）**膈神经**（phrenic nerve）　发自第 3 和第 4 颈神经，或第 4 和第 5 颈神经，经前斜角短肌腹面和内侧行向尾侧进入胸腔。沿纵隔侧壁继续行向尾侧，在纵隔颅侧部位于无名静脉外侧，在纵隔尾侧部紧贴心包侧壁。右侧膈神经还经过下腔静脉的侧壁，最后达膈肌。

（11）**舌下袢**（sublingual loop）　由舌下神经降支（包括来自第 1 颈神经的纤维）与第 2 和第 3 颈神经的纤维合成。舌下神经降支在与舌下神经分离之后，沿颈内静脉表面行向尾侧，在肩胛舌骨肌稍颅侧方，约第 3 或第 4 颈椎水平与第 2 和第 3 颈神经来的纤维连接成袢。在袢上发出三支，分别支配肩胛舌骨肌、胸骨舌骨肌和胸骨甲状肌。

（12）**肌支**（muscular branch）　来自颈丛各颈神经根的短肌支，支配头前侧直肌、头侧直肌、头长肌、颈长肌和斜角肌等。

4. 颈交感干

颈交感干（cervical sympathetic trunk）由颈上、颈中、颈下神经节及节间支组成，位于脊柱两侧，被椎前筋膜所覆盖。

（1）**颈上神经节**（superior cervical ganglion）　大小不定，呈梭形，位于第 2~3 颈椎横突前方，颈内动脉背内侧，并与迷走神经的结状神经节相并列。发自颈上神经节的有以下神经分支。

1) **颈内动脉神经**（caroticus internus nerve）和**颈内静脉神经**（jugularis internus nerve）：向颅侧伸入头区。颈内动脉神经的很多分支相互交织，形成包绕颈内动脉的**颈内动脉神经丛**（plexus caroticus internus），颈内静脉神经有两条分支，一支进入颈静脉孔，与颈静脉神经节相连；另一支穿过或越过岩神经节，连于**鼓室神经丛**（plexus tympanicus）。

2) **交通支**（ramus communicans）：在颈上神经节和结状节之间，有一条或数条，颈上神经节还向第 1~3 或 1~4 颈神经发出交通支，并至少发一支与舌下神经相连。

3) **咽支**（rami pharyngei）和**食管支**（rami esophageis）：由颈上神经节发出，分布到咽和食管。

4) **颈外动脉神经**（caroticus external nerve）和**颈总动脉神经**（caroticus communis nerve）：参与**颈外动脉神经丛**（plexus caroticus external）和**颈总动脉神经丛**（plexus caroticus communis）。

5) **与迷走神经的交通支**：由交感神经干自颈上神经节尾侧端，与迷走神经紧密相伴，于颈总动脉外侧继续行向尾侧。在行向尾侧过程中，交感干和迷走神经各自发支互相交通。

6) **心上神经**（superior cardiac nerve）：发自左颈交感干，参加心浅丛。

（2）**颈中神经节**（middle cervical ganglion）　由三个形状稍膨大相互连接的交感神经干组成，甲状腺下动脉穿过其间，恰位于锁骨下动脉颅侧面。在颈中神经节与星状神经节之间，交感干纤维分成两部，分别位居锁骨下动脉颅侧和尾侧，故形成**锁骨下袢**（ansa subclavia）。颈中神经节发出以下各支。

1) **与脊神经的交通支**：由颈中神经节分支与第 5、6 颈神经相交通。

2) **心中神经**（middle cardiac nerve）：发自颈中神经节或直接发自颈中神经节上面的交感干，心中神经可能含有颈上神经节来源的纤维。

3) **颈总动脉神经**（caroticus communis nerve）和**椎动脉神经**（arteriae vertebralis nerve）：也发自颈中神经节或交感神经干，其细支参加**颈总动脉神经丛**（plexus caroticus communis）和**椎动脉神经丛**（plexus arteriaevertebralis）。

4) **吻合支**（anastomoticus ramus）：与对侧的相应分支相吻合。

5) **锁骨下神经袢与返神经间的交通支**：参与**锁骨下动脉神经丛**（plexus subclavius）。

6) **锁骨下袢**（ansa subclavia）：是颈中神经节与星状神经节之间交感干纤维分为两束，从两侧包绕锁骨下动脉形成的，发支锁骨下动脉神经参加锁骨下动脉神经丛。

（3）**颈下神经节**（inferior cervical ganglion）　通常位于第 1 肋骨小头腹面，形状不规则，又名**星状神经节**（stellate ganglion）（图 3-7），它发出如下分支。

1) **心下神经**（inferior cardiac nerve）：常发自神经节内侧，有 1 或 2 支，参加心神经丛，有时颈交感神经的心中神经和心下神经合成单一的神经干，参加心神经丛。

2) **与脊神经的交通支**（ramus communicans）：以灰交通支与第 7、8 颈神经和第 1 胸神经相交通，另外还以一条白交通支与第 1 胸神经相连。

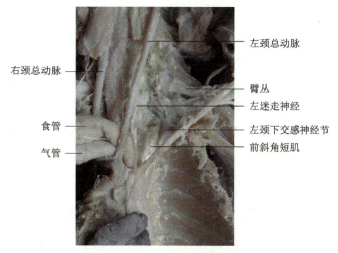

右颈总动脉 ——

食管 ——

气管 ——

—— 左颈总动脉

—— 臂丛
—— 左迷走神经
—— 左颈下交感神经节
—— 前斜角短肌

图3-7　颈根部深层（腹面观）

六、颈外侧区

颈外侧区是由胸锁乳突肌背侧缘、斜方肌腹侧缘、锁骨中 1/3 上缘围成的三角区域，该区域被肩胛舌骨肌下腹分为颅侧方较大的枕三角及尾侧方较小的锁骨上三角。

（一）枕三角

1. 境界

枕三角（occipital triangle）位于胸锁乳突肌背侧缘、斜方肌腹侧缘与肩胛舌骨肌下腹颅侧缘之间。三角的浅面依次为皮肤、浅筋膜和封套筋膜；深面为椎前筋膜及其覆盖的前斜角肌、中斜角肌、后斜角肌、头夹肌和肩胛提肌。

2. 内容及毗邻

（1）**副神经**（accessory nerve）　自颈静脉孔出颅后，沿颈内静脉腹外侧行向尾侧，经二腹肌后腹深面，在胸锁乳突肌的腹侧缘穿入并分支支配该肌，其本干在胸锁乳突肌背侧缘上、中 1/3 交点处进入枕三角，有枕小神经勾绕，这是确定副神经的标志。在枕三角内，该神经沿肩胛提肌表面，经枕三角中份，向外尾侧方斜行。此段位置表浅，自斜方肌腹侧缘中、下 1/3 交界处进入该肌深面，并支配该肌。

（2）**颈丛和臂丛的分支**　颈丛皮支在胸锁乳突肌背侧缘中点处穿封套筋膜浅出，分布于头、颈、胸前上部及肩上部的皮肤。臂丛分支有支配菱形肌的肩胛背神经，该神经位于副神经与臂丛颅侧缘之间，略与副神经平行，但居椎前筋膜深面，可与副神经鉴别。此外，还有支配冈上肌、冈下肌的肩胛上神经，以及入腋区支配前锯肌的胸长神经等。

（二）锁骨上三角

1．境界

锁骨上三角（supraclavicular triangle）位于锁骨颅侧方，在体表呈明显凹陷，故又名**锁骨上大窝**（greater supraclavicular fossa），由胸锁乳突肌背侧缘、肩胛舌骨肌下腹和锁骨颅侧缘中 1/3 围成。其浅面依次为皮肤、浅筋膜及封套筋膜；深面为斜角肌尾侧份肌束及椎前筋膜。

2．内容及毗邻

（1）**锁骨下静脉**（subclavian vein） 于第 1 肋外侧缘续于腋静脉，有颈外静脉和肩胛背静脉注入，在该三角内，锁骨下静脉位于锁骨下动脉第 3 段的前下方；向内经膈神经和前斜角肌尾侧端的腹侧面，达胸膜顶腹侧方；在前斜角肌内侧与颈内静脉汇合成头臂静脉，二者汇合处形成向外上开放的角，称为**静脉角**（venous angle）。胸导管和右淋巴导管分别注入左、右静脉角。

（2）**锁骨下动脉**（subclavian artery） 经斜角肌间隙进入此三角，走向腋窝。位于三角内的是该动脉第 3 段，其尾侧方为第 1 肋上面，背颅侧有臂丛，腹尾侧为锁骨下静脉。在该三角内还可见该动脉的直接和间接的分支：肩胛背动脉、肩胛上动脉和颈横动脉，分别至斜方肌深面及肩胛区。

（3）**臂丛**（brachial plexus） 臂丛由第 5 颈神经到第 1 胸神经及第 2 胸神经的一部分脊神经腹侧支组成。各神经根位于前斜角短肌和后斜角短肌之间。它与颈丛是明显分离的，可以没有神经纤维相联系。当膈神经有发自臂丛第 5 颈神经的纤维时，这两个丛之间可以通过膈神经的根作为桥梁。像人那样，臂丛的构成可以分为三段。第 1 段是神经根，第 2 段是各根所构成的上、中、下三个干，第 3 段是各干的支合并成的外侧索、内侧索和后索。各根、干、索都发出分支。上干由第 5 和第 6 颈神经根合成。下干由第 8 颈神经、第 1 胸神经及第 2 胸神经的一部分根合成。而第 7 颈神经根单独成为中干。各干均分为腹侧支和背侧支。上干和中干的腹侧支合成外侧索；下干的腹侧支单独成为内侧索；三个干的背侧支合成背侧索（后索）。因此，背侧索包含从第 5 颈神经到第 1 胸神经 5 条神经（可能没有第 2 胸神经）成分。外侧索包含第 5~7 颈神经。内侧索包含第 8 颈神经和第 1、2 胸神经。内侧索、外侧索和后索分别在腋动脉的内侧、外侧和后侧。臂丛与锁骨下动脉均由椎前筋膜形成的筋膜鞘包绕，续于腋鞘。臂丛发出如下主要分支（图 3-8）。

1）**肩胛背神经**（dorsal scapular nerve）：仅来自第 5 颈神经根部，与其他臂丛神经不在一起。而是穿后斜角短肌而出，进入前锯肌颈部，在发支支配该肌颈部之后，穿过该肌进入菱形肌。

2）**胸长神经**（long thoracic nerve）：由第 5~8 颈神经 4 条神经根组成，向背侧通过斜角长肌深处，沿胸廓侧面前锯肌表面行向尾侧，支配前锯肌。

3）**锁骨下肌神经**（subclavius nerve）：来自第 5、6 颈神经。在胸前神经袢之前发自上干，分为两支进入锁骨下肌。

4）**肩胛上神经**（suprascapular nerve）：来自第 5 和第 6 颈神经。从上干分出，与肩胛上动脉一同经肩胛上切迹到冈上窝，支配冈上肌，然后绕过肩胛冈外侧的颈切迹，到冈下窝支配冈下肌。

5）**胸前神经**（anterior thoracic nerve）：来自构成臂丛的全部神经。由臂丛外侧索和内侧索组成胸前神经襻。由襻发出三条分支，最上一条到胸大肌囊部，第2条又分1或2支，各自穿过胸小肌到胸大肌胸骨部，支配该两肌；最下一条又分为8支，分别支配胸小肌、胸腹肌和肌质膜肌。

6）**肩胛下神经**（subscapular nerve）：发自第5和第6颈神经。有上、下两条，每条又分2或3支，从肩胛下肌腹侧面，在靠近肩胛颈的部位进入该肌。

7）**胸背神经**（thoracodorsal nerve）：来自第7和第8颈神经（或单独发自第7颈神经）。发自后索，在臂丛背侧沿肩胛骨腋缘行向尾侧，从背阔肌颅侧部内侧面进入该肌。

臂丛发出的其余神经见前肢部分描述。

图3-8 颈部深层结构（五）

七、颈根部

颈根部是指颈部、胸部和腋区之间接壤区域，由进出胸廓颅侧口诸结构占据。

（一）境界

颈根部（root of neck）腹侧面为胸骨柄，背侧面为第1胸椎体，两侧为第1肋。其中心标志是前斜角肌，此肌前内侧主要是往来于颈、胸之间的纵行结构，如颈总动脉、颈内静脉、迷走神经、膈神经、颈交感干、胸导管和胸膜顶等；腹侧面、背侧面方及外侧主要是往来于胸、颈与前肢间的横行结构，如锁骨下动脉、静脉和臂丛等。

（二）内容及毗邻

1. 胸膜顶

胸膜顶（copula of pleura）是覆盖肺尖部的壁胸膜，突入颈根部，高出锁骨内侧 1/3 上缘 2~3cm。前、中、后斜角肌覆盖其腹侧、外侧及背侧。其腹侧方邻接锁骨下动脉及其分支、膈神经、迷走神经、锁骨下静脉，左侧还有胸导管；背侧方贴靠第 1、2 肋，颈交感干和第 1 胸神经前支；外侧邻臂丛；内侧邻气管、食管，左侧还有胸导管和左喉返神经；颅侧方从第 7 颈椎横突、第 1 肋颈和第 1 胸椎体连至胸膜顶的筋膜，称为**胸膜上膜**（suprapleural membrane），此膜又称 Sibson **筋膜**，起悬吊作用。

2. 锁骨下动脉

左锁骨下动脉为主动脉弓发出的两大分支之一。右锁骨下动脉则为头臂干发出的两大分支之一。因此，左侧的较长，右侧的较短。

左锁骨下动脉在胸骨旁食管左侧与纵隔胸膜之间和左头臂静脉背侧行向颅侧，经前斜角短肌和后斜角短肌之间出胸廓，越过第一肋骨成为腋动脉。全长 3.5~4cm。

右锁骨下动脉约在右侧第 1 肋软骨的背面，经前斜角短肌和后斜角短肌之间出胸廓，越过第 1 肋骨为腋动脉。全长 2~2.5cm。

左、右锁骨下动脉均由前斜角短肌与同名静脉分开。动脉在肌的背侧，静脉在肌的腹侧。两条动脉的颅背侧有臂丛。

锁骨下动脉（subclavian artery）发出椎动脉、胸廓内动脉、甲状颈干、颈横动脉、颈深动脉和最上肋间动脉 6 条分支。6 条分支几乎同一水平发自前斜角短肌内侧。

（1）**椎动脉**（vertebral artery） 为锁骨下动脉背侧最大的 1 条分支。在前斜角短肌内侧行向颅侧，入第 6~1 颈椎横突孔，从寰椎横突颅侧向背内侧弯曲，经过椎动脉沟进入椎孔。沿脑干腹侧面行向腹颅侧方，于脑桥尾侧端，左右两条椎动脉相汇合构成基底动脉，椎动脉在行经过程中，发出如下分支。

1）**脊髓前动脉**（anterior spinal artery）：在左右椎动脉汇合之前发出，两侧的分支合并成一细干，经枕骨大孔下降入椎管，沿脊髓腹侧面的前正中裂下降。

2）**脊髓后动脉**（posterior spinal artery）：发自椎动脉，或小脑下后动脉，或同时来自两者。绕延髓向后下方经枕骨大孔入椎管，沿脊髓背面下降。

3）**延髓动脉**（medulla oblongata artery）：为若干细支，由椎动脉或其分支分出。分布于延髓。

4）**基底动脉**（basilar artery）：由左右椎动脉在脑桥与延髓之间的腹侧面合并而成。经脑桥正中沟向前到脑桥腹侧缘，分为左右大脑后动脉两终支。在行经过程中发出如下分支。

小脑下前动脉（anterior inferior cerebellar artery）和**小脑下后动脉**（posterior inferior cerebellar artery）这两条动脉共干发自基底动脉。起点有变化，可发自基底动脉起端处，或离起端处有一定距离。在延髓腹面行向外侧，越过展神经根，分为小脑下后和小脑下前动脉。共干的长度也有变化，或在越过展神经根之前即行分支。小脑下后动脉分布于小脑下面的背侧部。小脑下前动脉分布于小脑尾侧面的腹侧部和腹侧缘。

迷路动脉（labyrinthine artery）为一细支，发自基底动脉，也可发自小脑下后动脉和小脑下前动脉。随蜗神经穿内耳道入内耳。

延髓支（branch oblongatales）有 2 或 3 条细支，分布于延髓。

脑桥支（branch pontis）有 3 或 4 条细支，分布于脑桥。

小脑上动脉（superior cerebeller artery）发自基底动脉前端（即在它分为左右大脑后动脉之前），行向外侧，动眼神经把它与大脑后动脉分开。沿小脑幕尾外侧进入，分布于小脑颅侧面。

大脑后动脉（posterior cerebral artery）为基底动脉的终末支，分出后，与小脑上动脉并行向外侧，绕大脑脚，发分支分布于大脑颞叶和枕叶。

脑底动脉环呈多边形。前面有颈内动脉的终支之一大脑前动脉及其交通支；后面有基底动脉的终支大脑后动脉及其与颈内动脉的后交通支。

两条大脑前动脉在进入大脑正中裂时合并成一条大脑前总动脉，连接两条大脑前动脉。

在人类中，后交通动脉往往较前交通动脉为小；而在藏酋猴中则是相反的情况，后交通动脉较粗，前交通动脉甚小，或不存在。

（2）**胸廓内动脉**（internal thoracic artery）与肩胛上动脉的甲状颈干同时发自锁骨下动脉的腹侧面，形成很短的共干或单独发自锁骨下动脉，向尾侧过锁骨内侧端的背面，进入胸廓内面，沿胸骨外侧缘下降，至第 7 肋软骨分为肌膈动脉和腹壁上动脉两终支。

1）**心包膈动脉**（arteria pericardiacophrenicata）：很细，在胸廓内动脉的起端不远处发出，沿膈神经下降，供应心包和膈肌。

2）**纵隔前动脉**（mediastinal anterior artery）：到纵隔，并发胸腺动脉到胸腺侧叶。

3）**肋间支**（intercostal artery branch）：分布于上 6 个肋间隙，每肋间隙有 2 条，行向外侧。一条位于上一肋的尾侧缘，另一条位于下一肋的颅侧缘，它们与后面的肋间动脉相交通和供应肋间肌，并穿过肋间肌到胸廓腹面，供应胸肌和胸部皮肤。

4）**肌膈动脉**（musculophrenic artery）：是胸廓内动脉两终支之一，在第 7 肋间平面由胸廓内动脉分出。沿第 7 肋间行向尾外侧，然后越过第 8 肋间隙，穿入膈肌的起始部，分支供应膈肌，沿途还发出肋间支与第 7、8 肋间动脉相吻合。

5）**腹壁上动脉**（arteria epigastrica superior）：是胸廓内动脉的另一条终支，先在第 8 肋软骨背面，分支供应腹直肌。在胸廓下缘穿膈肌起始部之前，还发分支供应膈肌。

（3）**甲状颈干**（thyrocervical trunk）　与胸廓内动脉同时发自锁骨下动脉的前壁，两动脉可形成很短的共干或单独发自锁骨下动脉。甲状颈干是一很短的干，随即发出以下分支。

1）**甲状腺下动脉**（inferior thyroid artery）：为甲状颈干的第 1 条分支。经颈长肌腹侧和颈总动脉背侧斜向颅内侧达气管外侧，然后，与喉返神经伴行，沿气管外侧行向颅侧，到甲状腺的背面分支供应甲状腺。沿途发出气管支和食管支。在甲状腺尾侧缘发出喉下神经，与喉返神经伴行，由咽下缩肌下缘入喉。

2）**颈升动脉**（arteria cervicalis ascendens）：为甲状颈干的第 2 条分支。它的起点靠近甲状腺下动脉的起点或两者共干。是一条小的分支，位于膈神经内侧。沿斜角短肌内侧行向颅侧，分支供应颈部深肌。

　　3）颈浅动脉（arteria cervicalis superficialis）：在发出上述两分支后相当一段距离才发出此动脉，经过胸锁乳突肌背面达斜方肌腹侧缘。发支供应胸锁乳突肌群、锁骨下肌和斜方肌。

　　4）肩胛上动脉（arteria suprascapularis）：是甲状颈干的终支，与肩胛上神经伴行，经肩胛骨喙突基部内侧的肩胛上切迹入冈上窝，然后绕到肩胛冈外侧的肩胛颈到冈下窝，供应冈上肌、冈下肌、小圆肌等，还发出肩峰支到肩锁关节。

　　（4）颈横动脉（arteria transversa colli）　与颈深动脉同干，发自锁骨下动脉背侧壁，行向外侧穿臂丛过斜角肌群深面，到前斜角肌颈部和胸部之间分为升支和降支。升支经前锯肌浅面和肩胛提肌腹侧缘行向颅侧，供应这两肌和附近的背项肌。降支经前锯肌颈部和胸部之间的深面行向肩胛骨脊柱缘，再沿脊往缘经菱形肌深面行向尾侧到肩胛骨下角。沿途发支供应菱形肌、前锯肌胸部等肩带肌和背肌。

　　（5）颈深动脉（arteria cervicalis profunda）　较椎动脉细，其起端部位于后者的外侧。与椎动脉并列发自锁骨下动脉颅背侧壁，或与颈横动脉同干。到颈部供应颈深部肌肉等。

　　（6）最上肋间动脉（arteria intercostalis suprema）　发自锁骨下动脉背侧壁，起点与颈深动脉相邻，并不形成人和长臂猿那样的肋颈干。行向背侧，分为 2 或 3 支，到第 1、2、3 或第 1、2 肋间隙。

第二节　咽

　　咽（pharynx）位于脊椎颈部腹侧，兼有吞咽和呼吸功能。从颅顶部过环状软骨尾侧缘并延续为食管。全长约 5.5cm。尾侧端的位置较人类的高，约平第 4 颈椎体颅侧缘。在腹侧，咽经鼻后孔、咽峡、喉口分别与鼻腔、口腔和喉相通。在外侧和背侧被咽腔黏膜所覆盖。这些黏膜与鼻腔、咽鼓管、口腔和喉腔的黏膜相续（图 3-9）。

　　咽分为三个部分。颅侧部位于鼻腔背侧，称为鼻咽部。中间部位于口腔背侧，称为口咽部。层侧部位于喉的背侧，称为喉咽部。

　　鼻咽部（nasopharynx）长 1.8~2.0cm，仅具有呼吸功能，咽的背侧为蝶骨和枕骨的腹侧面，腹尾侧为软腭，腹颅侧为鼻后孔，经此孔与鼻腔相通，背尾侧与口咽相通，外侧壁有蝶骨翼突内侧板、咽上缩肌、腭帆提肌和张肌，在外侧壁还有咽鼓管咽口，位于下鼻甲背侧端的尾背侧，经咽鼓管与鼓室相通。背侧壁有咽扁桃体。中央的膜性鼻咽隔几乎把整个鼻咽腔分为两半。从鼻咽顶部向下延伸附于软腭，其腹侧与鼻中隔相续，背侧呈一弓形游离缘。

　　口咽部（oropharynx）兼有吞食和呼吸功能。从软腭背侧缘伸展到喉的入口处。口咽在腹侧经咽峡与口腔相通，在颅侧与鼻咽相通，而在尾侧与喉咽相通。其外侧壁有腭扁桃体。

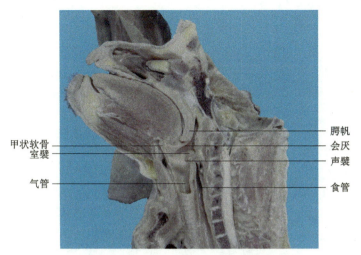

甲状软骨
室襞
气管

腭帆
会厌
声襞
食管

图3-9　颈部正中矢状切面

喉咽部（laryngopharynx）位于喉的背侧，兼具呼吸和消化的功能，在颅侧与口咽相通；在尾侧，于环状软骨尾侧缘延续为食管。其外侧壁和背侧壁是肌膜性的，在腹侧，是与喉相通的入口和环状软骨板。在腹侧壁中线两侧有**梨状隐窝**（piriform recess）。

第三节　喉

喉（larynx）为呼吸系统的一部分，颅侧接喉咽，尾侧连气管。位于脊柱的腹侧，由软骨、韧带、肌肉和黏膜等构成。占据着颈部较高位置，当头部相当于人的解剖学姿势情况下，甲状软骨约平第 2、3 颈椎；环状软骨下缘约平第 4 颈椎颅侧（图 3-10）。

1. 喉腔

喉腔（laryngeal cavity）不规则，由室襞和声襞把喉腔分成上、中、下三部。上部为从喉口到室襞，为前庭；中部为喉室，是室襞和声襞间突向外侧的盲腔，下部从声襞到环状软骨尾侧缘与气管相通。喉入口处在腹侧为会厌，在外侧分别为楔状软骨和杓状软骨明显的突起所围。两突起高度大约相等，无明显的杓会厌襞。楔状结节（腹侧结节），较小，位于会厌背内侧，接近其外侧缘。杓状结节（背侧结节），稍呈梨形，两杓状结节的柄相互对应。

2. 喉的结构

喉的骨结构包括舌骨和若干软骨。软骨有成对的和不成对的两种。成对的有杓状软骨和楔状软骨，不成对的有甲状软骨、环状软骨和会厌软骨。

（1）**甲状软骨**（thyroid cartilage）　形似盾牌，由两个近四边形软骨构成。高约 2.7cm，两侧宽约 2.6cm。颅侧缘附有甲状舌骨膜。上角以短韧带与舌骨大角的远端相连。其韧带内不存在麦粒软骨，下角与环状软骨构成关节。

下颌骨下缘　　　　　　　　　　　　　　　　　　　舌骨舌肌

颏舌肌

舌骨　　　　　　　　　　　　　　　　　　　　　　舌下神经
下颌下腺　　　　　　　　　　　　　　　　　　　　甲状软骨

弹性圆锥　　　　　　　　　　　　　　　　　　　　环状软骨弓

图3-10　颈部深层（正中腹面观）

（2）**环状软骨**（cricoid cartilage）　形如指环，腹窄背宽。在一成年雄性藏酋猴中，矢状径约1.4cm，宽约1.6cm。背侧面正中有一明显的嵴，嵴的两侧呈浅窝状，供环杓后肌附着。在颅侧缘，软骨前部供环甲膜附着，在离后正中嵴约0.3cm处，有一杓状软骨关节面。在软骨背外侧面上有一甲状软骨关节面，此面在距尾侧缘约0.4cm和离后正中约0.3cm处。

（3）**会厌软骨**（epiglottic cartilage）　是位于行舌骨体背侧和甲状软骨颅侧的一略呈五边形的软骨板。由舌骨会厌韧带附于舌骨体背侧面，并由舌会厌韧带附于舌，其表面的黏膜与舌表面的黏膜相连续。软骨板颅侧缘正中有一切迹，软骨板基部宽约1.5cm，高约1.6cm。

（4）**杓状软骨**（arytenoid cartilage）　位于环状软骨颅侧缘。有一个体和三个明显的突起。颅侧突长而细，顶端膨大，但无小角软骨。两侧的顶端相接于中线，这就是喉入口处背侧结节的梨形柄。肌突从软骨体尾侧部伸向外侧。为喉的固有肌所附着。腹侧突（声带突）位于弹性圆锥纤维内。此圆锥位于声襞尾侧一些距离和较接近环状软骨颅侧缘。软骨体和肌突的尾侧面有与环状软骨相接的关节面。

（5）**楔状软骨**（cuneiform cartilage）　较杓状软骨小，呈L形，位于杓状软骨颅侧突的腹侧，隐藏于喉外侧壁腹侧结节内。颅侧突与杓状软骨颅侧突相平行。腹侧突位于室襞之内，并向腹侧延伸一定距离。

喉的可动关节有环甲关节和环杓关节。环甲关节即甲状软骨尾侧角与环状软骨连结的关节。此关节的运动可以增加声襞的张力。环杓关节即杓状软骨的关节面与环状软骨关节面相连的关节。关节可活动。两侧的杓状软骨由于杓肌的活动而接近和移动。因此，腹侧突可向外侧和内侧移动。这样，可改变声门大小或声襞之间的间隙。由于两侧的杓状软骨在中线接近，因此杓状软骨的外侧运动实际上是受到限制的。

室襞或假声带有一对（图3-11），在中线的两侧各一，位于喉前庭与喉室之间。室襞为结缔组织带。其腹侧附着于甲状软骨板背侧面（即在中线外侧），其背侧附着于杓状软骨颅侧突，其内面为楔状软骨的腹侧突。

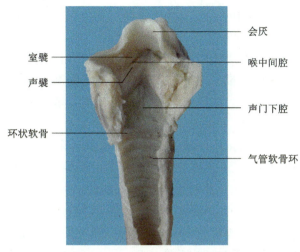

图3-11　喉、气管（冠状切面观）

会厌

喉中间腔

声门下腔

气管软骨环

室襞

声襞

环状软骨

　　声襞同样是成对的结构（图 3-11），较薄的游离端介于喉室与喉腔下部之间。也是一结缔组织带。其腹侧附于甲状软骨板背侧面腹侧（即在室襞附着点尾侧），其背侧附于接近中线的杓状软骨颅侧突。杓状软骨腹侧突位于声襞尾侧一些距离，并隐藏于弹性圆锥内。

　　喉膜为结缔组织薄片，占据着软骨和骨之间的间隙，包括甲状舌骨膜、环甲膜、弹性圆锥和环气管膜。甲状舌骨膜附于甲状软骨颅侧缘到舌骨大角和舌骨体。在外侧被喉上血管和神经所穿过。环甲膜为一凸形带，在中线两侧连结环状软骨腹侧部和甲状软骨尾侧缘。在外侧与位于甲杓肌与喉黏膜之间的弹性圆锥相连。在腹侧附于甲杓肌起点内侧的甲状软骨板背侧面。在尾侧附于环状软骨颅侧缘。在背侧位于杓状软骨腹侧面。在颅侧连结声襞与喉室外侧襞。环气管膜连结环状软骨尾侧与第一气管环的颅侧。

3. 喉内在肌

　　喉内在肌是一群横纹肌，与喉的运动和发声有关。成对的有 4 对，即环甲肌、环杓后肌、环杓外侧肌和甲杓肌，不成对的有杓肌（图 3-12）。

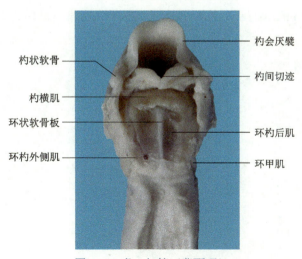

图3-12　喉、气管（背面观）

杓状软骨

杓横肌

环状软骨板

环杓外侧肌

杓会厌襞

杓间切迹

环杓后肌

环甲肌

（1）**环甲肌**（cricothyroid muscle） 起于环状软骨外侧部的外表面，较腹侧的纤维呈 45°角通向颅侧和背侧；背侧纤维约呈 30° 角。两部纤维止于甲状软骨板尾侧缘，并延伸到甲状软骨板的内侧面，离颅侧缘有一些距离。两侧的环甲肌起点在中线处几乎相遇。但是，在止点之间有一明显的间隙。此间隙被环甲膜腹侧部占据。当肌肉收缩时，甲状软骨和环状软骨相接触，使杓状软骨倾向背侧，声带张力增加。此肌受喉上神经外侧支支配。

（2）**环杓后肌**（posterior cricoarytenoid muscle） 起于环状软骨板背侧面。纤维集中通向颅外侧，止于杓状软骨肌突背侧面。当收缩时，肌突被拉向背侧，而腹侧突（声带突）向外侧运动，使声门的横径增加。此肌受喉下神经支配。

（3）**环杓外侧肌**（lateral cricoarytenoid muscle） 呈三角形，起于环状软骨外侧部颅侧缘的背侧半，止于杓状软骨肌突腹侧面。当收缩时，肌突被拉向腹侧，而腹侧突（声带突）移向内侧，使声门变窄，其作用与环杓后肌相反。此肌受喉下神经支配。

（4）**甲杓肌**（thyroarytenoid muscle） 是较大而厚的，起于甲状软骨板背侧面（即在中线两侧），纤维通向背侧，集中止于肌突内侧杓状软骨尾侧部的腹侧面。肌内侧面紧靠弹性圆锥，但易于分开。在收缩时，杓状软骨和环状软骨板颅侧部一起移向腹侧，使声襞张力减小。此肌与环甲肌的作用相反。它受喉下神经支配。

4．喉的血管和神经

喉部神经包括喉上神经和喉下神经，均属于迷走神经的分支。供应喉部的动脉为喉上动脉和喉下动脉。

（1）**喉上神经**（superior laryngeal nerve） 分为内侧支和外侧支，外侧支支配环甲肌，内侧支穿过甲状舌骨膜支配喉颅侧部和尾侧部的黏膜。

（2）**喉下神经**（inferior laryngeal nerve） 在咽下缩肌尾侧缘覆盖之下入喉，分支支配肌肉。

（3）**喉上动脉**（superior laryngeal artery） 发自甲状腺上动脉，与喉上神经伴行，穿甲状舌骨膜入喉。

（4）**喉下动脉**（inferior laryngeal artery） 发自甲状腺下动脉，与喉下神经伴行，穿咽下缩肌入喉。

第四章

胸　部

概　述

　　胸部（thorax）前接颈部、后连腹部，两侧前部以前肢带骨与前肢相连。胸部以胸廓为支架，皮肤、筋膜、肌肉等软组织覆盖其表面，内面衬以胸内筋膜，共同构成胸壁。胸壁与膈围成**胸腔**（thoracic cavity），胸腔向前经胸廓前口通颈部，借膈与腹腔分隔。胸部颅侧界为自颈静脉切迹、锁骨上缘、肩峰至第 7 颈椎棘突的环形连线。尾侧界为自剑胸结合向两侧沿肋弓、第 11 肋腹侧端、第 12 肋后缘至第 12 胸椎棘突的不规则环线。胸部分为中部的纵隔和左、右侧部三部分。纵隔有心、出入心的大血管、气管、食管、胸导管等器官，两侧部容纳左、右肺和胸膜腔。

一、体表标志

　　（1）**胸骨角**（sternal angle）　胸骨角两侧连结第 2 肋软骨，在藏酋猴胸骨角不如人类明显。
　　（2）**剑突**（xiphoid process）　剑突由软骨构成，一般为半月形，剑胸结合平对第 10 胸椎。
　　（3）**锁骨**（clavicle）　锁骨全长可触及。
　　（4）**肋弓**（costal arch）　肋弓是肝和脾的触诊标志，正常情况下肝和脾都在肋弓以内。
　　（5）**乳头**（papillae）　雄性乳头位于锁骨中线及第 6 肋间隙交界处。

二、标志线

　　（1）**前正中线**（anterior median line）　沿腹部正中线所作的自颅侧向尾侧的直线。
　　（2）**胸骨线**（sternal line）　沿胸骨最宽处外侧缘所作的自颅侧向尾侧的直线。
　　（3）**腋前线**（anterior axillary line）　沿腋前襞所作的自颅侧向尾侧的直线。
　　（4）**腋后线**（posterior axillary line）　沿腋后襞所作的自颅侧向尾侧的直线。
　　（5）**腋中线**（midaxillary line）　沿腋前线、腋后线之间连线中点所作的自颅侧向尾侧的直线。
　　（6）**肩胛线**（scapular line）　沿肩胛下角所作的自颅侧向尾侧的直线。
　　（7）**后正中线**（posterior median line）　沿各椎骨棘突所作的自颅侧向尾侧的直线。

第一节　胸　　廓

胸廓由 12 块胸椎、12 对肋、胸骨和它们之间的骨连结构成。

一、骨性胸廓

（一）胸骨

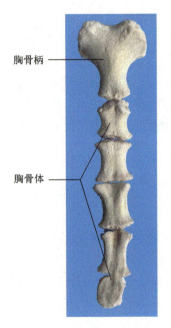

胸骨柄

胸骨体

图4-1　胸骨

胸骨（sternum）是位于胸部腹侧壁正中的扁骨，可分为胸骨柄、胸骨体、剑突三部分。**胸骨柄**（manubrium sterni）前部宽厚，前缘中份有**颈静脉切迹**（jugular notch），后部与胸骨体相连处较窄，其两侧缘为与锁骨相连结的锁切迹，锁切迹的后方有与第 1 肋软骨连结的第 1 肋切迹。**胸骨体**（sternal body）呈较薄的长方形，外侧缘有肋切迹，分别接第 2~7 对肋软骨。**剑突**（xiphoid process）扁而薄，形状近似半圆形，前端与胸骨体相连，后端游离（图 4-1）。

（二）肋

肋（rib）共 12 对，为弯曲的条状扁骨，由肋骨和肋软骨组成，可分为体和腹侧、背侧两端（图 4-2，图 4-3）。上 7 对肋的腹侧端借肋软骨连于胸骨。第 8~10 对肋不直接与胸骨连结，为假肋，其肋软骨依次连于前位肋软骨，形成**肋弓**（costal arch）。第 11、12 对肋的腹侧端游离于腹壁肌层中，称浮肋。肋骨背侧端膨大称肋头，有肋头关节面，该关节面被一横位的肋头嵴分为前、后两部，分别与邻位椎骨的后、前肋凹相关节。肋头外侧稍细部分称肋颈，肋颈外侧向背侧方突出的膨隆部分称肋结节，肋结节有关节面与胸椎横突肋凹相关节。肋体呈弓形弯曲，可分为内、外两面和前、后两缘，前缘较圆钝，后缘薄锐。内面近后缘处有**肋沟**（costal groove），肋间神经、血管行于此沟。肋体背侧份曲度最大的部位称**肋角**（costal angle）。第 1 肋骨扁宽而短，有前、后两面和内、外两缘。无肋角和肋沟，肋头较小而圆，肋颈细长，肋结节较大（图 4-4，图 4-5）。和人类一样，藏酋猴的肋软骨与肋骨的腹侧端相接。

肋头
肋结节

图4-2　肋骨（颅面观）

肋头
肋结节
肋沟

图4-3　肋骨（尾面观）

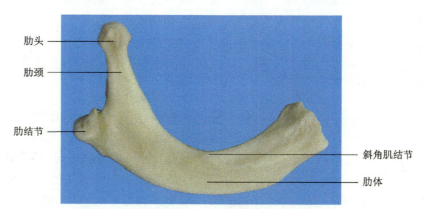

肋头
肋颈
肋结节
斜角肌结节
肋体

图4-4　第1肋骨（颅面观）

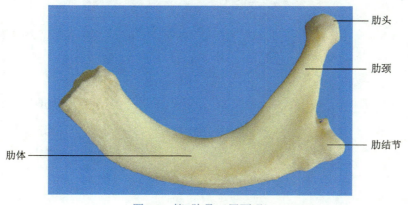

肋头
肋颈
肋结节
肋体

图4-5　第1肋骨（尾面观）

（三）胸椎

见脊柱章节相关描述。

二、骨连结

1．胸肋关节

胸肋关节（sternocostal joint）由第 2~7 肋软骨与相应的胸骨肋切迹构成。第 1 肋软骨与胸骨柄之间为软骨结合，第 8~10 肋软骨的前端依次与前位肋软骨连结形成软骨间关节。

2．肋头关节

肋头关节（joint of costal head）由肋头的前、后关节面与相应邻位胸椎的后、前肋凹及椎间盘构成。但第 1 肋骨和第 10~12 肋骨的肋头仅有一个关节面，故仅与同序数的胸椎相关节。肋头关节的关节囊附于关节面周围，并由囊前方的肋头辐状韧带加强。

3．肋横突关节

肋横突关节（costotransverse joint）由肋结节关节面与胸椎横突肋凹构成。加强关节的韧带有：连结肋颈与胸椎横突的肋横突韧带；自胸椎横突尖向外上方至肋结节的肋横突外侧韧带；连结肋颈上缘与上位胸椎横突下缘的肋横突上韧带。

三、骨性胸廓的整体观

胸廓有前、后两口，腹、背、侧三壁。胸廓前口较小，其平面稍向腹后方倾斜，由胸骨柄前缘、第 1 对肋和第 1 胸椎围成，是胸腔与颈部之间的通道。胸廓后口宽而不规整，由第 12 胸椎、第 12 和第 11 对肋、肋弓和剑突围成。两侧的肋弓在剑突下形成胸骨下角。胸廓后口的横径较宽并向后下倾斜，由膈封闭成胸腔底。胸廓腹侧壁最短，由胸骨、肋软骨及肋骨前端构成。背侧壁较腹侧壁长，由全部胸椎和肋角内侧的肋骨部分构成。外侧壁最长，由肋骨体构成。相邻肋骨之间的间隙称**肋间隙**（intercostal space）（图4-6，图4-7）。

图4-6　肋间肌

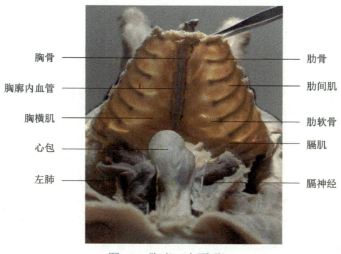

图4-7 胸廓（内面观）

胸骨 — 肋骨
胸廓内血管 — 肋间肌
胸横肌 — 肋软骨
心包 — 膈肌
左肺 — 膈神经

第二节 胸 壁

胸壁（thoracic wall）由皮肤、浅筋膜、深筋膜、肌、神经、血管、骨性胸廓及胸内筋膜等构成。

一、浅层结构

（一）皮肤和浅筋膜

胸部腹侧皮肤较薄，长有短而稀疏的毛。浅筋膜较薄，脂肪组织少，有较多的浅静脉和神经走行。

（二）乳房

雌性藏酋猴乳房通常位于第3~7肋间隙，胸部浅筋膜内的乳腺组织及腺管组织分布和人相似，放射状分布在乳头周围，在妊娠期和哺乳期因为激素的影响，腺体组织会增殖、发育。

二、深层结构

（一）深筋膜

深筋膜位于浅筋膜深面，包被胸壁肌层，由致密结缔组织构成，深入到各肌群之间，形成肌间隔。

（二）胸壁肌

肋间外肌（intercostales externi）位于肋间隙浅层，起自前位肋的下缘，肌纤维斜向外后方，止于后位肋的上缘。近肋骨腹侧端处，肋间外肌延续为**肋间外膜**（external intercostal membrane）。该肌由肋间神经支配。

肋间内肌（intercostales interni）位于肋间外肌的深面，起自下位肋的前缘，肌纤维由内后方斜向外前方，止于上位肋的下缘。两侧腹侧部肌纤维可达胸骨中线，背侧部至肋角处延续为**肋间内膜**（internal intercostal membrane）。该肌由肋间神经支配（图4-6，图4-7）。

胸横肌（transversus thoracis）贴于胸骨体及肋软骨的背侧面，起自胸骨剑突和胸骨体后部背面，肌纤维呈扇形向外上，止于第2~6肋软骨内面和下缘。胸横肌收缩时，可降肋协助呼气。该肌由肋间神经支配。

（三）胸壁血管、神经和淋巴

1．肋间血管、神经和淋巴

（1）**肋间后动脉**（posterior intercostal artery） 共9对，起自胸主动脉，行于第3~11肋间隙内的肋胸膜与肋间内肌之间，在肋角附近发出一较小的下支，沿下位肋骨前缘前行，本干又称上支，在肋间内肌与肋间最内肌之间沿肋沟前行。肋间后动脉的上、下支行于肋间隙腹侧部与胸廓内动脉的肋间前支吻合。肋间后动脉沿途分支供应胸下外侧区，在雌性，其第2~4支较大，营养乳房。肋间后动脉的外侧皮支与肋间神经的外侧皮支伴行，分布于胸外侧部皮肤。第9~11对肋间后动脉不分出下支。第1、2肋间隙的动脉来自肋颈干。胸主动脉还发出1对**肋下动脉**（subcostal artery）沿第12肋下缘前行。

（2）**肋间后静脉**（posterior intercostal vein） 与肋间后动脉伴行，向前与胸廓内静脉或肌膈静脉的属支相吻合；向后右侧汇入奇静脉，左侧汇入半奇静脉或副半奇静脉（图4-8）。

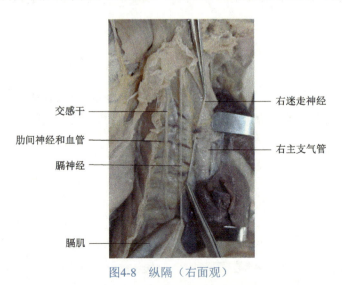

交感干 —
肋间神经和血管 —
膈神经 —

— 右迷走神经
— 右主支气管

膈肌 —

图4-8　纵隔（右面观）

（3）**肋间神经**（intercostal nerve）　第 1~11 对胸神经前支分别位于相应的肋间隙内，称肋间神经。第 12 对胸神经前支位于第 12 肋的后方，故称**肋下神经**（subcostal nerve）。肋间神经在肋间内膜与胸内筋膜之间至肋角处进入肋沟，行于肋间内肌与肋间最内肌之间，在近胸骨外侧缘处穿出肋间内肌和肋间外膜成为前皮支，分布于前正中线两侧附近的皮肤。在腋中线附近发出的外侧皮支，穿出肋间隙分布于胸外侧部皮肤。肋间神经沿途发出分支分布于肋间肌和肋胸膜等。

（4）**肋间淋巴结**（intercostal lymph node）　位于肋间隙内，引流胸前壁、侧壁和后壁的淋巴。

2. 胸廓内血管和胸骨旁淋巴结

（1）**胸廓内动脉**（internal thoracic artery）　在颈根部起自锁骨下动脉，向下入胸腔，距胸骨外侧缘处经第 1~6 肋软骨背面下降，约在第 6 肋软骨下缘附近分为**腹壁上动脉**（superior epigastric artery）和**肌膈动脉**（musculophrenic artery）两个终末支。腹壁上动脉下行进入腹直肌鞘，营养腹直肌等，并与腹壁下动脉相吻合。肌膈动脉在肋弓后面行向外下方，分布于胸、腹前壁和膈。胸廓内动脉沿途还发出穿支、肋间前支和心包膈动脉，其中穿支分布于胸下壁内侧份，雌猴的第 2~4 穿支还分布至乳房；肋间前支在上 6 个肋间隙行向外侧，与肋间后动脉吻合；心包膈动脉与膈神经伴行，分布于心包和膈（图 4-7）。

（2）**胸廓内静脉**（internal thoracic vein）　每侧有 1~2 支，与同名动脉伴行，其属支与同名动脉的分支相对应。该静脉向上汇入头臂静脉。

（3）**胸骨旁淋巴结**（parasternal lymph node）　位于胸骨两侧第 1~6 肋间隙，沿胸廓内动、静脉排列。收纳胸前壁深部、乳房内侧部等处的淋巴回流。其输出管汇入支气管纵隔干或注入胸导管和右淋巴导管。

第三节　膈

膈（diaphragm）由分隔封闭胸廓后口的一块扁肌和覆盖其前、后面的筋膜（膈上筋膜、膈下筋膜）共同构成。膈向前膨隆，呈穹窿状，由于肝位于膈的右侧半后方，膈穹窿右高左低。膈的前面两侧与肺底相邻，中部则有心包附着，并与心的膈面相贴。膈后面衬贴着腹膜，分别与肝、胃、脾、肾上腺和肾等相邻（图 4-7）。

膈的周围部为肌性部，根据起始部位，可分为胸骨部、肋部和腰部。胸骨部纤维起自剑突背侧面。肋部纤维起自后 6 对肋软骨和肋骨的内面。腰部内侧份纤维起于前 2~3 个腰椎体，形成左、右**膈脚**（phrenic crus），两膈脚在第 1 腰椎腹侧汇合围成**主动脉裂孔**（aortic hiatus），有主动脉、奇静脉和胸导管通过。主动脉裂孔腹侧左方的肌纤维又围成**食管裂孔**（esophageal hiatus），平第 11 胸椎平面，有食管、迷走神经和胃左动脉升支通过。中间份纤维起于第 2 腰椎体侧面；外侧份纤维起自内、外侧弓状韧带。内侧弓状韧带张于第 1、2

腰椎体侧面与第 1 腰椎横突之间，弧形越过腰大肌腹侧方；外侧弓状韧带张于第 1 腰椎横突与第 12 肋之间，跨越腰方肌的腹侧方。

膈各部肌纤维在起点附近未能连在一起，留下两对缺乏肌质的三角形薄弱区。一个被称作**腰肋三角**（lumbocostal triangle），较大，由膈的腰部、肋部和第十二肋围成，位于肾前端的背侧，另一个被称作**胸肋三角**（sternocostal triangle），较小，位于膈的胸骨部与肋部的起始处之间，有腹壁上动、静脉穿过。各部的肌纤维向中心集中，止于**中心腱**（central tendon）。在中心腱的背侧方，食管裂孔的腹侧右方，有**腔静脉孔**（vena cava foramen），平第 9 胸椎平面，有下腔静脉、右膈神经的腹腔支通过。

膈主要由来自颈丛的膈神经支配。膈神经在膈前方分支至各部，除有支配肌纤维的运动纤维外，还有管理膈中央部上、下面胸膜和腹膜的感觉纤维。膈外周部前、后面的胸膜和腹膜则接受后 6 对胸神经的分布。

第四节　胸膜、胸膜腔与肺

一、胸膜与胸膜腔

（一）胸膜的分部与胸膜腔

胸膜（pleura）为被覆于肺表面、胸壁内面、膈前面和纵隔两侧面的浆膜。按其部位分为**脏胸膜**（visceral pleura）和**壁胸膜**（parietal pleura）。脏胸膜与壁胸膜之间围成的潜在间隙称**胸膜腔**（pleural cavity）（图 4-9）。

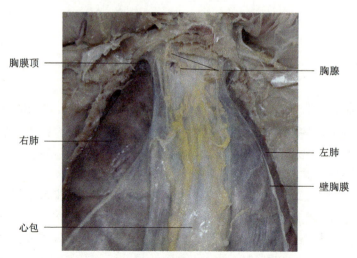

图4-9　胸膜和心包

根据壁胸膜所贴附的部位不同，可将其分为**肋胸膜**（costal pleura）、**膈胸膜**

（diaphragmatic pleura）、**胸膜顶**（cupula of pleura）和**纵隔胸膜**（mediastinal pleura）。

（二）胸膜隐窝

和人类一样，藏酋猴的壁胸膜与脏胸膜之间的大部分互相贴近形成潜在性的腔隙，但在有些部位壁胸膜相互转折处的胸膜腔，即使在深呼吸时，肺缘也达不到其内，这些部位的胸膜腔称为**胸膜隐窝**（pleural recess），主要有肋膈隐窝和心下窦，**肋膈隐窝**（costodiaphragmatic recess）位于肋胸膜与膈胸膜转折处，自剑突向背后下方至脊柱两侧，呈半环形，背部较深，是最大的胸膜隐窝。肋膈隐窝左右各一，是藏酋猴直立时胸膜腔的最低部位。藏酋猴的右侧纵隔胸膜在纵隔下部下腔静脉与食道之间突入心脏和膈之间，形成**心下窦**（inferior cardiac sinus）。此窦内容纳右肺的奇叶。窦的颅侧与心包下面的背侧相贴，尾侧与膈中央部背侧相贴，左侧直接与左侧纵隔胸膜相贴，右侧背部覆盖着食管右侧和腹面，右侧腹部则包着下腔静脉上段。

（三）胸膜的供血和神经支配

胸膜的供血动脉主要来自支气管动脉、肋间后动脉、胸廓内动脉的分支等。静脉与动脉伴行，注入肺静脉和上腔静脉。壁胸膜有脊神经躯体感觉纤维分布，肋间神经分布于肋胸膜和膈胸膜的周围部分，膈神经分布于胸膜顶、纵隔胸膜和膈胸膜的中央部分。脏胸膜有肺神经丛的内脏感觉纤维分布。

二、肺

（一）肺的位置和形态

藏酋猴的**肺**（lung）位于胸腔内，纵隔的两侧。肺的表面有脏胸膜覆盖，光滑湿润。藏酋猴左右肺基本对称，肺的整体外形大致呈圆锥状，窄而长。有一尖、一底、两面和三缘。**肺尖**（apex of lung）圆钝，向前突至颈根部，超出锁骨内侧 1/3 段上方约 1cm。**肺底**（base of lung）位于膈的前面，又称**膈面**（diaphragmatic surface），略凹向上。**肋面**（costal surface）邻接肋和肋间肌，面积较大且较圆凸。内侧面与纵隔相对，又称**纵隔面**（mediastinal surface）。肺的下缘薄锐，肺的前缘介于肺底与肋面及纵隔面之间；肺的背缘是肋面与纵隔面在后方的过渡，较圆钝。右肺分前叶、中叶、后叶和奇叶共 4 叶，左肺分前叶、中叶、后叶共三叶，左肺中叶因心脏占位较右肺略小些。在一些标本中，肺下叶还可分为若干个明显的小叶，但个体差异大。右肺明显有一个奇叶，深入到心包和膈之间的心下窦内，左肺下叶背内侧有主动脉压成的纵沟，即**主动脉沟**（aortic sulcus），而右肺奇叶背内侧有**食管压迹**（impressio esophagea）。两侧上叶和中叶都有内侧凹陷，形成心压迹（图 4-9，图 4-10）。

图4-10　心底的血管

纵隔面中部凹陷称**肺门**（hilum of lung），有支气管、肺动脉、肺静脉、支气管动脉、支气管静脉、淋巴管和神经等出入。进出肺门的诸结构被结缔组织包绕，称为**肺根**（root of lung）。肺根的外面包有胸膜，其后部形成肺韧带。肺根内主要结构的排列位置有一定规律，由前向后为上肺静脉、肺动脉、主支气管和下肺静脉；自上而下，左肺根依次为肺动脉、主支气管、上肺静脉和下肺静脉；右肺根依次为上叶支气管、肺动脉，中、下叶支气管，上肺静脉和下肺静脉。左、右下肺静脉位于肺根的最下方，邻近肺韧带。两肺根的前方有膈神经和心包膈血管，后方有迷走神经，下方有肺韧带；左肺根的上方有主动脉弓跨过，后方有胸主动脉；右肺根的上方有奇静脉弓，前方还有上腔静脉。

（二）肺和支气管的血供和神经支配

1. 肺和支气管的血管

肺的血管为肺动脉和肺静脉。

支气管动脉（bronchial artery）和支气管静脉。支气管动脉起自胸主动脉或肋间后动脉，较细小，有 1~3 支，与支气管伴行，分支分布于各级支气管、血管壁、脏胸膜和肺淋巴结等。

2. 肺和支气管的神经

肺由交感神经和副交感神经支配。交感神经纤维和副交感神经纤维均在肺根前、后方参与组成肺前丛和肺后丛，神经纤维随血管和支气管入肺，分布于平滑肌和腺体。副交感神经的作用可引起支气管平滑肌收缩，血管舒张，促进腺体分泌。交感神经可使支气管舒张，血管收缩，抑制腺体分泌。

第五节　纵　　隔

一、概述

（一）纵隔的位置、境界与分部

纵隔（mediastinum）位于胸腔内，是左、右纵隔胸膜之间全部器官和组织结构的总称。其前界为胸骨和肋软骨内面，后界为脊柱胸段，两侧为纵隔胸膜，向前达胸廓上口，向后为膈。纵隔内器官借疏松结缔组织相连，纵隔分隔左、右胸膜腔，藏酋猴纵隔无明显偏移。

（二）纵隔的分区

纵隔通常被分为 4 部分：在藏酋猴以约第 5 胸椎体后缘的平面为界，将纵隔分为上纵隔和下纵隔；下纵隔又以心包的前、后壁为界分为前、中、后纵隔。胸骨与心包前壁之间为前纵隔，心包后壁与脊柱之间为后纵隔，心包、出入心的大血管和心所占据的区域为中纵隔。

（三）整体观

1. 腹面观

前纵隔（anterior mediastinum）为位于心包前壁与胸骨体之间的窄隙，从腹面能观察到中纵隔的心包。

2. 右侧面观

其中部有右肺根，右上肺静脉位于肺根腹侧，支气管位于肺根背侧，肺动脉位于二者之间。肺根腹侧后方为心包形成的隆凸，心包隆凸向前延续并连于上腔静脉和右头臂静脉，向背后方延续连于下腔静脉。在肺根的背侧方，奇静脉沿胸椎椎体右侧上行至第 5 胸椎水平，并由背侧向腹侧呈弓形跨过右肺根上方，注入上腔静脉。食管在心包及右肺根的背侧下行。在肺根的前方，食管与右头臂静脉之间有气管。右迷走神经在气管的右侧和肺根的背侧下行。肺根的腹侧方，右膈神经和心包膈血管自前而后沿右头臂静脉、上腔静脉及心包的右侧至膈。

3. 左侧面观

其中部为左肺根，肺根内各结构的位置与右肺根相似；其腹侧方有左膈神经和左心包膈血管，二者经主动脉弓左腹侧方和心包左侧后行至膈；肺根前下方为心包形成的隆凸；背侧方有胸主动脉、左迷走神经、左交感干及内脏大神经；前方为主动脉弓、左颈总动脉和左锁骨下动脉。在左锁骨下动脉、主动脉弓与脊柱围成的区域，称食管上三角，其内有胸导管和食管胸部的上胸段；胸主动脉、心包和膈围成的区域，称食管下三角，其内可见食管胸部的下胸段。左迷走神经在主动脉弓腹侧方下行时，发出左喉返神经绕主动脉弓左后方至主动脉弓右背侧方上行。

二、上纵隔

上纵隔（superior mediastinum）从腹侧向背侧大致可分为三层：腹侧层有胸腺，左、右头臂静脉和上腔静脉；中层有主动脉弓及其凸侧发出的两大分支、膈神经和迷走神经；背后层有气管、食管、胸导管和左喉返神经等。食管胸部、胸导管和胸交感干位于上纵隔后部和后纵隔。

（一）胸腺

胸腺（thymus）位于上纵隔的前部。向前达胸廓上口，甚至可突入颈根部，向后贴近心包腹侧前方，两侧邻纵隔胸膜，后面贴左头臂静脉和主动脉弓及由动脉弓发出的左锁骨下动脉、左颈总动脉和头臂干。胸腺由结缔组织被囊包被，一般分为左、右两叶，两叶之间借结缔组织相连。胸腺主要由胸廓内动脉和甲状腺下动脉的分支供血，胸腺的静脉汇入左头臂静脉或胸廓内静脉。胸腺的淋巴管注入纵隔前淋巴结或胸骨旁淋巴结。胸腺的神经支配来自颈交感神经和迷走神经的分支。

（二）头臂静脉和上腔静脉

1. 头臂静脉

头臂静脉（brachiocephalic vein）由锁骨下静脉和颈内静脉在胸锁关节的背侧方汇合而成。汇合处的夹角称为静脉角，为淋巴导管注入静脉的部位。左头臂静脉（left brachiocephalic vein）长约4cm，自左胸锁关节的背侧方斜向右后，斜越主动脉弓分支的腹侧方，在右侧第1胸肋结合处的背侧方与右头臂静脉（right brachiocephalic vein）汇合，形成上腔静脉。右头臂静脉长约2cm，自右胸锁关节背侧方向后至头臂干的腹侧方，与左头臂静脉汇合。

2. 上腔静脉

上腔静脉（superior vena cava）较粗大，长约5cm。由左、右头臂静脉在右侧第1胸肋结合处的后方汇合而成，沿升主动脉的右侧垂直向后行，至第4胸肋关节下缘平面注入右心房。奇静脉从背侧方跨越右肺根的前方并注入上腔静脉。上腔静脉后部被心包包被，其腹外侧有右肺和胸膜，背内侧有气管和右迷走神经，背侧方有右肺根，右侧有右膈神经。

（三）主动脉弓及其分支

1. 主动脉弓

主动脉弓（aortic arch）至右侧第 3 胸肋关节高度续接升主动脉，呈弓形弯向左后方，在气管左侧跨越左肺根，下行至第 5 胸椎椎间盘平面续为胸主动脉。主动脉弓的左前方有左纵隔胸膜、左肺、左膈神经、左迷走神经、心包膈血管、交感干和迷走神经的心支。其背侧方邻气管、食管、左喉返神经、胸导管和心深丛等。主动脉弓的凸侧由右向左发出总干和左锁骨下动脉两大分支。其凹缘邻心浅丛、肺动脉、左喉返神经和左主支气管。

2. 总干

总干（common trunk）是主动脉弓上的一粗短动脉干，长约 1cm，向右背侧上行至第 2 胸肋关节后方，分为左颈总动脉和头臂干，头臂干向右侧背面继续上行，至胸锁关节背侧方分为右颈总动脉和右锁骨下动脉。

3. 左锁骨下动脉

左锁骨下动脉（left subclavian artery）在左颈总动脉的左后方发自主动脉弓上缘，从胸锁关节的背侧方斜向外至颈根部，呈弓形经胸膜顶腹侧方，穿斜角肌间隙至第 1 肋外侧缘移行为腋动脉。左锁骨下动脉的腹侧方有左膈神经、左迷走神经和左头臂静脉，右侧有气管，左侧有左肺和胸膜，背侧方有食管和胸导管。

（四）动脉韧带

动脉韧带（arterial ligament）是连于主动脉弓下缘和肺动脉干分叉处稍偏左侧之间的纤维结缔组织索，长 0.2~0.5cm，直径为 0.2cm，是胎儿时期动脉导管的遗迹，成年后闭锁。

（五）气管胸段及主支气管

气管（trachea）从颈部下行入胸腔，约在平对第 5 胸椎椎体中部分为左、右主支气管。

1. 气管

气管胸部的腹侧方有主动脉弓起始部、总干和左锁骨下动脉的起始部、左头臂静脉和胸腺等，背侧方有食管，左背侧方有左喉返神经，右侧有右迷走神经，右腹侧方有右头臂静脉和上腔静脉。

2. 主支气管

主支气管介于气管杈与肺门之间，左、右各一。倾斜度无明显差异，左主支气管腹侧方有左肺动脉，背侧方为胸主动脉，前方有主动脉弓跨过其中段。右主支气管腹侧方有升主动脉、右肺动脉和上腔静脉，背侧前方有奇静脉弓跨过。

气管和左、右主支气管的供血主要来自甲状腺下动脉、支气管动脉、肋间动脉和胸廓内动脉。静脉分别注入甲状腺下静脉、头臂静脉和奇静脉。气管、主支气管的黏膜和平滑肌受迷走神经、喉返神经和交感神经的分支支配。

三、前纵隔

前纵隔（anterior mediastinum）是下纵隔位于心包和胸骨体之间的部分，内有疏松结缔组织、心包前淋巴结群和胸腺下端，肋胸膜和纵隔胸膜的返折从前方及两侧互相靠拢并伸入前纵隔，甚至两侧的胸膜腔可在此处前后重叠。胸骨和胸内筋膜之间的间隙为胸骨后间隙，其内含疏松结缔组织。

四、中纵隔

中纵隔（middle mediastinum）位于前纵隔和后纵隔之间，主要为心和心包所占据，另外还包含有出入心的大血管根部、膈神经和心包膈血管及淋巴结等结构。

（一）膈神经与心包膈血管

膈神经（phrenic nerve），经锁骨下动脉和静脉之间后行进入胸腔。左膈神经与左心包膈血管伴行，经左锁骨下动脉和左颈总动脉之间，跨过主动脉弓的左腹侧方，在左肺根腹侧方，下行于心包和左纵隔胸膜之间至膈。右膈神经与右心包膈血管伴行，越过右锁骨下动脉的腹侧方，经右头臂静脉和上腔静脉的右侧，在右肺根的腹侧方，后行于心包和右纵隔胸膜之间至膈。膈神经的运动纤维支配膈肌，感觉纤维分布于胸膜和心包。膈神经还发出分支至膈下面的部分腹膜。

心包膈动脉发自于胸廓内动脉，与膈神经伴行至膈，分布于心包和膈。心包膈静脉与心包膈动脉伴行，向上注入胸廓内静脉。

（二）心包与心包腔

心包（pericardium）为与心脏外形相适应的圆锥形囊状结构，包裹心和出入心的大血管根部。心包的前缘在胸骨角平面与大血管的外膜相延续，心包后面与膈的中心腱相连。心包的腹侧壁隔以胸膜和肺与胸骨体和第 2~6 肋软骨相邻，仅在左侧第 4~6 肋软骨腹侧部直接与胸腹侧壁相贴，称为心包裸区，可经此处进行心包和心内穿刺。心包的两侧面被纵隔胸膜覆盖，膈神经和心包膈血管行于其间。心包的背侧面有食管、主支气管、胸导管和降主动脉等（图 4-10~ 图 4-12）。

心包可分为外层的**纤维心包**（fibrous pericardium）和内层的**浆膜心包**（serous pericardium）两部分。

右肺　　　　　　　　　　　　　　　　　　左膈神经
　　　　　　　　　　　　　　　　　　　　左迷走神经
右心耳
　　　　　　　　　　　　　　　　　　　　左肺
浆膜心包壁层
右心室　　　　　　　　　　　　　　　　　前室间沟
　　　　　　　　　　　　　　　　　　　　心尖

图4-11　心（腹面观）（玻璃管穿过间隙示心包横窦）

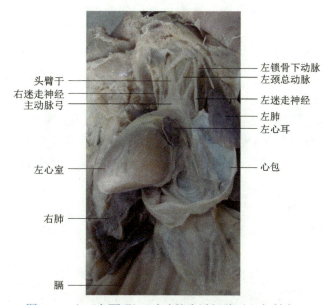

头臂干　　　　　　　　　　　　　　　左锁骨下动脉
右迷走神经　　　　　　　　　　　　　左颈总动脉
主动脉弓　　　　　　　　　　　　　　左迷走神经
　　　　　　　　　　　　　　　　　　左肺
　　　　　　　　　　　　　　　　　　左心耳
左心室　　　　　　　　　　　　　　　心包

右肺

膈

图4-12　心（左面观）（玻璃管穿过间隙示心包斜窦）

　　　浆膜心包分为脏层和壁层，脏层紧贴于心的表面，称为心外膜，并在大血管的根部反折移行为壁层。浆膜心包的壁层紧贴于纤维心包的内面并相互愈合。浆膜心包的脏层和壁层之间有一狭窄且密闭的腔隙，称为**心包腔**（pericardial cavity），腔内含少量液体，有润滑作用，可减少心搏动时的摩擦。

　　　纤维心包由坚韧的纤维结缔组织构成，其前方包裹升主动脉、肺动脉干、上腔静脉和肺静脉的根部，并与这些大血管的外膜相延续，后方与膈的中心腱相愈合。在出入心的大血管根部，浆膜心包的壁层和脏层之间的反折较为复杂并形成一些间隙，主要有心包横窦、心包斜窦和心包前下窦。

　　　心包横窦（transverse pericardial sinus）是位于主动脉升部、肺动脉干与上腔静脉、左心房之间的心包腔部分。窦的腹侧壁为主动脉、肺动脉，背侧壁为上腔静脉和左心房。

窦的左侧入口位于左心耳与肺动脉之间，窦的右侧入口位于主动脉与上腔静脉、右心耳之间（图 4-11）。**心包斜窦**（oblique pericardial sinus）是位于两侧肺静脉、下腔静脉、左心房后壁与心包后壁之间的间隙。心包斜窦的腹侧壁为左心房后壁，背侧壁为心包的后壁。**心包前下窦**（anterior inferior sinus of pericardium）位于心包腔的腹侧后部，在心包前壁与膈的交角处，由心包前壁移行至下壁所形成（图 4-12）。

（三）心

藏酋猴的**心**（heart）被房间隔和室间隔分为左心房、左心室、右心房和右心室 4 个腔。心房接受经静脉回心的血液，心室内的血液经动脉离心。房室口和动脉口处均有瓣膜，可防止血液倒流。

1. 心的位置、毗邻与形态

藏酋猴的心位于胸腔中纵隔内，周围裹以心包。心的上界相当于第 3 肋软骨水平，下界相当于左侧第 5 肋间隙水平，右界最外侧约在第 5 肋骨与肋软骨交界处，左界最外侧约在第 4 肋与肋软骨交界处内侧 1cm 处，心的腹面与胸骨体和第 3~7 肋软骨相对，背侧平对第 5~9 胸椎，颅侧接出入心的大血管，尾侧与膈相邻。心的两侧和腹侧面大部分被肺和胸膜覆盖（图 4-11，图 4-12）。

心的外形近似长卵圆形，尖朝腹侧下方，底朝背侧上方。藏酋猴的心在发育过程中，和人的发育过程相似，沿其纵轴向左稍旋转。所以，右心房和右心室大部分在腹侧，左心房和左心室位于背侧。从腹面观时，只见左心室的左缘，几乎看不见左心耳。成年藏酋猴的心长径为 6~7cm，横径 5cm，前后径 5~6cm。心的外形和人类相似，也可概括为一尖、一底、两面、三缘，心表面有 4 条浅沟。

心尖（apex cordis）由左心室构成，邻近胸前壁，心尖体表投影在左侧第 6 肋间隙肋软骨和肋骨交界处。

心底（base cordis）大部分由左心房、小部分由右心房构成，大血管由此出入心，背侧面隔以心包后壁与食管、迷走神经等后纵隔结构相邻。

（1）**肺动脉干**（pulmonary trunk）　为一粗而短的动脉干，在相当于左侧第 3 胸肋关节背侧方起自于右心室，在升主动脉根部的腹侧方向左背侧方斜行，至主动脉弓的后方分为左、右肺动脉。左肺动脉较短，经胸主动脉及左主支气管腹侧方至左肺门。右肺动脉较粗且长，在升主动脉和上腔静脉的背侧方横行至右肺门。

肺静脉左、右各有一对，分别称为左上、左下肺静脉和右上、右下肺静脉。这些静脉均起自于肺门处，收集左、右肺叶静脉的血液，分别向内注入左心房。

（2）**升主动脉**（ascending aorta）　在胸骨左缘约第 4 胸肋关节平面起自左心室主动脉口，向右前走行，达右侧第 3 胸肋关节高度移行为主动脉弓。在升主动脉起始部的左主动脉窦和右主动脉窦处，分别发出左冠状动脉和右冠状动脉，营养心壁。

（3）**下腔静脉**（inferior vena cava）　由左、右髂总静脉在第 4 或第 5 腰椎椎体的右腹侧方汇合而成。经腹部向前在第 9 胸椎水平穿膈的腔静脉孔进入胸腔，注入右心房，藏酋猴的下腔静脉穿膈后走行在心下窦中，被右肺奇叶包裹，约走行 2cm 后汇入下腔静脉。

心的两面包括胸肋面和膈面。**胸肋面**（sternocostal surface）较平坦，稍突向腹前侧，大部分由右心室和右心房，小部分由左心室构成，该面的大部分隔以心包被胸膜和肺遮盖，小部分隔心包与胸骨体下部和左侧第 5~7 肋软骨相邻；膈面向尾背侧，隔心包与膈相邻，主要由左心室构成，小部分由右心室构成。

心的三缘包括右缘、左缘和下缘。右缘较垂直，由右心房构成，此缘在上腔静脉与下腔静脉右侧间有一不明显的浅沟，称为**界沟**（terminal groove）；左缘较钝，大部分由左心室构成，上方一小部分为左心房构成；下缘较锐，介于膈面与胸肋面之间，近水平位，大部分由右心室和心尖构成。

心表面的 4 条沟包括冠状沟、前室间沟、后室间沟和房间沟。**冠状沟**（coronary groove）（或称房室沟）位于心表面靠近心底处，几乎呈环形，仅在前面被主动脉和肺动脉干的起始部所中断，沟的上后为左心房和右心房，沟的下前为左心室和右心室。所以，冠状沟为心房和心室在心表面的分界。在心室的胸肋面和膈面分别有**前室间沟**（anterior interventricular groove）和**后室间沟**（posterior interventricular groove），从冠状沟纵行走向心尖稍右侧，为左心室和右心室在心表面的分界。冠状沟、前室间沟和后室间沟内有冠状血管和脂肪组织等填充。房间沟是心底部位于右心房与右上、下肺静脉交界处的浅沟，与房间隔后缘一致，为左、右心房在心表面的分界。房间沟、后室间沟与冠状沟的交界处称为**房室交点**（atrioventricular junction）。在心尖的右侧，前室间沟与后室间沟的汇合处为**心尖切迹**（cardiac apical incisure）。

2. 心腔的结构

（1）**右心房**（right atrium）　位于心的右侧部，壁厚约 0.1cm。右心房有三个入口和一个出口。入口分别称上腔静脉口、下腔静脉口和冠状窦口，出口为右房室口。**界嵴**（terminal crest）把右心房分为腹侧、背侧两部。腹侧部的固有心房由原始心房衍变而来，其上部呈锥体形向前突出为**右心耳**（right auricle），遮盖于升主动脉根部的右侧。固有心房的内面**梳状肌**（pectinate muscle）纵横交错较为明显。背侧部称**腔静脉窦**（sinus of vena cava），内面较光滑，有上、下腔静脉和冠状窦的开口。右心房的背侧内壁为房间隔，其后下部上方的卵圆形浅凹，称**卵圆窝**（fossa ovalis）明显可见，冠状窦口位于下腔静脉口与右房室口之间，窦口的后缘有冠状窦瓣。无下腔静脉瓣。

（2）**右心室**（right ventricle）　壁厚 0.1~0.2cm，约为左心室壁厚的 1/3。心腔略呈锥体形，尖端向左腹后，底在右背前方，横切面呈半月形。**右房室口**（right atrioventricular orifice）呈卵圆形，**右房室瓣**（right atrioventricular valve）其周缘一般附有 3 块叶片状瓣膜，但会有些变异，出现两瓣或 4 瓣。其游离缘以**腱索**（tendinous cord）连于心室壁上的**乳头肌**（papillary muscle）。藏酋猴的右心室流出道也近似呈圆锥形，称**动脉圆锥**（conus arteriosus），出口为**肺动脉口**（pulmonary orifice），肺动脉口周缘也有肺动脉环，**肺动脉瓣**（pulmonary valve）为三个半月形袋状瓣膜（图 4-13）。

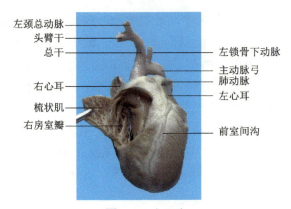

图4-13　右心室

（3）**左心房**（left atrium）　位于右心房的左背侧，构成心底的大部分，壁较薄，有 4 个入口和一个出口。入口为左、右各一对肺静脉口，位于左心房后壁的两侧；出口为**左房室口**（left atrioventricular orifice），通向左心室。左心房腹侧部向前的突出部，称为**左心耳**（left auricle），其左心耳比较明显，覆盖于肺动脉干根部的左侧和冠状沟左侧部。左心耳内面的梳状肌明显，左心房后部较大，腔面较光滑，称左心房窦（又称为固有心房），窦的后壁两侧有左、右各一对肺静脉开口，窦的腹后部借左房室口与左心室相通。

（4）**左心室**（left ventricle）　位于右心室的左背侧方，壁厚 0.7~0.9cm（图 4-14）。心腔呈圆锥形，尖朝向心尖，底朝向左房室口和主动脉口，横切面呈圆形。左心室有一个入口和一个出口。入口为左房室口，其周缘附有**左房室瓣**（left atrioventricular valve），分为较大的前瓣和较小的后瓣。其游离缘及室面亦有腱索连于乳头肌。出口为**主动脉口**（aortic orifice），其周缘附有三个半月形的袋状**主动脉瓣**（aortic valve），与瓣膜相对的动脉壁向外膨出的主动脉窦。在左窦和右窦的窦壁，分别有左、右冠状动脉的开口。

左心室以前瓣为界分为流入道和流出道。流出道又称**主动脉前庭**（aortic vestibule），腔壁较平滑。流出道的上界为主动脉口，位于左房室口的右腹侧方。

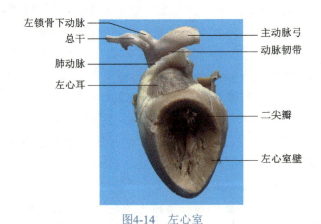

图4-14　左心室

3. 心壁的构造

心壁由心外膜、心肌层和心内膜构成。**心内膜**（endocardium）由内皮、内皮下组织及弹性纤维组成，衬贴于心壁的内面，覆盖并参与心腔内结构的形成，与血管内膜相延续。**心肌层**（myocardium）构成心壁的主体，由心肌和心肌间质组成。心肌纤维呈层或束状排列，心肌间质包括心肌胶原纤维、弹性纤维、血管、淋巴管和神经纤维等，填充于心肌纤维之间。

房间隔（interatrial septum）由双层心内膜夹有结缔组织和少量心肌纤维束组成。房间隔较薄，卵圆窝处最薄。**室间隔**（interventricular septum），其前后缘相当于心表面的前室间沟和后室间沟。室间隔分为肌部和膜部两部分。肌部占据室间隔的大部分，其两侧面亦为心内膜，中间为较厚的心肌。膜部位于心房与心室交界处、肌部的后上方，上界为主动脉右瓣和后瓣下缘，前下缘为室间隔肌部，后缘为右心房壁。

4．心的血供和神经支配

（1）**心的动脉**

1）**左冠状动脉**（left coronary artery）：发自左主动脉窦，动脉主干较粗短，经肺动脉干和左心耳之间沿冠状沟左行，随即分为前室间支和旋支。一般分布于左心房、左心室和室间隔的大部分区域（图4-14）。

2）**右冠状动脉**（right coronary artery）：发自右主动脉窦，在肺动脉干根部与右心耳之间沿冠状沟绕心右缘至心的膈面，经房室交点处常形成一倒"U"形弯曲并在后室间沟内延续为后室间支。右冠状动脉的主要分支有动脉圆锥支、右缘支、窦房结支和后室间支，一般分布于右心房、右心室、房间隔和室间隔的部分区域。

（2）**心的静脉**　左、右冠状动脉的血液经其分支至毛细血管后，大部分经冠状窦回流入右心房，小部分直接注入右心房，极小部分直接入左心房和左、右心室。

冠状窦（coronary sinus）位于冠状沟的后部，左心房与左心室之间，长1.5~2cm。冠状窦主要接受**心大静脉**（great cardiac vein）、**心中静脉**（middle cardiac vein）和**心小静脉**（small cardiac vein）的静脉血回流，最终经冠状窦口注入右心房。

（3）**心的神经**　支配心的运动神经来自交感神经和副交感神经。交感神经节前神经纤维起自于胸1~5脊髓节段的灰质侧角，在颈上、中、下交感神经节和相应的胸交感神经节内交换神经元，其节后纤维形成心上神经、心中神经和心下神经至心丛。副交感神经的节前纤维来自迷走神经颈部的心上支、心下支和胸心支，经心丛到心壁内神经节交换神经元。

心丛分为心浅丛和心深丛。心浅丛位于主动脉弓的前下方，心深丛位于主动脉弓后方和气管权的前面，二者之间有神经纤维联系。由丛发出的分支含交感神经节后纤维和副交感神经节前纤维沿冠状动脉入心。

五、后纵隔

后纵隔（posterior mediastinum）位于心包后壁与下部胸椎之间，上至胸骨角平面，向下达膈。内有食管、胸主动脉、胸导管、奇静脉、半奇静脉、副半奇静脉、迷走神经及其分支、胸交感干、内脏大神经和内脏小神经等。

（一）食管胸段

1．位置和毗邻

（1）**食管**（esophagus） 上端平第 6 颈椎下缘与咽相延续，位于气管和脊柱之间，经胸廓上口入上纵隔后层，行于中线稍偏左侧，沿脊柱前下行，至第 4~5 胸椎平面逐渐位于中线，在胸主动脉的右侧，沿心包后方下行至第 7 胸椎时又偏左侧，至第 10 胸椎平面穿膈的食管裂孔至腹部，下端与胃的贲门相接。

（2）**毗邻** 食管的前方有气管和左主支气管，并隔心包与左心房及部分左心室相毗邻，食管的后方有胸导管、奇静脉、胸主动脉和右肋间后动脉等；食管的左侧有主动脉弓及胸主动脉；其右侧有奇静脉弓和纵隔胸膜等。食管与胸内筋膜之间的间隙称食管后间隙，其内有疏松结缔组织、奇静脉、副半奇静脉和胸导管等，该间隙向上与咽后间隙相通，向下通过膈的潜在性裂隙与腹膜后隙相通。

2．血液供应和神经支配

食管胸部的动脉来自食管动脉、肋间后动脉和膈上动脉的分支。食管静脉与动脉伴行，汇入奇静脉、半奇静脉或副半奇静脉。食管壁内静脉丰富并相互吻合形成食管静脉丛。食管由胸交感干发出的分支和迷走神经发出的食管支支配。

（二）胸主动脉

胸主动脉（thoracic aorta）在胸骨角平面续接主动脉弓，沿脊柱左侧下行继而逐渐转向前内，沿中线行于脊柱的前方，在第 12 胸椎椎体前，穿膈的主动脉裂孔续为腹主动脉。

胸主动脉沿途发出的分支有壁支和脏支两种。壁支有 9 对肋间后动脉、1 对肋下动脉和膈上动脉，分布于胸、腹壁和膈。脏支包括 1~3 支支气管动脉、1~3 支食管动脉和心包支，分别分布于肺、食管和心包。

胸主动脉的前方自上而下有左肺根、心包后壁、食管和膈；后方为脊柱胸段及副半奇静脉和半奇静脉；右侧有奇静脉、胸导管和右纵隔胸膜；左侧有左纵隔胸膜。

（三）奇静脉和半奇静脉

奇静脉（azygos vein）在右膈脚处起自右腰升静脉，沿脊柱的右前方上行，至第 5 胸椎体高度向前勾绕右肺根上方成为奇静脉弓，末端注入上腔静脉。奇静脉收纳右侧肋间后静脉、右肋下静脉、食管静脉、支气管静脉和半奇静脉的静脉血。

半奇静脉（hemiazygos vein）在左膈脚处起自左腰升静脉，沿脊柱的左前方上行，至第 7~9 胸椎高度时横行向右，越过脊柱前方及胸主动脉、食管的后方，注入奇静脉。半奇静脉收纳左侧下部的肋间后静脉、左肋下静脉、食管静脉和副半奇静脉的静脉血。**副半奇静脉**（accessory hemiazygos vein）收集左侧上部肋间后静脉的静脉血，沿胸椎体左侧下行，注入半奇静脉或向右跨过脊柱腹面直接注入奇静脉。

（四）胸导管

胸导管（thoracic duct）是全身最大的淋巴管道，成年藏酋猴的胸导管全长 18~21cm，由左、右腰干和肠干汇合而成，汇合处稍膨大，形成**乳糜池**（cisterna chyli）。起始于约第 3 腰椎水平，向前经主动脉裂孔进入胸腔。在食管的背侧方，胸主动脉与奇静脉之间上行。约至第 6 胸椎平面时经食管与脊柱之间向左前斜行，沿脊柱左腹侧方经胸廓上口至颈根部，末端注入左静脉角。

六、胸部的内脏神经

（一）迷走神经

迷走神经（vagus nerve）是行程最长、分布范围最广的脑神经。左、右迷走神经出颅行经颈部入胸腔后，其行程各不相同。迷走神经胸部的分支主要有喉返神经、支气管支和食管支。

1．左迷走神经

左迷走神经在左颈总动脉和左锁骨下动脉之间进入胸腔，经左肺根的背侧方并分支组成左肺后丛，主干继续下行至食管前面，分散成为食管前丛，在食管下端又集合成迷走神经前干，随食管穿膈的食管裂孔进入腹腔。左迷走神经在主动脉弓腹侧后方发出左喉返神经，后者绕主动脉弓后缘、经气管食管沟返回颈部。

2．右迷走神经

右迷走神经在右锁骨下动脉和静脉之间下行入胸腔，沿气管右侧经右肺根背侧方到达食管的背侧面，分支构成右肺后丛和食管后丛，向下延为迷走神经后干，与食管同穿膈的食管裂孔进入腹腔。右迷走神经行经右锁骨下动脉前方时，发出右喉返神经，后者勾绕右锁骨下动脉，经气管食管沟返回颈部。

左、右迷走神经胸部发出的支气管支和食管支为若干小支，内含内脏感觉纤维和内脏运动纤维。它们与交感神经的分支共同构成肺丛和食管丛。由丛发出的细支再分布于气管、支气管、肺、胸膜和食管，传导脏器和胸膜的感觉并支配器官的平滑肌和腺体。

（二）胸交感干

胸交感干（thoracic sympathetic trunk）位于脊柱胸段的两侧，肋头的前方。每侧的胸交感干由 10~12 个**胸神经节**（thoracic ganglia）与其间的节间支连接而成。

胸交感干与相应的胸神经之间有交通支相连，包括白交通支和灰交通支两种，**白交通支**（white communicating branch）内含交感神经节前纤维，所有胸神经和第 1~3 腰神经均有白交通支与交感干相连；**灰交通支**（gray communicating ramus）内含交感神经的节后纤维，随胸神经分布至相应部位。

第五章

前　肢

概　述

　　藏酋猴的前肢和后肢相比，骨骼长而粗壮，关节囊较为发达，肌肉数目众多、形态细小。和人类一样，前肢运动灵活。

一、境界与分区

　　前肢以三角肌前、后缘的上份及腋前、后襞游离缘的中点连线与胸、背部分界。前肢分为肩部、臂部、肘部、前臂、腕和手六部分。

二、体表标志

　　（1）**锁骨**（clavicle）　位于胸廓前上部，全长于皮下可触及。
　　（2）**肩峰**（acromion）　为肩部最高的骨性标志，在肩关节的颅侧可触及。
　　（3）**喙突**（coracoid process）　在锁骨外侧 1/3 段的颅腹侧可扪及。
　　（4）**肱骨内、外上髁**　是肘部两侧最突出的骨性标志。
　　（5）**尺骨鹰嘴**（ulnar olecranon）　是肘后最明显的骨性突起。
　　（6）**尺骨茎突**（ulnar styloid process）　在腕关节尺侧偏后方可触及。

第一节　前肢骨及其连结

一、前肢骨

　　包括前肢带骨和游离前肢骨。前肢带骨由锁骨和肩胛骨构成，游离前肢骨由肱骨、尺骨、桡骨和手骨构成，共 64 块。

（一）锁骨

锁骨（clavicle）（图 5-1）位于胸廓的颅腹侧。呈"~"形，分一体两端。内侧端为胸骨端，与胸骨柄构成关节；外侧端为肩峰端，与肩峰的关节面构成关节。锁骨内侧端的关节面较大，外侧端的关节面小而扁平。锁骨体内侧 2/3 凸向腹尾侧，外侧 1/3 凸向颅背侧，颅面光滑，尾面较为粗糙。

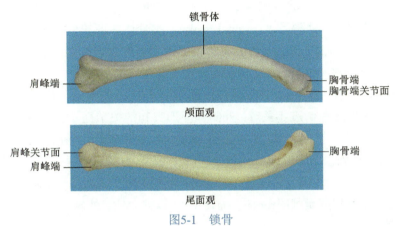

图5-1　锁骨

（二）肩胛骨

肩胛骨（scapula）（图 5-2）位于胸廓背侧外上份。可分为两个面、三个缘和三个角。背侧面有一横嵴，称**肩胛冈**（spine of scapula）。肩胛冈上、下方的浅窝，分别为**冈上窝**（supraspinous fossa）和**冈下窝**（infraspinous fossa）。肩胛冈向外侧延伸为**肩峰**（acromion）。肋面由肩胛下窝构成。外侧缘肥厚，邻近腋窝，称腋缘。内侧缘扁薄，邻近脊柱，称脊柱缘。上缘较短，外侧有**肩胛切迹**（scapular notch），切迹外侧有一指状突起，称**喙突**（coracoid process）。上角为上缘与脊柱缘的汇合处。下角为脊柱缘与腋缘汇合处。外侧角为腋缘与上缘汇合处，其上有一呈梨形的浅窝，称**关节盂**（glenoid cavity）。关节盂的背侧有一个小而平滑的盂上结节，腹侧有一个较大而粗糙的盂下结节，两结节均有肌腱附着。

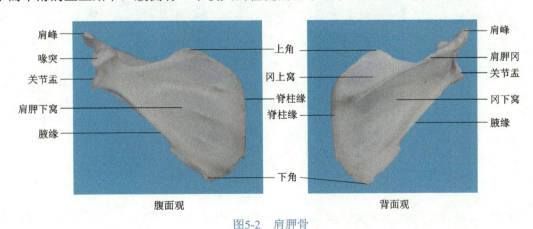

图5-2　肩胛骨

（三）肱骨

肱骨（humerus）（图 5-3）位于臂部，分一体和上、下两端。肱骨上端有呈半球形的**肱骨头**（head of humerus），朝向背内侧，与肩胛骨的关节盂相关节。肱骨头周围的环状浅沟，称**解剖颈**（anatomical neck）。在肱骨头的颅外侧和颅内侧各有一隆起，分别称大、小结节，它们各向下延伸成一纵嵴，分别称为大结节嵴和小结节嵴。大结节嵴形成肱骨干上份的前缘，小结节嵴形成肱骨干的内侧缘。大、小结节嵴之间有一浅沟，称结节间沟。肱骨上端与体交界处稍细，称**外科颈**（surgical neck）。肱骨体中部的外侧面有一粗糙骨面，称**三角肌粗隆**（tuberositas deltoidea）；后面有一条由内上斜向外下的浅沟，称**桡神经沟**（sulcus for radial nerve），桡神经紧沿此沟经过。

肱骨下端前后稍扁，有两个关节面，内侧呈滑车状的关节面，称**肱骨滑车**（trochlea of humerus），与尺骨滑车切迹相关节；外侧呈环形突起的关节面，称**肱骨小头**（capitulum humeri），与桡骨相关节。下端的内、外侧各有一突起，分别称为**内上髁**（medial epicondyle）和**外上髁**（lateral epicondyle）。内上髁后面的浅沟称**尺神经沟**（sulcus for ulnar nerve），尺神经由此通过。下端后面的深窝称**鹰嘴窝**（olecranon fossa），和鹰嘴对应；前面内侧的浅窝称为**冠突窝**（coronoid fossa），和冠突对应；外侧的浅窝称为**桡窝**（radial fossa），和桡骨头对应。

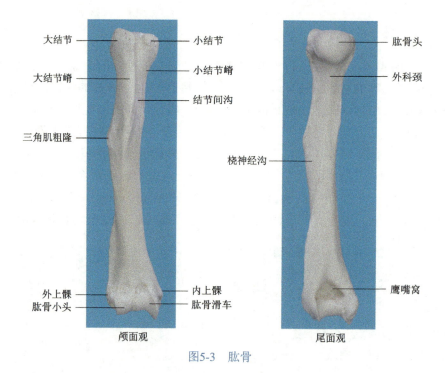

图5-3　肱骨

（四）桡骨

桡骨（radius）（图 5-4）位于前臂外侧，分为一体和上、下两端。上端膨大的部分称**桡骨头**（head of radius），其上面的关节凹与肱骨小头相关节；周围的环状关节面与尺骨的桡切迹相关节。桡骨头下方略细,称**桡骨颈**（neck of radius）。桡骨颈后内侧有卵圆形隆突,称桡骨粗隆。桡骨体呈三棱柱形,内侧缘为扁薄的骨间缘,与尺骨骨间缘相对。桡骨下端外侧向下的突起称桡骨茎突,下端的内侧有弧形凹陷的关节面,称尺切迹,与尺骨头相关节。

（五）尺骨

尺骨（ulna）（图 5-4）位于前臂内侧,分为一体和上、下两端。上端近颅侧有两个突起,下方较小的突起称**冠突**（coronoid process）,上方较大的突起称**鹰嘴**（olecranon）;冠突与鹰嘴之间的凹陷,称**滑车切迹**（trochlear notch）,与肱骨滑车相关节。上端的外侧缘有桡切迹,与桡骨的环状关节面相关节。冠突前下方的粗糙隆起称尺骨粗隆。尺骨体上段粗,下段细,外侧缘为锐利的骨间缘。尺骨下端称**尺骨头**（head of ulna）,其前、外和后三面有环状关节面,与桡骨的尺切迹相关节。尺骨头的后内侧向下伸出的突起,称为尺骨茎突。藏酋猴的尺、桡骨茎突和人不同,人类的尺骨茎突位置稍上、桡骨茎突位置稍下,而藏酋猴的尺、桡骨茎突约处于同一水平。

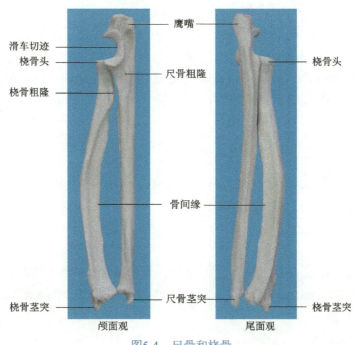

图5-4　尺骨和桡骨

（六）手骨

手骨（图 5-5）包括腕骨、掌骨和指骨,共 27 块。

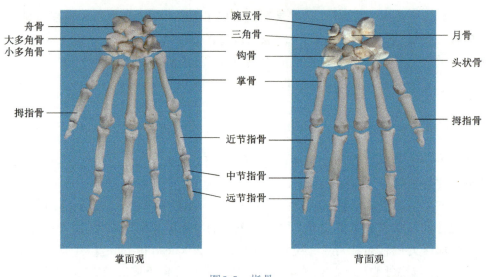

图5-5　指骨

1. 腕骨

腕骨（carpal bone）共 8 块，排成两排，每排有 4 块。

近侧排从外向内依次为：**舟骨**（scaphoid bone）、**月骨**（lunate bone）、**三角骨**（triangular bone）和**豌豆骨**（pisiform bone）；远侧排从外向内依次为：**大多角骨**（trapezium bone）、**小多角骨**（trapezoid bone）、**头状骨**（capitate bone）和**钩骨**（hamate bone）。8 块腕骨共同构成凹陷的腕骨沟。各骨相邻的关节面，形成腕骨间关节。舟骨、月骨和三角骨近侧端关节面参与形成桡腕关节。

2. 掌骨

掌骨（metacarpal bone）有 5 块，从外向内依次称为第 1~5 掌骨。掌骨近端为掌骨底，接腕骨；中间部为掌骨体；远端为掌骨头，接指骨。

3. 指骨

指骨（phalanges of finger）属长骨，共 14 块。除拇指有 2 节外，其余各指均为 3 节，分别称**近节指骨**（proximal phalanx）、**中节指骨**（middle phalanx）和**远节指骨**（distal phalanx）。

二、前肢骨的连结

前肢骨的连结分为前肢带骨的连结和游离前肢骨的连结两部分。前肢带骨中，锁骨的内侧端与胸骨相连结构成的胸锁关节，是前肢骨与躯干骨之间的唯一关节。游离前肢骨的连结主要包括肩、肘、桡尺及手的关节。

（一）胸锁关节

胸锁关节（sternoclavicular joint）由锁骨的胸骨端与胸骨柄的锁切迹及第 1 肋软骨的

上面共同构成。关节囊附着于关节的周围，其腹、背面较薄，而颅、尾侧面略厚。关节囊周围有韧带增强；胸锁韧带从锁骨内侧端连于胸骨柄；在胸骨柄颅侧缘有较强的锁间韧带横过中线，连结两侧锁骨；肋锁韧带起自第 1 肋骨及其软骨，止于锁骨背面；从腹、前和背侧加强关节囊。关节腔内有一近似圆形的关节盘，将关节腔分为内下和外上两部分。胸锁关节可作各个方向的微小运动。

（二）肩锁关节

肩锁关节（acromioclavicular joint）由肩胛骨肩峰关节面与锁骨肩峰端关节面构成。关节囊较松弛，附着于关节面的周缘。喙锁韧带连结于肩胛骨喙突与锁骨下面；喙肩韧带连结于喙突与肩峰之间，形成喙肩弓架于肩关节上方。肩锁关节属平面关节，可作小幅度运动。

（三）肩关节

肩关节（shoulder joint）（图 5-6）由肩胛骨的关节盂和肱骨头构成，属球窝关节。关节盂周缘有纤维软骨环构成的盂缘附着，加深了关节窝。肱骨头的关节面较大，关节盂的面积仅为关节头的 1/3 或 1/4，关节囊薄而松弛，因此肱骨头的运动幅度较大。关节囊附着于关节盂的周缘，上方将盂上结节包于囊内，下方附着于肱骨的解剖颈。关节囊的滑膜层包被肱二头肌长头腱，并随同该肌腱一起突出于纤维层外，位于结节间沟内，形成肱二头肌长头腱腱鞘。在肩关节的上方，有喙肱韧带连结于喙突与肱骨头大结节之间。在肩关节的下方，无肌腱和韧带加强，较为薄弱。肩关节可作屈、伸、收、展、旋转及环转运动，为全身最灵活的球窝关节。

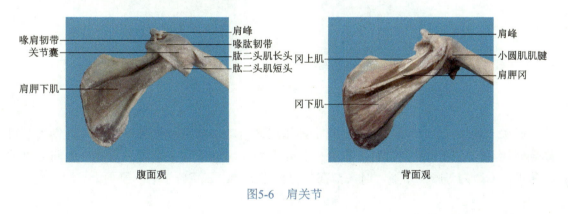

喙肩韧带　　　肩峰
关节囊　　　　喙肱韧带
　　　　　　　肱二头肌长头
　　　　　　　肱二头肌短头
肩胛下肌

肩峰
小圆肌肌腱
肩胛冈
冈上肌
冈下肌

腹面观　　　　　　　　　　背面观

图5-6　肩关节

（四）肘关节

肘关节（elbow joint）（图 5-7，图 5-8）由肱骨下端与尺、桡骨上端构成，包括以下三个关节。

1. **肘尺关节**

肱尺关节（humeroulnar joint）由肱骨滑车与尺骨的滑车切迹构成，属于滑车关节，是肘关节的主体部分。

2. 肱桡关节

肱桡关节（humeroradial joint）由肱骨小头与桡骨头凹构成，属球窝关节。

3. 桡尺近侧关节

桡尺近侧关节（proximal radioulnar joint）由桡骨头环状关节面与尺骨的桡切迹构成，属车轴关节。

肱尺关节、肱桡关节和桡尺近侧关节三组关节位于一个关节囊内。关节囊附着于各关节面附近的骨面上，肱骨内、外上髁均位于囊外。关节囊前后松弛薄弱，周围有韧带加强：尺侧副韧带近侧附着点在肱骨内上髁的远侧端，而远侧附着点在尺骨体上；桡侧副韧带近侧附着点在肱骨外上髁远侧端，远侧伸展到桡骨环状韧带；桡骨环状韧带两个附着点分别在尺骨的桡切迹前、后缘，横行纤维束完全包绕着桡骨头。

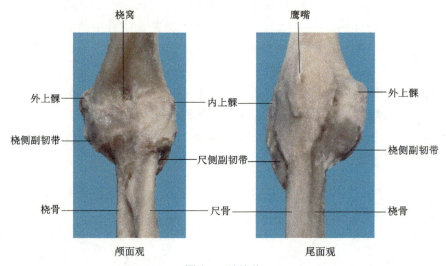

图5-7 肘关节

肘关节的肱尺关节可沿略斜的额状轴作屈伸运动，桡尺近侧关节与桡尺远侧关节可作旋转运动。当肘关节伸直时，肱骨内、外上髁与尺骨鹰嘴尖端，三点成一尖向远侧的三角形，多数为等腰三角形。肘关节在屈肘呈直角时，三点位于同一平面上。

（五）桡尺连结

1. 前臂骨间膜

桡、尺两骨的骨间缘之间被致密的**前臂骨间膜**（interosseous membrane of forearm）（图5-9）相连，为一长而宽的结缔组织膜，上、下部较厚，中部较薄。骨间膜的纤维走向在两骨体中段从桡侧斜向内下，在此上方有一束走向相反的纤维，相当于人的斜索。两骨体下段骨间膜纤维走向不清楚。

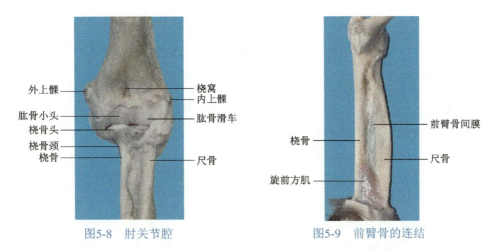

图5-8　肘关节腔　　　　　　图5-9　前臂骨的连结

2. 桡尺远侧关节

桡尺远侧关节（distal radioulnar joint）（图 5-10）由桡骨的尺切迹、尺骨头的环状关节面、尺骨头与桡腕关节盘的近侧面构成。关节囊较松弛，附着于尺切迹和尺骨头的边缘，其前后壁有韧带加强。关节盘为三角形，尖附着于尺骨茎突根部，底连于桡骨的尺切迹下缘，关节盘的中部较薄，周缘肥厚，与关节囊愈合。

桡尺近侧关节和远侧关节是联合关节。运动时，以通过桡骨头中心与关节盘尖端连线的垂直轴为枢纽，桡骨头沿此轴在原位旋转，而桡骨下端连同关节盘则围绕尺骨头旋转。

（六）手的关节

包括桡腕关节、腕骨间关节、腕掌关节、掌指关节和指骨间关节（图 5-10）。

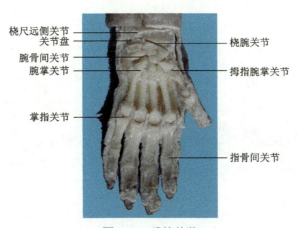

图5-10　手的关节

1. 桡腕关节

桡腕关节（radiocarpal joint）由桡骨下端的腕关节面和尺骨头下方的关节盘构成的关节窝与舟骨、月骨和三角骨的近侧关节面组成的关节头共同构成，属于椭圆关节。关节囊薄而松弛，附着于关节面的边缘，周围有韧带增强。桡腕掌侧韧带和桡腕背侧韧带分别位于关节的掌侧面和背侧面。尺侧副韧带连于尺骨茎突与三角骨之间，桡侧副韧带连于桡骨茎突与舟骨之间。桡腕关节可作屈、伸、收、展及环转运动。

2. 腕骨间关节

腕骨间关节（intercarpal joint）包括：①近侧列腕骨间关节；②远侧列腕骨间关节；③近侧列与远侧列腕骨之间构成的腕中关节。各骨间借韧带连结成一整体，关节腔彼此相通。腕骨间关节只能作轻微的滑动和转动。

3. 腕掌关节

腕掌关节（carpometacarpal joint）由远侧列腕骨与 5 个掌骨底构成。第 2~5 腕掌关节由一个共同的关节囊包裹，属于微动复关节。但第 1 掌骨底与大多角骨之间构成的拇指腕掌关节为一独立的关节，属于鞍状关节，可作屈、伸、收、展和环转运动，但其对掌运动有限。

4. 掌指关节

掌指关节（metacarpophalangeal joint）共 5 个，由掌骨头与近节指骨底构成。拇指掌指关节属于滑车关节，主要作屈、伸运动，微屈时也可作轻微的侧方运动，但运动幅度均较小。其余四指为球窝关节，可作屈、伸、收和展运动。

5. 指骨间关节

指骨间关节（interphalangeal joint）共 9 个，属于滑车关节。关节囊松弛薄弱，关节腔较宽阔，关节囊的前面及两侧面有韧带加强。指骨间关节只能作屈、伸运动。

第二节　肩　　部

藏酋猴的肩部分为腋区、三角肌区和肩胛区。

一、腋区

腋区（axillary region）（图 5-11~ 图 5-13）位于肩关节后下方、臂上段与胸外侧壁上部之间的区域。皮肤薄，颜色较淡，长有细长但稀疏的毛，其深面呈四棱锥体形的腔隙称**腋窝**（axillary fossa）。

（一）腋窝的构成

腋窝顶位于腋窝的前上方，由锁骨外 1/2 段，第 1、2 肋外侧缘和肩胛骨上缘围成。

向前内通颈根部，有臂丛通过，锁骨下血管于此处移行为腋血管。腋窝底朝向后下方，由皮肤、浅筋膜和腋筋膜构成。皮肤借纤维隔与腋筋膜相连，腋筋膜中央部因有皮神经、浅血管和浅淋巴管穿过而呈筛状。腋窝有上、下和内、外四壁。上壁由背阔肌、大圆肌、肩胛下肌和肩胛骨构成。背阔肌是位于胸背区下部和腰区浅层较宽大的扁肌，起于下部胸椎棘突、胸腰筋膜和髂嵴，肌纤维向前外走行集中，止于肱骨小结节嵴，参与腋窝上壁后份的构成；大圆肌起于肩胛骨下角外侧面，向前外走行，经三头肌长头深面，止于肱骨结节间沟，参与腋窝上壁中份的构成；肩胛下肌起自肩胛下窝，其肌纤维集中向外走行，止于肱骨小结节，参与腋窝上壁中前份的构成。后壁上有和人类似的**三边孔**（trilateral foramen）和**四边孔**（quadrilateral foramen）。三边孔和四边孔有共同的前界和后界，前界为小圆肌和肩胛下肌，后界为大圆肌和背阔肌，肱三头肌长头为三边孔的外侧界、四边孔的内侧界，四边孔的外侧界为肱骨外科颈。三边孔内有旋肩胛血管通过，四边孔内有腋神经和旋肱后血管通过。下壁由胸大肌外侧缘、胸小肌、锁骨下肌和锁胸筋膜构成，有头静脉、胸肩峰动静脉和胸外侧神经穿过。内侧壁由前锯肌、上 3 个肋骨及肋间肌构成。外侧壁由喙肱肌，肱二头肌长、短头和肱骨结节间沟构成。

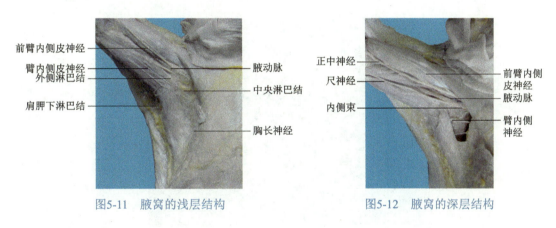

图5-11　腋窝的浅层结构　　　　图5-12　腋窝的深层结构

（二）腋窝的内容

腋窝的结构较为复杂，主要由臂丛及其分支、腋动脉及其分支、腋静脉及其属支、腋淋巴结和疏松结缔组织等组成（图 5-12，图 5-13）。

1. 腋动脉

腋动脉（axillary artery）由锁骨下动脉移行而来，以胸小肌为界分为三段。

（1）**第一段**　位于第 1、2 肋外缘与胸小肌上缘之间。下方邻胸大肌筋膜、锁骨下肌、锁胸筋膜及穿过该筋膜的结构；上方邻臂丛内侧束、胸长神经和第 1、2 肋间隙等；外侧邻臂丛后束和外侧束；内侧有腋静脉、胸上动脉及其伴行静脉。该段分出**胸上动脉**（superior thoracic artery），营养第 1、2 肋间隙前部。

（2）**第二段**　位于胸小肌上、下缘之间。下方有胸大肌和胸小肌的筋膜覆盖；上方邻臂丛后束和肩胛下肌；外侧邻臂丛外侧束；内侧邻臂丛内侧束和腋静脉。此段的分支有：**胸肩峰动脉**（thoracoacromial artery）穿锁胸筋膜后，分支营养胸小肌、胸大肌和三角肌等；

胸外侧动脉（lateral thoracic artery）发出后沿前锯肌表面下行，营养前锯肌、胸大肌、胸小肌和乳腺。

（3）**第三段** 位于胸小肌下缘至大圆肌下缘之间。该段血管下方有胸大肌覆盖，后方邻桡神经、腋神经、大圆肌肌腱和背阔肌等；外侧邻正中神经、肌皮神经、肱二头肌短头和喙肱肌；内侧邻尺神经、前臂内侧皮神经和腋静脉等。主要分支有肩胛下动脉和旋肱前、后动脉。**肩胛下动脉**（subscapular artery）沿肩胛下肌下缘向后方走行，分为旋肩胛动脉和胸背动脉。**旋肱后动脉**（posterior humeral circumflex artery）穿过四边孔向后，在肱骨外科颈后方与旋肱前动脉吻合；**旋肱前动脉**（anterior humeral circumflex artery）较细，绕过肱骨外科颈前方，与旋肱后动脉吻合。

2. 腋静脉

腋静脉（axillary vein）多数由两条肱静脉合并而成，位于腋动脉的内侧，两者之间有臂丛内侧束、胸内侧神经、尺神经和前臂内侧神经，其内侧有臂内侧皮神经。它收纳与腋动脉分支相伴的同名静脉。

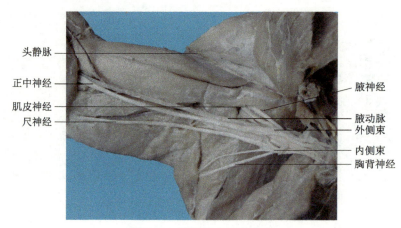

头静脉
正中神经
肌皮神经
尺神经

腋神经
腋动脉
外侧束
内侧束
胸背神经

图5-13 腋窝的血管和臂丛

3. 臂丛

臂丛（brachial plexus）位于腋窝内的部分为锁骨下部，由第5颈神经至第1胸神经腹侧支组成。先构成上、中、下三干，再形成内、外、后三个束。内侧束是臂丛下干前股的延续；外侧束由上、中干的前股合成；后束由三个干的后股合成。外侧束主要分支为肌皮神经，还发出胸外侧神经。内侧束主要发出尺神经，还有前臂内侧皮神经、臂内侧皮神经。内、外侧束分别发出内、外侧根，向远端延伸汇合为正中神经。后束的主要分支有桡神经和腋神经，还有肩胛下神经和胸背神经（图5-13）。

4. 腋淋巴结

腋淋巴结（axillary lymph node）位于腋血管及其分支或属支周围的疏松结缔组织中，较为发达，有7~10个，大小差异较大。可分上、中、下三群。上群相当于人的尖淋巴结群，沿腋静脉近侧端排列，收纳中央淋巴结和其他各群淋巴结的输出淋巴管及乳房上部的淋巴管；中群相当于人的中央淋巴结，是最大的一群腋淋巴结，位于腋窝底的脂肪组织中，收纳下群淋巴结的输出淋巴管，其输出淋巴管注入尖淋巴结；下群沿腋静脉远侧端、胸外侧血管和肩胛下血管排列，收纳前肢的浅、深淋巴管及胸前外侧壁、肩胛区、胸后壁、背部的淋巴管。

二、三角肌区

三角肌区（deltoid region）（图 5-14）是指三角肌所在的区域。藏酋猴的三角肌区非常发达。

（一）浅层结构

皮肤较厚，毛粗、长且浓密，浅筋膜较致密，脂肪少。腋神经的皮支即臂外侧上皮神经，从三角肌后缘浅出，分布于三角肌表面的皮肤。

（二）深层结构

三角肌（deltoid）很发达，呈三角形。据起点的不同可分为锁骨部、肩峰部和冈部，但这三部的肌腱通常不易分开。锁骨部起于锁骨外侧 2/3 段，其肌腹与胸大肌邻近纤维走行一致且有不同程度的融合。肩峰部起于肩胛骨的肩峰，在止点附近与锁骨部肌纤维相互交叉。冈部以腱膜起于肩胛冈及肩胛骨脊柱缘，其腱膜覆盖于冈下肌表面，并与斜方肌止腱膜相交织。三部分纤维从下、外和后方包绕肩关节，向下集中汇合，止于肱骨三角肌粗隆。三角肌的深筋膜不发达。三角肌由腋神经支配。**腋神经**（axillary nerve）来自第 5~7 颈神经，由臂丛后干发出，与旋肱后血管一起穿四边孔，在三角肌深面分为前、后两支。前支的肌支支配三角肌的前中部，后支的肌支支配三角肌后部和小圆肌。其皮支分布于三角肌表面的皮肤。旋肱前、后动脉经肱骨外科颈前、后方至其外侧相互吻合，与腋神经一起分布于三角肌区。

三、肩胛区

肩胛区（scapular region）（图 5-14）是指肩胛骨后面的区域。

（一）浅层结钩

皮肤较厚，毛粗、长且浓密，浅筋膜厚而致密，有颈丛的锁骨上神经分布。

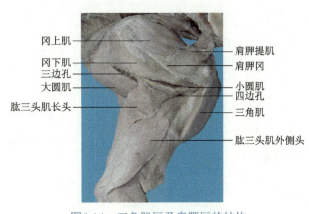

图5-14　三角肌区及肩胛区的结构

（二）深层结构

冈下部深筋膜发达，为腱质性。浅层肌为**斜方肌**（trapezius），斜方肌位于项部及肩胛区的皮下，单侧为三角形，两侧相合为斜方形；起于上项线、枕外隆凸、项韧带和胸椎棘突，止于锁骨外侧、肩峰和肩胛冈。深层肌有冈上肌、冈下肌、小圆肌和大圆肌。**冈上肌**（supraspinatus）位于冈上窝，起于肩胛骨，止于肱骨大结节上部。**冈下肌**（infraspinatus）位于冈下窝，起于肩胛骨，止于肱骨大结节后缘中部。**小圆肌**（teres minor）起于肩胛骨外侧缘中部，以腱止于肱骨大结节下部。**大圆肌**（teres major）起于肩胛骨下角外侧面，向前外走行，经肱三头肌长头深面，止于肱骨结节间沟。冈上、下肌由肩胛上神经支配，小圆肌由腋神经支配，大圆肌、肩胛下肌由肩胛下神经支配。肩胛骨上缘有不明显的肩胛切迹，切迹上方的两端有肩胛上横韧带相连，肩胛上血管和肩胛上神经分别经韧带的浅、深面进入肩胛区，分布于冈上、下肌。位于肩胛骨周围的是由三条动脉的分支相互吻合形成的肩胛动脉网。肩胛上动脉经肩胛上横韧带的浅面达冈上窝；旋肩胛动脉经三边孔至冈下窝；肩胛背动脉沿肩胛骨内侧缘下行，分支至冈下窝。该动脉网是肩部血液的重要侧支循环途径。

第三节　臂　　部

藏酋猴的臂部分为**臂前区**（anterior brachial region）（图 5-15，图 5-16）和**臂后区**（posterior brachial region）（图 5-17，图 5-18）。

一、臂前区

（一）浅层结构

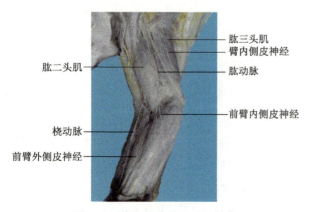

图5-15　臂和前臂前区浅层结构

肱三头肌
臂内侧皮神经
肱动脉
前臂内侧皮神经
肱二头肌
桡动脉
前臂外侧皮神经

1. 皮肤与浅筋膜

皮肤薄、富于弹性，长有细长而稀疏的毛；浅筋膜薄而松弛，脂肪组织少，有浅静脉、皮神经和淋巴管分布（图5-15）。

2. 浅静脉

臂前区的浅静脉主要有头静脉和贵要静脉（图5-15）。

（1）**头静脉**（cephalic vein）　起自

手背静脉网的桡侧，在臂前区沿肱桡肌外侧上行于肱二头肌外侧沟内，经三角肌胸大肌间沟，穿锁胸筋膜注入锁骨下静脉。

（2）**贵要静脉**（basilic vein）　较细小，起自手背静脉网的尺侧，上行至肱二头肌内侧缘下部，穿深筋膜注入桡静脉或肱静脉；少部分在臂内侧有一浅静脉伴臂内侧皮神经上行注入锁骨下静脉。

3. 皮神经

臂外侧上皮神经（superior lateral brachial cutaneous nerve）和**臂外侧下皮神经**（inferior lateral brachial cutaneous nerve）的终支分布于臂外侧上、下部的皮肤。**肋间臂神经**（intercosto brachial nerve）和**臂内侧皮神经**（medial brachial cutaneous nerve）分布于臂内侧上、下部的皮肤，**前臂内侧皮神经**（medial antebrachial cutaneous nerve）在臂下部与贵要静脉伴行，分为三支分布于前臂尺侧的皮肤（图 5-15）。

（二）深层结构

1. 深筋膜

臂前区的深筋膜较薄，向上移行为三角肌筋膜、胸肌筋膜和腋筋膜。向下移行为肘前区筋膜。臂筋膜发出**臂内侧肌间隔**（medial brachial intermuscular septum）和**臂外侧肌间隔**（lateral brachial intermuscular septum），伸入到臂肌前、后群之间，附着于肱骨。臂前区深筋膜和臂内、外侧肌间隔及肱骨围成臂前骨筋膜鞘，其内有臂肌前群和行于臂前区的血管、神经等（图 5-16）。

2. 臂肌前群

臂肌前群有肱二头肌、喙肱肌和肱肌。**肱二头肌**（biceps brachii）由长头和短头组成；长头起于肩胛骨的盂上结节，其肌腱穿肩关节囊经肱骨结节间沟到臂部移行为肌腹；短头起于肩胛骨喙突，其肌腹与长头肌腹汇合，共腱止于桡骨粗隆。**喙肱肌**（coracobrachialis）位于肱二头肌短头深面，起于喙突，止于肱骨中上段。**肱肌**（brachialis）位于肱二头肌下段深面，起于肱骨干，止于尺骨粗隆（图 5-16）。

3. 血管

（1）**肱动脉**（brachial artery）　在大圆肌下缘续为腋动脉，伴正中神经在肱二头肌与喙肱肌、肱肌之间下行，约在肱骨外侧髁上方 2cm 处分为桡动脉和尺动脉（图 5-16）。肱动脉的分支如下。

1）**肱深动脉**（deep brachial artery）：在大圆肌腱稍下方，起自肱动脉后内侧壁，与桡神经伴行、向下外入肱骨肌管，分支营养肱三头肌和肱肌。

2）**尺侧上副动脉**（superior ulnar collateral artery）：多与肱深动脉同干，少数单独发出。伴随尺神经穿臂内侧肌间隔至肘关节。

（2）**肱静脉**（brachial vein） 在腋动脉的腹内侧，有两条肱静脉伴行于肱动脉的两侧，在腋窝汇合成腋静脉。

4．神经

（1）**正中神经**（median nerve） 由臂丛的内、外侧束合并而成，伴肱血管行于肱二头肌和肱肌之间，再在肱肌和旋前圆肌之间进入前臂。

（2）**尺神经**（ulnar nerve） 发自臂丛内侧束，在臂上部位于肱动脉的内侧，在臂中部与尺侧上副动脉伴行，穿臂内侧肌间隔至臂后区。

（3）**桡神经**（radial nerve） 发自臂丛后束，在臂上部位于肱动脉的后方，继而与肱深动脉伴行，进入肱骨肌管至臂后区。

（4）**肌皮神经**（musculocutaneous nerve） 发自臂丛外侧束，行于肱二头肌与肱肌之间，发出肌支分布于肱二头肌、肱肌和喙肱肌。终支在肘窝外上方、肱二头肌与肱肌之间穿出，移行为前臂外侧皮神经。

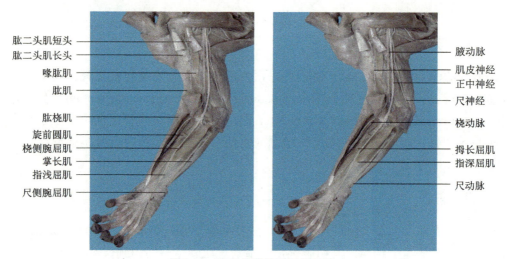

肱二头肌短头
肱二头肌长头
喙肱肌
肱肌
肱桡肌
旋前圆肌
桡侧腕屈肌
掌长肌
指浅屈肌
尺侧腕屈肌

腋动脉
肌皮神经
正中神经
尺神经
桡动脉
拇长屈肌
指深屈肌
尺动脉

图5-16　臂和前臂前区深层结构

二、臂后区

（一）浅层结构

1．皮肤与浅筋膜

臂后区皮肤较厚，皮肤上长有细长而浓密的毛；浅筋膜较致密，脂肪组织少，有浅静脉、皮神经和淋巴管分布（图 5-17）。

2．浅静脉

臂后区的浅静脉较丰富，多从臂内、外侧转向前面，注入贵要静脉或头静脉。

3．皮神经

臂外侧上皮神经，为腋神经的皮支，分布于三角肌区和臂外侧上部的皮肤。**臂后皮神经**（posterior brachial cutaneous nerve）为桡神经的皮支，分布于臂后区中部的皮肤（图 5-17）。

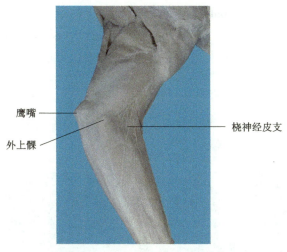

鹰嘴
外上髁
桡神经皮支

图5-17　臂和前臂后区浅层结构

（二）深层结构

1．深筋膜

臂后区深筋膜较薄，包绕肱三头肌、桡神经、肱深血管和尺神经等，并形成内、外侧肌间隔（图 5-18）。

2．臂后肌

臂后肌主要有肱三头肌。**肱三头肌**（triceps brachii）发达，有内侧头、外侧头和长头。长头起于肩胛骨关节盂下部，外侧头起于肱骨干上端外侧面，内侧头起于肱骨干后面和背阔肌，肱三头肌的三个头向下汇合成一个肌腹，止于尺骨鹰嘴。也有学者称内侧头起于背阔肌的部分为背上滑车肌，肱三头肌远侧延伸于肘后的部分为肘肌（图 5-18）。

3．肱骨肌管

肱骨肌管（humeromuscular tunnel）由肱三头肌与肱骨的桡神经沟围成，管内有桡神经和肱深血管通过。

4．桡神经

桡神经（musculospiral nerve）从臂丛后束发出，在腋动脉背侧，经肱三头肌长头和内侧头之间达臂背侧，伴肱深血管斜向外下，进入肱骨肌管，贴肱骨的桡神经沟骨面走行，穿外侧肌间隔，至肘窝外侧。行程中，发出臂后皮神经分布于臂后部的皮肤，发出肌支支配肱三头肌。

5. 血管

肱深动脉为肱动脉的主要分支，伴随桡神经走行，在肱骨肌管内分为前、后两支，前支又称**桡侧副动脉**（radial collateral artery），与桡神经伴行穿外侧肌间隔；后支又称**中副动脉**（middle collateral artery），在臂后区下行。二者均参与肘关节动脉网的组成。肱深静脉有两条，伴行于肱深动脉两侧，收纳同名动脉分布区域的静脉血。

6. 尺神经

尺神经发自内侧束，先在肱动脉内侧，与尺侧上副动脉伴行，在肱三头肌长头和内侧头之间下降，经尺神经沟至前臂。

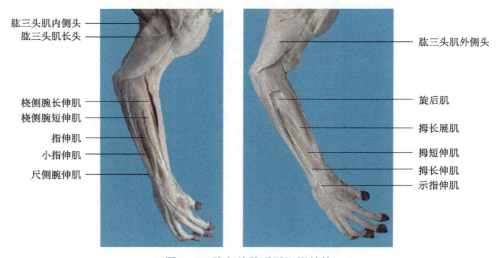

图5-18　臂和前臂后区深层结构

第四节　肘　　部

肘部介于臂和前臂之间，通过肱骨内、外上髁的冠状面可分为肘前区和肘后区。

一、肘前区

（一）浅层结构

1. 皮肤与浅筋膜

肘前区皮肤薄而柔软，长有细长而稀疏的毛；浅筋膜疏松，脂肪组织少（图 5-15）。

2．浅静脉

头静脉和贵要静脉分别行于肱二头肌的外侧和内侧。**肘正中静脉**（median cubital vein）较细，部分缺如，自头静脉斜向内上方注入贵要静脉（图 5-15）。

3．皮神经

前臂内侧皮神经与贵要静脉伴行经肘前区的内侧前行，前臂外侧皮神经在肱二头肌腱的外侧穿出深筋膜，伴行于头静脉的后内侧，走行于肘前区外侧（图 5-15）。

（二）深层结构

肘窝（cubital fossa）（图 5-16）上界为肱骨内、外上髁的连线，下外侧界为肱桡肌，下内侧界为旋前圆肌。由浅入深依次为皮肤、浅筋膜、深筋膜和肱二头肌，底部是肱肌、旋后肌和肘关节囊。其内由尺侧向桡侧依次为正中神经、肱动脉和两条伴行静脉、肱二头肌腱及桡神经。肱动脉在桡骨颈上方约 2cm 处分为桡动脉和尺动脉。桡动脉越过肱二头肌腱表面斜向外下，经肱桡肌内侧下行；尺动脉经旋前圆肌深面至尺侧腕屈肌深方下行。正中神经越过尺动、静脉的前方，穿旋前圆肌两头之间进入前臂。

二、肘后区

（一）浅层结构

皮肤厚而松弛，长有细长而浓密的毛；浅筋膜较薄，浅静脉不发达；前臂后皮神经在肱骨外上髁上方穿臂筋膜浅出向下，经尺骨鹰嘴和肱骨外上髁之间下行，分布于前臂（图 5-17）。

（二）深层结构

1．肘后三角

藏酋猴肘关节伸直时，肱骨内、外上髁与尺骨鹰嘴尖，三点连线成一尖向远侧的三角形，称**肘后三角**（triangle of elbow），多数为等腰三角形。肘关节在屈肘呈直角时，三点成一直线。藏酋猴的肘后三角和人的不同，人的肘后三角在屈肘呈直角时，肱骨内、外上髁与尺骨鹰嘴尖，三点连线成一尖向远侧的等腰三角形。在肘关节伸直时，三点成一直线（图 5-18）。

2．肘外侧三角

肘外侧三角是指屈肘呈直角时，肱骨外上髁、桡骨头与尺骨鹰嘴尖端，三点连线成一尖向内上的三角形。

3. 肘后窝

肘关节在屈肘呈直角时，肱骨内、外上髁和尺骨鹰嘴之间形成一个小的凹陷，称肘后窝。

第五节　前　臂　部

前臂部位于肘部和手之间，分为**前臂前区**（anterior antebrachial region）和**前臂后区**（posterior postbrachial region）。

一、前臂前区

前臂前区是尺、桡骨和前臂骨间膜以前的部分，主要结构包括前臂肌前群、血管和神经等（图 5-15）。

（一）浅层结构

1. 皮肤与浅筋膜

前臂前区皮肤较薄，移动度较大，长有短而稀疏的毛。浅筋膜薄，脂肪组织少，内有较多的浅静脉和皮神经走行。

2. 头静脉

头静脉较为粗大，起于手背的桡侧，沿前臂桡侧上行至肘窝，沿途有多条属支汇入。

3. 贵要静脉

贵要静脉较细小，起于手背的尺侧，与前臂内侧皮神经相伴走行于前臂尺侧，注入桡静脉。

4. 前臂外侧皮神经

前臂外侧皮神经来自于肌皮神经，沿前臂外侧下行，分布于前臂外侧的皮肤。

（二）深层结构

1. 深筋膜

前臂前区的深筋膜薄而坚韧，在腕前部增厚，形成**屈肌支持带**（flexor retinaculum）。前臂前区的深筋膜向深部发出前臂内侧肌间隔和前臂外侧肌间隔，分隔屈、伸肌群，分别连于尺、桡骨，并与前臂骨间膜共同围成前骨筋膜鞘。鞘内有前臂肌前群、血管和神经等。

2．前臂肌前群

藏酋猴的前臂肌前群有9块，从浅入深可分为4层。第1层从桡侧到尺侧依次为肱桡肌、旋前圆肌、桡侧腕屈肌、掌长肌及尺侧腕屈肌，第2层有指浅屈肌，第3层有拇长屈肌和指深屈肌，第4层有旋前方肌（图5-16）。

（1）**肱桡肌**（brachioradialis）　位于前臂桡侧，肌腹发达，形成了前臂外侧的隆起。起于肱骨外上髁上部和肱肌肌纤维，止于桡骨茎突。桡神经穿过肱桡肌起点并分支于肱桡肌。

（2）**旋前圆肌**（pronator teres）　位于肱桡肌的内侧，起于肱骨内上髁，与桡侧腕屈肌和指深屈肌伴行，止于桡骨前外侧的中段。由正中神经支配。

（3）**桡侧腕屈肌**（flexor carpi radialis）　位于旋前圆肌与掌长肌之间，起于肱骨内上髁，止于第2掌骨底。由正中神经支配。

（4）**掌长肌**（palmaris longus）　位于前臂屈肌群最浅面，起于肱骨内上髁，向下延续为掌腱膜。由正中神经支配。

（5）**尺侧腕屈肌**（flexor carpi ulnaris）　位于前臂尺侧，起于肱骨内上髁，止于豌豆骨。由尺神经支配。

（6）**指浅屈肌**（flexor digitorum superficialis）　起于肱骨内上髁，在前臂下部，其肌腱表浅，位于掌长肌与尺侧腕屈肌之间，肌束向下移行为4条肌腱，通过腕管到手部，止于第2~5指中节指骨体的两侧。由正中神经支配。

（7）**拇长屈肌**（flexor pollicis longus）　位于前臂桡侧，起于桡骨和前臂骨间膜的掌侧，肌腹贴桡骨掌侧下行至腕掌韧带平面，移行为肌腱，融入指深屈肌腱；在腕管内，从指深屈肌腱的外侧半分出拇长屈肌腱，跨指深屈肌腱的浅面斜向外下，止于拇指远节指骨底掌侧。由正中神经支配。

（8）**指深屈肌**（flexor digitorum profundus）　位于指浅屈肌和旋前方肌之间，浅头与指浅屈肌同起于肱骨内上髁，深头起于桡骨和前臂骨间膜的掌侧，两头在前臂中、下部移行为粗大且坚韧的屈肌总腱，并在腕掌韧带平面与拇长屈肌腱融合，经腕管后分为4条肌腱，止于第2~5指远节指骨底掌侧。由正中神经支配。

拇长屈肌和指深屈肌的肌腱部分融合，不易分离。

3．血管、神经

（1）**桡血管神经束**　走行于前臂桡侧的屈、伸肌之间。由桡动脉及其两条伴行静脉和桡神经浅支组成（图5-16）。

桡动脉（radial artery）在肘部上方肱二头肌与肱肌间，由肱动脉分出。与桡静脉伴行，先经肱桡肌与旋前圆肌之间，后经肱桡肌与桡侧腕屈肌之间，其远侧1/3位置表浅，和人一样在腕部桡侧可触及桡动脉的搏动。到掌部与尺动脉吻合，形成掌弓。

桡静脉（radial vein）有两条，与桡动脉伴行。

桡神经是桡神经干的直接延续，在肘窝外侧走行于肱肌和肱桡肌之间，并分为浅、深两支。浅支伴桡动脉外侧下行，在腕关节上方自肱桡肌与桡侧腕长肌之间出皮下，分布于手的皮肤；深支先在桡侧腕长伸肌与肱肌之间，后穿旋后肌到前臂背侧浅、深两层伸肌之间下降，在前臂前群支配肱桡肌和后群肌。

（2）**尺血管神经束**　由尺动脉及两条伴行静脉和尺神经组成（图 5-16）。

尺动脉（ulnar artery）与桡动脉一起由肱动脉发出，经旋前圆肌、前臂浅层肌与深层肌之间至前臂前区尺侧，经屈肌支持带的浅面、豌豆骨桡侧入手掌。尺动脉上端发出骨间总动脉，该动脉分为骨间前、后动脉。

尺静脉（ulnar vein）有两条，与尺动脉伴行。

尺神经（ulnar nerve）自肘后尺神经沟下行，穿尺侧腕屈肌的深面入前臂前区，伴尺动脉内侧下行至腕部。尺神经发肌支支配尺侧腕屈肌、指深屈肌。

（3）**正中神经血管束**　由正中神经及其伴行血管组成。

正中神经穿旋前圆肌和肱肌之间至前臂，在指浅屈肌深面继续下行，发肌支支配旋前圆肌、桡侧腕屈肌、掌长肌和指浅屈肌，并发出掌支分布于手掌近侧部皮肤。

（4）**骨间掌侧血管**　骨间前动脉（anterior interosseous artery）起自骨间总动脉，伴随正中神经的骨间掌侧神经，沿骨间膜掌侧下行，供应前臂深屈肌群。有骨间前静脉伴行。

二、前臂后区

（一）浅层结构

前臂后区皮肤较前区稍厚，毛较前区长而多；浅筋膜薄，浅静脉不发达，前臂后皮神经是桡神经的分支，并与前臂内、外侧的皮神经共同分布于该区的皮肤（图 5-17）。

（二）深层结构

1．深筋膜

前臂后区的深筋膜厚而坚韧，近侧份和肱三头肌腱膜融合，远侧在腕背侧增厚形成伸肌支持带。深筋膜与前臂内、外侧肌间隔，尺、桡骨及前臂骨间膜共同围成前臂后骨筋膜鞘。鞘内有前臂后肌群和骨间后血管、神经。

2．前臂肌后群

藏酋猴前臂肌后群（图 5-18）共 10 块，分为两层。浅层共有 5 块肌，自桡侧向尺侧依次为桡侧腕长伸肌、桡侧腕短伸肌、指伸肌、小指伸肌和尺侧腕伸肌；深层有 5 块肌，旋后肌位于上外侧部，其余 4 块从桡侧向尺侧为拇长展肌、拇短伸肌、拇长伸肌和示指伸肌。

（1）**桡侧腕长伸肌**（extensor carpi radialis longus）　位于前臂外侧，起于肱骨外上髁上部，止于第 2 掌骨底背面。由桡神经支配。

（2）**桡侧腕短伸肌**（extensor carpi radialis brevis）　位于桡侧腕长伸肌稍内侧，起于肱骨外上髁，止于第 3 掌骨底背面。由桡神经支配。

（3）**指伸肌**（extensor digitorum）　位于桡侧腕短伸肌的尺侧，起于肱骨外上髁，走行于前臂后区中央浅层，以腱膜穿过腕横韧带到手背，在掌骨远侧分为 4 条肌腱，各腱在第 2~5 指近节指骨背侧移行为指背腱膜，中央腱止于第 2~5 指中节指骨底背面，两侧腱止于第 2~5 指远节指骨底的背面。由桡神经支配。

（4）**小指伸肌**（extensor digiti minimi）　位于指伸肌的尺侧，起于肱骨外上髁，与指伸肌相伴穿腕横韧带，到第 5 指形成指背腱膜，止于远节指骨。由桡神经支配。

（5）**尺侧腕伸肌**（extensor carpi ulnaris）　位于小指伸肌最内侧，起于肱骨外上髁，穿腕横韧带，止于第 5 掌骨底背面尺侧。由桡神经支配。

（6）**旋后肌**（supinator）　起于肱骨外上髁，止于桡骨近侧半的外侧和前面。由桡神经支配。

（7）**拇长展肌**（abductor pollicis longus）　起于尺骨近侧的桡侧缘，止于第 1 掌骨底桡侧。由桡神经支配。

（8）**拇短伸肌**（extensor pollicis brevis）　起于尺骨近侧的桡侧缘及骨间膜，止于拇指近节指骨底。由桡神经支配。

（9）**拇长伸肌**（extensor pollicis longus）　位于指伸肌深面，起于尺骨近侧背面，止于拇指远节指骨背面。由桡神经支配。

（10）**示指伸肌**（extensor indicis）　起于尺骨中下段的后面，下行穿过伸肌支持带，肌腱分为两支，止于 2、3 指中节指骨的两侧。由桡神经支配。

3．血管、神经

（1）**桡神经深支和骨间后神经**　由桡神经分出，深支行向后下，分支支配桡侧腕长、短伸肌和旋后肌；骨间后神经，分支支配其余诸肌。

（2）**骨间后动脉**（posterior interosseous artery）　起自骨间总动脉，经骨间膜近侧缘进入前臂后区，在浅、深层肌之间伴骨间后神经下行，发出肌支供应前臂伸肌群。该动脉有骨间后静脉伴行。

第六节　腕

腕（wrist）（图 5-19）介于前臂和掌之间，可分为腕前区与腕后区。

一、腕前区

（一）浅层结构

皮肤薄而松弛，皮肤上布满细而浓密的毛；浅筋膜薄，浅静脉和浅淋巴管丰富；有前臂内、外侧皮神经的分支分布。

（二）深层结构

和人基本一致。

1. 腕掌侧韧带

前臂深筋膜向下延续，在腕前区增厚形成**腕掌侧韧带**（palmar carpal ligament），对前臂屈肌腱有固定、保护和支持作用。

2. 屈肌支持带

屈肌支持带（flexor retinaculum）位于腕掌侧韧带的远侧深面，又名**腕横韧带**（transverse carpal ligament），其尺侧端附于豌豆骨和钩骨钩，桡侧端附于舟骨和大多角骨，屈肌支持带厚而坚韧。

3. 掌长肌腱

掌长肌腱细而表浅。在腕上部贴正中神经表面下行，至屈肌支持带上缘处，掌长肌腱经屈肌支持带浅面下行入掌，续为掌腱膜。

4. 腕尺侧管

腕尺侧管（ulnar carpal canal）是腕掌侧韧带的远侧部与屈肌支持带之间的间隙，内有尺动、静脉和尺神经通过。

5. 腕管

腕管（carpal canal）由屈肌支持带与腕骨沟共同围成。管内有指浅、深屈肌腱及**屈肌总腱鞘**（common flexor sheath），拇长屈肌腱及其腱鞘和正中神经通过。在管内，各指浅、深屈肌腱被屈肌总腱鞘包裹，拇长屈肌腱被拇长屈肌腱鞘包绕。

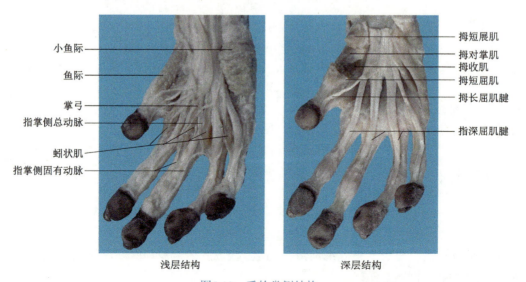

小鱼际
鱼际
掌弓
指掌侧总动脉
蚓状肌
指掌侧固有动脉

拇短展肌
拇对掌肌
拇收肌
拇短屈肌
拇长屈肌腱
指深屈肌腱

浅层结构   深层结构

图5-19　手的掌侧结构

6．腕桡侧管

屈肌支持带桡侧端分两层附着于舟骨和大多角骨，其间的间隙称为**腕桡侧管**（radial carpal canal），内有桡侧腕屈肌及其腱鞘通过。

7．桡动脉及桡静脉

桡动脉在平桡骨茎突水平发出掌支，经屈肌支持带浅面进入掌部。桡动脉本干绕过桡骨茎突的远侧，经腕关节的腕桡侧副韧带和拇长展肌腱、拇短伸肌腱之间达腕后区。

二、腕后区

（一）浅层结构

皮肤比腕前区厚，布有较为稀疏的毛；浅筋膜薄，在腕后区桡侧和尺侧分别有头静脉和贵要静脉走行；在腕后区中部有前臂后皮神经的终末支分布，桡侧有桡神经浅支分布，尺侧有尺神经手背支分布。

（二）深层结构

1．伸肌支持带

伸肌支持带（extensor retinaculum）由腕后区深筋膜增厚形成。其内侧附于尺骨茎突和三角骨，外侧附于桡骨远端外侧缘，形成多个骨纤维性管道，前臂后群肌的肌腱及腱鞘在管内通过。

2．腕伸肌腔

从桡侧向尺侧排列，依次通过各骨纤维管的结构有：拇长展肌腱和拇短伸肌腱及腱鞘，桡侧腕长、短伸肌腱及腱鞘，拇长伸肌腱及腱鞘，指伸肌腱与示指伸肌腱及腱鞘，小指伸肌腱及腱鞘，尺侧腕伸肌腱及腱鞘。

第七节　手

手（hand）可分为**手掌**（palm of hand）、**手背**（dorsum of hand）和**手指**（finger）三部分。

一、手掌

手掌（palm of hand）（图 5-19）略呈四边形，是腕和指部间的过渡区。

（一）浅层结构

皮肤厚而坚韧，掌面粗糙，被厚厚的角质层覆盖，皮肤无毛；皮纹明显，鱼际处皮纹呈同心圆状，小鱼际处皮纹呈弓状，掌中间区皮纹凌乱。皮肤与筋膜连结紧密，不易分开，缺乏弹性，无毛囊、皮脂腺，但有丰富的汗腺。浅筋膜非常致密，有许多纤维将皮肤与掌腱膜紧密连结，并将浅筋膜分隔成无数小格；浅血管、浅淋巴管及皮神经行于其内。

1. 尺神经掌支

尺神经掌支是尺神经的细小皮支，经腕掌侧韧带浅面下降至掌部，分布于小鱼际皮肤。

2. 正中神经掌支

正中神经掌支为正中神经的细小皮支，在腕掌侧韧带上缘穿出深筋膜，经掌腱膜表面入掌，分布于掌中部及鱼际的皮肤。

（二）深层结构

1. 深筋膜

深筋膜分为浅、深两层。

（1）**浅层** 为覆盖于鱼际肌、小鱼际肌和指屈肌腱浅面的致密结缔组织膜。此膜又分为 3 部，分别为掌腱膜、鱼际筋膜和小鱼际筋膜。

1）**掌腱膜**（palmar aponeurosis）：掌长肌腱纤维在手掌中部与深筋膜浅层融合，形成厚而坚韧的掌腱膜。掌腱膜呈一尖向近侧的三角形，其远侧部分成 4 束纵行纤维，行向第 2~5 指近节指骨底。在掌骨头处，掌腱膜参与形成的指蹼间隙，是手掌、背及指掌、背侧之间的通道。

2）**鱼际筋膜**（thenar fascia）、**小鱼际筋膜**（hypothenar fascia）：分别被覆于鱼际肌和小鱼际肌表面，较薄弱。

（2）**深层** 位于指深屈肌腱的深面，覆盖于骨间掌侧肌和掌骨的表面。

2. 骨筋膜鞘

骨筋膜鞘的形成、结构和人基本一致。

从掌腱膜内侧缘发出**掌内侧肌间隔**（medial intermuscular septum of palm），经小鱼际和小指屈肌腱之间伸入，附于第 5 掌骨。从掌腱膜外侧缘发出**掌外侧肌间隔**（lateral intermuscular septum of palm），经鱼际肌和示指屈肌腱之间向深层伸入，附于第 1 掌骨，使掌部形成内侧鞘、中间鞘和外侧鞘。

（1）**内侧鞘**（medial compartment） 由小鱼际筋膜、掌内侧肌间隔和第 5 掌骨围成。其内有小指展肌、小指短屈肌、小指对掌肌和血管神经等。

（2）**中间鞘**（intermediate compartment） 由掌腱膜，掌内、外侧肌间隔，骨间掌侧筋膜及拇收肌筋膜共同围成。其内有指浅、深屈肌腱，蚓状肌，屈肌总腱鞘，掌弓和血管神经等。

（3）**外侧鞘**（lateral compartment）　由鱼际筋膜、掌外侧肌间隔和第 1 掌骨围成。内含拇短展肌、拇短屈肌、拇对掌肌、拇长屈肌腱和血管神经等。

3．肌群

藏酋猴掌侧部屈肌群均为短小的肌。可分为三群，外侧群包括拇短展肌、拇短屈肌、拇对掌肌和拇收肌；中间群包括蚓状肌和骨间肌；内侧群包括小指展肌、小指短屈肌和小指对掌肌。

（1）**拇短展肌**（abductor pollicis brevis）　位于大鱼际浅层，起于掌侧腕横韧带、舟骨及浅筋膜，止于拇指近节指骨底桡侧。由正中神经支配。

（2）**拇短屈肌**（flexor pollicis brevis）　位于拇短展肌内侧，起于掌侧腕横韧带、小多角骨和第 2 掌骨，止于拇指近节指骨底两侧。由正中神经支配。

（3）**拇对掌肌**（opponens pollicis）　位于拇短展肌深面，起于掌侧腕横韧带和大多角骨，止于第 1 掌骨桡侧。由正中神经支配。

（4）**拇收肌**（adductor pollicis）　位于屈肌腱和蚓状肌的深面，起于第 2、3 掌骨底，止于拇指近节指骨底尺侧。由尺神经支配。

（5）**小指展肌**（abductor digiti minimi）　位于小鱼际浅层，起于豌豆骨和掌侧腕横韧带，止于小指近节指骨底尺侧。由尺神经支配。

（6）**小指短屈肌**（flexor digiti minimi brevis）　起于掌侧腕横韧带，止于小指近节指骨底尺侧。由尺神经支配。

（7）**小指对掌肌**（opponens digiti minimi）　位于小指展肌和小指短屈肌深面，起于掌侧腕横韧带和钩骨，止于第 5 掌骨尺侧。由尺神经支配。

（8）**蚓状肌**（lumbricales）　有 4 条，起自深屈肌腱的相邻面，绕至第 2~5 指的背侧，止于第 2~5 指的指背腱膜。

（9）**骨间肌**（interosseus）　有 7 块，包括骨间掌侧肌 3 块，骨间背侧肌 4 块。第 1~3 骨间掌侧肌分别起自第 2 掌骨的尺侧，第 4、5 掌骨的桡侧，分别止于示指尺侧，环指、小指桡侧的指背腱膜；骨间背侧肌起于掌骨相邻缘，第 1、2 骨间背侧肌止于示、中指指背腱膜的桡侧和近节指骨底，第 3、4 骨间背侧肌止于中、环指指背腱膜的尺侧和近节指骨底，骨间掌侧肌为手指内收肌，背侧肌为其外展肌。由尺神经支配。

4．血管

手掌的血管由桡、尺动脉的分支供应。

（1）**掌弓**（palmar arch）　由尺动脉和桡动脉的终支，在指骨中段吻合而成，相当于人的掌浅弓，藏酋猴无掌深弓。该弓位于掌腱膜深面，指屈肌腱鞘的浅面。从掌弓凸侧发出数支至指部。

指掌侧总动脉（common palmar digital arteries）共有 4 条，沿蚓状肌浅面行向掌指关节附近，并在此分为两支**指掌侧固有动脉**（proper palmar digital arteries），分布于第 2~5 指的相对缘。

（2）**小指尺掌侧动脉**（ulnar palmar artery of digitus minimus）　发自尺动脉，沿小鱼际表面下降，分布于小指尺侧缘。

5．神经

手掌面有尺神经、正中神经及其分支分布。

（1）**尺神经**　主干经屈肌支持带的浅面，尺动脉的尺侧入掌，至豌豆骨的附近分为浅、深两支。

1）**尺神经浅支**（superficial branch of ulnar nerve）：行于尺动脉内侧，发分支至掌短肌，并在该肌深面分为**指掌侧总神经**（common palmar digital nerve）和**小指掌侧固有神经**（proper palmar digital nerve）。指掌侧总神经至掌指关节处，分为两条指掌侧固有神经，分布于小指、环指相对缘的皮肤；小指掌侧固有神经分布于小指掌面尺侧缘。

2）**尺神经深支**（deep branch of ulnar nerve）：与尺动脉掌深支伴行，穿经小鱼际肌，发出分支至小鱼际肌，所有骨间肌，第 3、4 蚓状肌和拇收肌。

（2）**正中神经**　经腕掌韧带深面进入掌部，分为两支，走行于掌腱膜和屈肌腱之间。

1）**外侧支**：先在屈肌支持带下缘处发出一返支进入鱼际肌，分支支配拇短屈肌、拇短展肌和拇对掌肌；再分成三支指掌侧固有神经，分别分布于拇指两侧和示指桡侧掌面皮肤。

2）**内侧支**：在第 2、3 掌骨底附近分为两条指掌侧总神经，发出肌支支配第 1、2 蚓状肌；指掌侧总神经与同名血管伴行，至掌指关节处，分为两支指掌侧固有神经，分布于第 2~4 指相对缘皮肤。

二、手背

手背（dorsum of hand）（图 5-20）相当于人的手背的部分。

（一）浅层结构

皮肤较厚，长有长而浓密的毛；浅筋膜薄而疏松，有丰富的浅静脉和皮神经。

1．静脉网

浅筋膜内丰富的浅静脉互相吻合，形成手背静脉网；其桡侧半的静脉汇合形成头静脉，尺侧半的静脉汇合形成贵要静脉。

2．尺神经手背支

尺神经手背支分布于手背尺侧半的皮肤，再分出 5 条指背神经分布于小指、环指和中指尺侧缘的皮肤。

3．桡神经浅支

桡神经浅支分布于手背桡侧半的皮肤，并发出 5 条指背神经分布于拇指、示指和中指近节桡侧缘的皮肤。

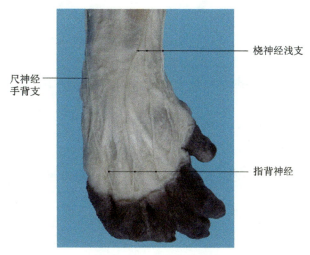

尺神经
手背支

桡神经浅支

指背神经

图5-20　手背的结构

（二）深层结构

1. 手背腱膜

指伸肌腱与手背筋膜的浅层结合形成**手背腱膜**（dorsal aponeurosis of hand）。

2. 骨间背侧筋膜

骨间背侧筋膜（dorsal interosseous fascia）为覆盖在第 2~5 掌骨和第 2~4 骨间背侧肌表面的深筋膜。在各掌骨近端，骨间背侧筋膜以纤维隔与手背腱膜相连接，远端与指蹼处筋膜的两层相结合。

3. 指伸肌腱

指伸肌在掌骨远侧分为 4 条**指伸肌腱**（tendons of extensor digitorum），分别走向第 2~5 指，并在近节指骨底移行为指背腱膜。

三、手指

手指（finger）（图 5-19，图 5-20）以指掌关节与掌部相连，运动灵活。藏酋猴的手指和人一样也由拇指、示指、中指、环指和小指组成。拇指较短，其长度约为中指的 1/3，其腕掌关节为鞍状关节，但内、外侧鞍状关节突较大，影响拇指的对掌运动，不能像人类一样灵活地完成握、持、捏、拿功能。其余 4 指细而长，特别是环指和小指。环指长度和中指长度相当，有部分超过中指长度；小指的长度和粗细相当于食指；这些形态变化，增强了藏酋猴指部的运动功能。

（一）浅层结构

1．皮肤

藏酋猴较人手指皮肤厚，特别是掌侧，这些结构增强了藏酋猴指部的坚韧性。指背侧布满毛，指掌侧较光滑。

2．浅筋膜

指掌面的浅筋膜较厚。在皮肤和指屈肌腱鞘间有许多纤维隔相连。指背面的浅筋膜较薄。

3．指髓间隙

指髓间隙（pulp space）位于各指远节指骨远侧段掌侧的骨膜和皮肤之间。指髓内有丰富的血管、神经末梢和脂肪，许多纤维隔连于远节指骨骨膜和指腹的皮肤之间，将指腹的脂肪分成许多小叶。

4．血管和神经
各指均有两条指掌侧固有动脉和两条指背动脉，与同名神经伴随走行。

（二）深层结构

1．指浅、深屈肌腱

拇指有一条屈肌腱，其余各指均有浅、深两条屈肌腱。行于各指的指腱鞘内。指浅屈肌腱位于掌侧，沿两侧向远端走行，末端分为两根，止于中节指骨的两侧缘。指深屈肌位于指浅屈肌背侧，并与之伴行，止于远节指骨底。

2．指腱鞘

指腱鞘（tendinous sheaths of finger）由纤维鞘和滑膜鞘构成，内有指浅、深屈肌腱通过。
（1）**纤维鞘**（fibrous sheath）　位于指腱鞘的外层，由深筋膜增厚附着于指骨及其关节囊的两侧所形成的骨纤维管道。
（2）**滑膜鞘**（synovial sheath）　位于腱纤维鞘内，由滑膜脏、壁两层所构成的双层圆筒形结构。脏、壁两层间有少量滑液，便于肌腱滑动。

3．指伸肌腱

指伸肌腱在掌骨头和近节指骨背面向两侧扩展，形成指背腱膜；指背腱膜向远端止于中、远节指骨底。

第六章

脊 柱 区

概　述

一、境界和分区

脊柱区也称背区，指脊柱和背侧及两侧软组织所共同组成的区域，颅侧达枕外隆凸和上项线，尾侧至尾骨尖。

脊柱区自颅侧至尾侧可分为项区、胸背区、腰区和骶尾区。项区下界为第 7 颈椎棘突至两侧肩峰的连线；胸背区下界为第 12 胸椎棘突，第 12 肋下缘至第 11 肋前份的连线；腰区下界为两侧髂嵴后份和两侧髂后上棘的连线；骶尾区是两侧髂后上嵴与尾骨尖三点间所围成的三角区。

二、体表标志

1. 棘突

在后正中线上可摸到大部分椎骨的**棘突**（spinous process）。颈椎共 7 块，棘突较短，从第 3~7 颈椎其长度逐渐增加；但第 7 颈椎棘突明显较第 1 胸椎棘突短。胸椎共 12 块，第 1~9 胸椎棘突伸向背侧和尾侧，第 10~12 胸椎棘突变短，从头尾方向上变宽，伸向背侧。腰椎有 7 块，棘突宽而平，呈板状。三个骶椎棘突融合成正中嵴，呈薄板状；第 1 骶椎棘突很大，第 2、3 骶椎棘突较小。

2. 骶骨

骶骨（sacrum）呈稍弯曲的三角形，骶正中嵴下端，骶管裂孔较大。骶管裂孔两侧有向下突起的骶角。骶正中嵴两侧各有一条由关节突形成的骶关节嵴。有两对骶前孔和两对骶后孔，每侧骶后孔的外侧又有一条断续的骶外侧嵴，由骶骨的横突形成。

3. 尾骨

尾骨（coccyx）通常有 9 节，由头侧向尾侧逐渐变细。第 4、5 尾椎连结处约平坐骨结节平面。

第一节　椎骨及其连结

一、椎骨

藏酋猴的**椎骨**（vertebrae）通常有 7 块颈椎，12 块胸椎，7 块腰椎，3 块骶椎，9 块尾椎。椎骨上下连结形成**脊柱**（vertebral column）。在椎体之间有**椎间盘**（intervertebral disc）。

（一）椎骨的一般形态

和人相似，椎骨由前方段短圆柱形的**椎体**（vertebral body）和后方板状的**椎弓**（vertebral arch）组成。椎体和椎弓共同围成**椎孔**（vertebral foramen）。当椎骨连结成脊柱时，各椎孔可连成容纳脊髓的**椎管**（vertebral canal）。由椎弓发出 7 个突起：伸向两侧的**横突**（transverse process），伸向背侧的**棘突**（spinous process），棘突和横突都是肌和韧带的附着处；还包括两对**关节突**（articular process），即伸向颅侧的上关节突和伸向尾侧的下关节突，相邻椎骨的关节突构成关节突关节。

（二）各部椎骨的主要特征

1. 颈椎

颈椎（cervical vertebrae）的椎体较小，椎弓较大，椎体体积从颅侧至尾侧逐渐增大。第 2~7 颈椎椎体的颅侧表面是凹陷的，两侧有向颅侧突起的骨板。颅侧凹陷自上而下逐渐变得平坦，到第 1 胸椎凹陷消失。椎体尾侧是隆突的。颈椎椎孔大，呈现心形。第 1~7 颈椎横突基部有**横突孔**（transverse foramen），有椎动脉和椎静脉穿过，这与猕猴和黔金丝猴观察到的第 7 颈椎横突孔缺如的情况不同。第 4~6 颈椎横突有明显分叉，第 6 颈椎分叉尤为明显。颈椎横突分叉形成**腹侧结节**（ventral tubercle）和**背侧结节**（dorsal tubercle）。第 6 颈椎腹侧结节呈薄板状。颈椎棘突较短，第 2 棘突末端有分叉，第 3~7 颈椎棘突末端无分叉，且棘突长度逐渐增加。颈椎关节突的关节面是扁平的斜面，与相邻椎骨的关节突相连。

第 1 颈椎为**寰椎**（atlas）（图 6-1，图 6-2），由一长的**背弓**（后弓，posterior arch）、一短的**腹弓**（前弓，anterior arch）和一对**侧块**（lateral mass）组成。无椎体，腹弓正中有前结节（腹侧结节），并向前方延伸成一嵴，脊椎前肌附着于此。背弓正中有一个不明显的后结节（背侧结节），相当于其他颈椎的棘突。腹弓的背面有一凹陷的关节面，即齿突关节面，接第 2 颈椎齿突。侧块由关节突和横突组成。齿突关节面较小，平坦，呈椭圆形。横突小，根部有横突孔。横突孔与背侧的**椎动脉沟**（groove for vertebral artery）相互延续。横突孔进入侧块上关节面背侧的一小孔通椎孔，这一小孔不存在于人类中。寰椎的上关节面呈月牙形，占据了侧块上面的大部，前端比后端更靠近中线。上关节面长而凹陷，腹面部分朝向背侧，背侧面部分朝向腹侧，关节面向内后下方倾斜。猕猴的寰椎上关节面左右两侧常常不对称，而我们所观察的标本，藏酋猴寰椎上关节面基本对称。寰椎的下关节面为圆形，与第 2 颈椎的上关节面相关节。

第 2 颈椎称为**枢椎**（axis）（图 6-3），椎体向头侧伸出**齿突**（dens of axis），与寰椎的齿突凹相关节，齿突原为寰椎椎体，发育过程中脱离寰椎与枢椎愈合而成。齿突的背侧和腹侧各有一个关节面。腹侧关节面与寰椎前弓的齿突凹相关节；背侧关节面由寰横韧带经过。椎孔基本呈圆形。横突小，棘突扁而宽，末端有分叉。上关节面平坦，向外下方倾斜，下关节突扁平而狭长，关节面呈矢状位。

第 7 颈椎称为隆椎（vertebra prominens），棘突较细长，末端无分叉且明显较第 1 胸椎短（图 6-4）。

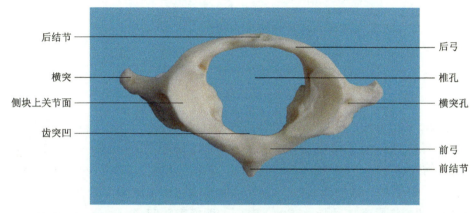

图6-1　寰椎（颅侧观）

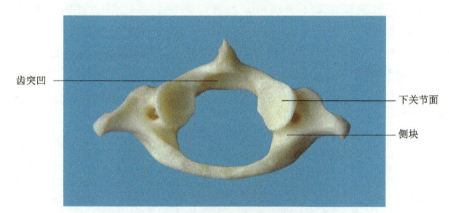

图6-2　寰椎（尾侧观）

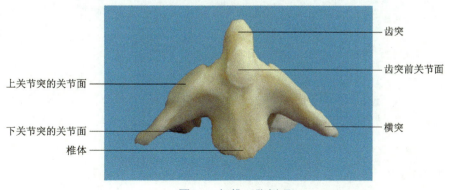

图6-3　枢椎（腹侧观）

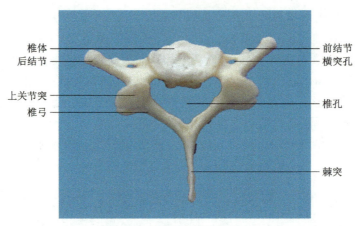

椎体 —— 前结节
后结节 —— 横突孔
上关节突
椎弓 —— 椎孔

棘突

图6-4　第7颈椎（颅侧观）

2. 胸椎

胸椎（thoracic vertebrae）有12块。椎体从颅侧至尾侧逐渐增大，横断面呈心形。在椎体外侧面和背侧面连结处下缘接肋骨小头的关节面。在我们的标本中，第1~9胸椎，椎体每侧与两根肋骨相关节。据（Hartman）描述，上7~8个胸椎体每侧与两根肋骨相连结，而下4~5个胸椎体每侧与一根肋骨相连。胸椎的椎孔由三角形逐渐变为椭圆形。横突较大，第1~10胸椎的横突具有接肋骨结节的关节面，即**横突肋凹**（transverse costal fovea），与肋结节相关节。棘突长，第1~8胸椎，棘突伸向背侧和尾侧。第9~12胸椎，棘突变短，在头尾方向上变宽，伸向背侧。关节突扁平，关节面呈冠状位。在作者的标本上，第10~12胸椎和第1~5腰椎下关节突的腹侧有**副突**（processus accessorius）。与猕猴的描述中第11、12胸椎有副突或缺如的现象有差异。据（Hartman）描述，第11、12胸椎和第1~3腰椎有明显的副突（图6-5，图6-6）。由此，胸椎的副突的存在与否是有差异的。

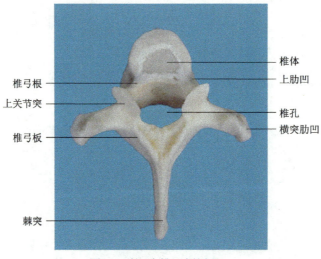

椎弓根 —— 椎体
—— 上肋凹
上关节突
—— 椎孔
椎弓板 —— 横突肋凹

棘突

图6-5　第7胸椎（颅侧观）

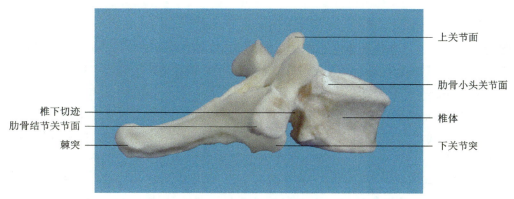

图6-6　第7胸椎（右侧观）

右侧标注（从上到下）：上关节面、肋骨小头关节面、椎体、下关节突

左侧标注（从上到下）：椎下切迹、肋骨结节关节面、棘突

3．腰椎

腰椎（lumbar vertebra）有 7 块。椎体从颅侧至尾侧逐渐增大，变长增宽，椎孔由圆形逐渐变为前后略扁的椭圆形。第 1 腰椎横突较小，从第 2~6 腰椎，横突逐渐变宽延长，弯向颅侧。棘突宽而扁，呈板状，第 1~3 腰椎棘突的末端平面呈椭圆形，较平坦，第 4~6 棘突末端逐渐变窄。第 1~6 腰椎有发达的副突。第 1~7 腰椎上关节突上有**乳突**（processus mastoidenus），第 4~6 腰椎体的乳突逐渐变尖。第 7 腰椎因夹在两髂骨之间，故没有第 6 腰椎椎体那么大，它的两个横突的长度没有第 6 腰椎横突长，但较粗壮（图 6-7，图 6-8）。

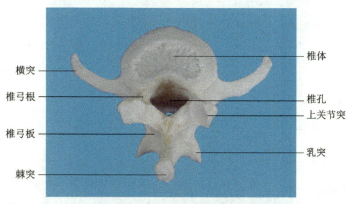

图6-7　第6腰椎（颅侧观）

左侧标注（从上到下）：横突、椎弓根、椎弓板、棘突

右侧标注（从上到下）：椎体、椎孔、上关节突、乳突

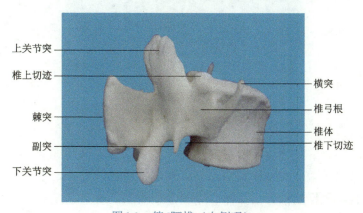

图6-8　第6腰椎（右侧观）

左侧标注（从上到下）：上关节突、椎上切迹、棘突、副突、下关节突

右侧标注（从上到下）：横突、椎弓根、椎体、椎下切迹

4. 骶骨

骶骨（sacrum）由 3 块骶椎融合形成。呈三角形，底向颅侧，尖朝向尾侧，盆面凹陷且光滑，有两对**骶前孔**（anterior sacral foramina）和两条横线。骶骨的底接第 7 腰椎。骶骨的岬（promontory）很明显。骶骨的尖呈半圆形，接尾骨。正中嵴呈薄板状，由三个骶椎的棘突融合而成，此嵴有三个棘突隆起，第 1 骶椎棘突很长，向背侧延伸。第 2 骶椎棘突较小。第 3 骶椎棘突极小，不容易观察。第 1 骶椎上关节突游离，接第 7 腰椎下关节突。第 3 骶椎下关节突游离。在骶正中嵴两侧有两对由关节突形成的**骶关节嵴**（articular sacrel crest）。有两对**骶后孔**（posterior sacral foramina），每侧骶后孔的外侧有**骶外侧嵴**（lateral sacral crest），由骶骨的横突形成。上一对骶后孔外的骶外侧嵴小而较尖锐，下一对骶外侧嵴较大而隆突。骶管横断面呈三角形。头两个骶椎扩展，形成骶骨翼。耳状面涉及颅侧两个骶椎，与髂骨相关节（图 6-9，图 6-10）。

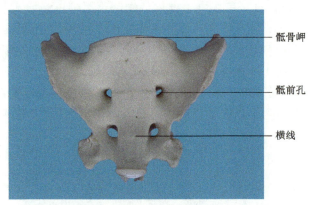

图6-9 骶骨（腹侧观）

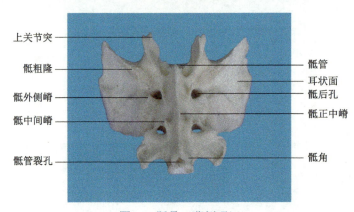

图6-10 骶骨（背侧观）

5. 尾椎

尾椎（coccyx）通常有 9 块，逐渐变小。尾椎形态变化很大，第 1~4 尾椎可见椎孔。第 1~3 个尾椎有横突，第 4 尾椎横突短而小。在尾椎连结处的腹侧面未见在猕猴和金丝猴中被描述的人字骨。尾椎的椎骨由头侧向尾侧逐渐变细。横突呈板状，第 1 尾椎横突有分叉（图 6-11）。

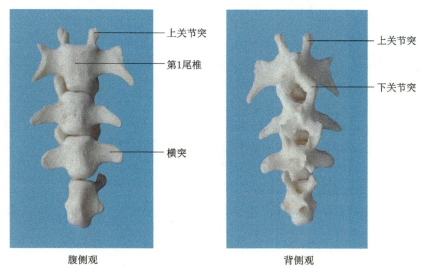

腹侧观　　　　　　　　　　背侧观

图6-11　尾骨

二、椎骨的连结

藏酋猴由26块椎骨、1块骶骨和9块尾椎借骨连结构成脊柱，颅侧与颅骨相连，尾侧接后肢带骨（图6-12，图6-13）。

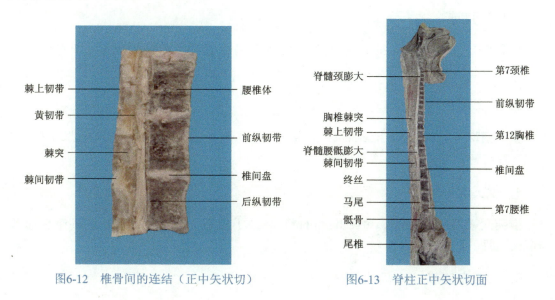

图6-12　椎骨间的连结（正中矢状切）　　　　图6-13　脊柱正中矢状切面

（一）椎体间的连结

相邻椎体之间借椎间盘、前纵韧带和后纵韧带相连。

1. 椎间盘

椎体间借**椎间盘**（intervertebral disc）直接相连，椎间盘由中央的髓核和周围的纤维环构成。髓核柔软而富有弹性，是胚胎时脊索的残留物，起着缓冲震荡的作用。周围部为纤维环，由多层同心圆排列的纤维软骨环构成，牢固连结于椎体的颅侧面和尾侧面。

椎间盘的厚度各部不一，厚度越大，脊柱的活动范围越大。与人一样，藏酋猴的椎间盘胸部最薄，颈部较厚，腰部最厚。颈腰部的纤维环腹侧厚，背侧薄，而胸部相反。

2．前纵韧带

前纵韧带（anterior longitudinal ligament）位于椎体和椎间盘的前面，宽而坚韧。其纤维与椎体及椎间盘连结牢固。在腰部较发达，在骶部和尾部不甚明显。

3．后纵韧带

后纵韧带（posterior longitudinal ligament）位于椎管内，是紧贴于椎体和椎间盘背侧面的纵长韧带。

（二）椎弓间的连结

包括椎弓板之间和各突起之间的连结。

1．黄韧带

黄韧带（ligamenta flava）由黄色弹性纤维构成，连结于相邻椎弓板之间，参与围成椎管。

2．棘间韧带

棘间韧带（interspinal ligament）位于相邻各棘突之间，此韧带较厚，前接黄韧带，后移行为棘上韧带和项韧带。

3．棘上韧带

棘上韧带（supraspinal ligament）为连结于胸、腰、骶椎各棘突尖端的纵长韧带，为棘间韧带在棘突尖彼此连续增厚形成。

4．横突间韧带

横突间韧带（intertransverse ligament）连结于相邻椎骨横突之间。此韧带扁而薄，与横突间肌不易分开。

5．关节突关节

关节突关节（zygapophyseal joint）由相邻椎骨上、下关节突构成，属于平面关节，只能作轻微滑动。

（三）寰椎与枕骨、枢椎的关节

1．寰枕关节

寰枕关节（atlantooccipital joint）为寰椎和枕骨之间的连结。由两侧的枕髁和寰椎侧块的上关节面构成。寰枕关节属于椭圆关节，又是联合关节，可使头作俯仰和侧屈运动。

2. 寰枢关节

寰枢关节（atlantoaxial joint）包括三个关节，两个**寰枢外侧关节**（lateral atlantoaxial joint），由寰椎下关节面和枢椎的上关节面构成；**寰椎正中关节**（medial atlantoaxial joint）由齿突前、后关节面和寰椎前弓后方的齿突凹及寰椎横韧带构成。可使头作旋转运动。

三、脊柱的整体观

1. 脊柱的前面观

椎体自颅侧向尾侧逐渐加宽，在藏酋猴第 1 骶椎最宽，与椎体的负重逐渐增加有关，自耳状面以下，由于重力经髋骨传至下肢骨，体积逐渐缩小（图 6-14）。

2. 脊柱的后面观

所有椎骨棘突连结成后正中线上的纵嵴。棘突较短，第 2 颈椎棘突末端有分叉，第 3~7 棘突末端无分叉且棘突长度逐渐增加。但是，第 7 颈椎棘突明显较第 1 胸椎棘突短。胸椎棘突长，从第 1~8 胸椎，棘突伸向背侧和尾侧。从第 9~12 胸椎，棘突变短，在颅尾方向上变宽，伸向背侧。第 1 腰椎横突较小，从第 2~6 腰椎，横突逐渐变宽延长，弯向颅侧。棘突宽而扁，呈板状，第 1~3 腰椎棘突的末端平面呈椭圆形，较平坦，第 4~6 腰椎棘突末端逐渐变窄（图 6-14）。

3. 脊柱的侧面观

在解剖标本中，藏酋猴也有颈、胸、腰、骶 4 个弯曲。其中，颈曲和腰曲向腹侧弯曲，胸曲和骶曲向背侧弯曲（图 6-14）。

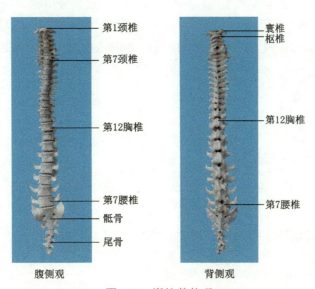

图6-14　脊柱整体观

第二节 层次结构

脊柱区由浅入深有皮肤、浅筋膜、深筋膜、肌层、椎管及其内容物等结构。

一、浅层结构

（一）皮肤

厚而致密，移动性小，有较丰富的毛囊和皮脂腺。

（二）浅筋膜

厚而致密，脂肪组织较少，有许多结缔组织纤维束与深筋膜相连。内有小血管和皮神经分布。皮神经均来自脊神经后支。颈神经后支较为粗大的皮支有枕大神经和第 3 枕神经。胸、腰神经后支的皮支在棘突两侧浅出，颅侧部皮神经几乎呈水平位向外侧走行；尾侧部分支斜向外下，分布至胸背区和腰区的皮肤。骶、尾神经后支的皮神经在髂后上棘至尾骨尖连线上的不同高度，分别穿臀大肌起始部浅出，分布至骶尾区的皮肤。

二、深筋膜

项区和胸背区的深筋膜较薄弱，骶尾区的深筋膜与骶骨背面的骨膜相愈合。第 12 肋与髂嵴之间的深筋膜增厚，被称为胸腰筋膜。胸腰筋膜分为前、中、后三层，后层覆于竖脊肌的后面，与背阔肌和下后锯肌腱膜相愈合，向尾侧附着于髂嵴，内侧附于腰椎棘突和棘上韧带，外侧在竖脊肌外侧缘与中层愈合，形成竖脊肌鞘。胸腰筋膜中层位于竖脊肌与腰方肌之间，内侧附于腰椎棘突尖和横突间韧带，外侧在腰方肌外侧缘和前层愈合，形成腰方肌鞘，并作为腹横肌的起始部的腱膜，向颅侧附着于第 12 肋下缘，向尾侧附着于髂嵴。

三、肌层

脊柱区的肌可分为浅层肌和深层肌。

（一）浅层肌

包括斜方肌、背阔肌、菱形肌、前寰肩胛肌、后寰肩胛肌、上后锯肌和下后锯肌等（图 6-15，图 6-16）。

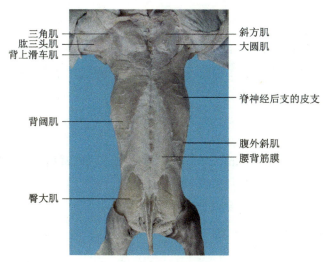

三角肌
肱三头肌
背上滑车肌

斜方肌
大圆肌

脊神经后支的皮支

背阔肌

腹外斜肌
腰背筋膜

臀大肌

图6-15　背浅层肌

1. 斜方肌

斜方肌（trapezius）的起点为枕骨到上 8~10 个胸椎棘突。头部起自枕外隆凸、上项线；颈部起自项韧带和第 7 颈椎棘突；胸部起自上 8~10 个胸椎棘突。头部的纤维止于锁骨外侧段；颈部纤维止于肩峰和肩胛冈。斜方肌的起点是肌性的，止点在锁骨和肩峰区是肌性的，在肩胛冈上缘和下缘则是腱性的。由副神经和第 2、3 颈神经支配。

2. 背阔肌

背阔肌（latissimus dorsi）的起点为第 5~12 胸椎棘突，肌纤维向腋窝集中，并分为两部分。较小和较背侧部分的纤维延伸到大圆肌腱，较大和腹侧部分的纤维止于肱骨结节间沟。由胸背神经支配。

3. 菱形肌

菱形肌（rhomboideus）由头、颈和背三部分组成。头部起自枕骨上项线的内侧半，止于肩胛骨脊柱缘。颈部起自项韧带和第 1 胸椎棘突，止于肩胛冈和肩胛骨下角之间肩胛骨脊柱缘的上份。背部起自上 6 或 7 个胸椎棘突和棘上韧带，止于肩胛冈和肩胛骨下角之间肩胛骨脊柱缘的下份。由肩胛背神经支配。

4. 前寰肩胛肌

前寰肩胛肌（atlantoscapularis anterior muscle）起自寰椎横突腹侧缘，与后寰肩胛肌的起点相邻。在斜方肌的深面止于肩胛冈外侧颅侧缘。由第 3、4 颈神经的分支支配。

5. 后寰肩胛肌

后寰肩胛肌（atlantoscapularis posterior muscle）呈带状，起自颈椎横突，在前寰肩胛肌起点背侧。在斜方肌下方斜向背侧，止于肩胛骨脊柱缘上端。由第 3、4 颈神经的分支支配。

6. 上后锯肌

上后锯肌（serratus posterior superior muscle）呈薄片状，一半呈肌性，一半呈腱膜性，以腱膜起自项后正中线下部和上4位胸椎棘突，以锯齿状止于第2~5肋。由第1~5肋间神经支配。

7. 下后锯肌

下后锯肌（serratus posterior inferior muscle）位于背阔肌深面。与上后锯肌处于同一层中。以膜性起自下6个胸椎棘突和胸背筋膜背层，以锯齿状止于下6个肋。腱膜与上后锯肌腱膜相续。

（二）深层肌

深层可分为外侧部、内侧部和枕下小肌群（图6-16）。

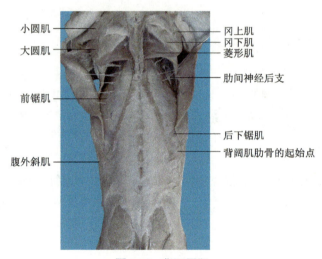

小圆肌 —— 冈上肌
冈下肌
大圆肌 —— 菱形肌

肋间神经后支

前锯肌 ——

后下锯肌
背阔肌肋骨的起始点

腹外斜肌 ——

图6-16　背深层肌

1. 外侧部

外侧部包括夹肌和骶棘肌，后者又包括髂肋肌、最长肌和棘肌。

（1）**夹肌**（splenius）　肌的内侧位于菱形肌、上后锯肌、斜方肌的深面，外侧位于胸锁乳突肌的深面。起自项韧带和上5个胸椎棘突，纤维斜向颅外侧，止于上项线和乳头部和寰椎横突。由上部颈神经背侧支支配。

（2）**髂肋肌**（ilicocstalis muscle）　可分为腰部和背部。起自髂骨颅侧缘和最长肌外侧缘，止于腰椎横突、全部肋骨角外面和第7颈椎横突。腰部的髂肋肌和背部的髂肋肌之间无明显界限。前者止于腰椎横突和附于横突上的腰背筋膜，以及下5个肋。后者起自第4肋或第5肋，全部以肌腱止于第7颈椎横突和上7个肋。由脊神经背侧支的外支支配。

（3）**最长肌**（longissimus muscle）　可分为背最长肌、颈最长肌、寰最长肌和头最长肌4个部分。背最长肌起自髂骨结节内侧部和腰背筋膜深面，止于腰椎横突及关节突、横突棘肌深部的腱、胸椎横突、各肋内侧段及下 6 个颈椎横突。颈最长肌位于背最长肌颈部内侧，起自上 5 个胸椎横突，止于下 6 个颈椎横突。寰最长肌位于头最长肌外侧，起于第 2~4 颈椎横突，止于寰椎横突，肌纤维与头最长肌融合。头最长肌位于寰最长肌和颈最长肌内侧，起自上 5 个胸椎横突和下 3 个颈椎横突，以腱止于乳头，恰在夹肌外侧缘深面。

（4）**外侧尾伸肌**（extensor caudae lateralis muscle）　是最长肌的尾侧部，起自下 5~6 个腰椎关节突、全部骶椎关节突及较近侧的尾椎关节突。肌纤维在最上一个骶椎水平向尾侧逐渐形成一束细腱，分别以单一的细腱止于各个尾椎关节突。

（5）**内侧尾展肌**（abductor caudae medialis muscle）　位于外侧尾展肌和外侧尾伸肌之间。起自髂骨背内侧和骶骨背面，止于最近端约 6 个尾椎横突基部。

（6）**外侧尾展肌**（abductor caudae lateralis muscle）　起自骶椎横突和最近端的尾椎横突，止于尾椎侧突。

（7）**棘肌**（spinalis muscle）　位于背部深肌群表面部分最内侧，包括腰棘肌、背棘肌和颈棘肌。

（8）**腰棘肌**（spinalis lumbale muscle）　起于腰椎棘突和紧靠棘突的腰背筋膜深面。肌纤维伸向颅内侧，止于腰椎棘突。

（9）**背棘肌**（spinalis thoracis muscle）　与腰棘肌相连续，以腱性起自第 11 和第 12 胸椎棘突。位于腰背筋膜深面，以肌纤维起自该肌外侧最长肌表面的腱膜。最颅侧的纤维起点可达第 6 胸椎水平。止于上 9 个胸椎棘突和最后一个颈椎棘突。

（10）**颈棘肌**（spinalis cervicis muscle）　纤维出现在枢椎到第 1 胸椎之间的棘突上。

2. 内侧部

内侧部包括横突棘肌、横突间肌、棘突间肌和肋提肌。其中横突棘肌包括半棘肌、多裂肌、回旋肌和内侧尾伸肌。

（1）**半棘肌**（semispinalis muscle）　可分为头半棘肌和颈半棘肌。位于头和颈最长肌的内侧。头半棘肌又可分为内、外侧两部。内侧部较表浅而薄，有两个腱划。起于第 3~6 或第 4~7 胸椎横突，止于枕骨上项线内侧 1/4 或 1/3。外侧部较粗壮，在内侧部深面，由几个肌腹组成。起自上 3 个胸椎横突和下 5 或 6 个颈椎横突。止于枕骨上项线内侧半或内侧 2/3，恰在内侧部止点深面。颈半棘肌位于头半棘肌深面，以腱膜止于头 6 个胸椎横突和下 6 个颈椎横突。止于下 6 个颈椎棘突。

（2）**多裂肌**（multifidus muscle）　跨越 2~4 个椎骨，由横突到棘突。

（3）**回旋肌**（rotatores muscle）　起自横突，止于棘突。可分为回旋长肌和回旋短肌。前者的纤维跨越一个椎骨，后者的纤维到相邻的椎骨。

（4）**内侧尾伸肌**（extensor caudae medialis muscle）　起于骶椎和邻近尾椎棘突，有时可延伸到腰区。以腱止于尾椎关节突，并向尾侧逐渐变小。

（5）**横突间肌**（intertransverse muscle）　存在于整个脊柱，包括颈、胸、腰和尾椎。位于两侧横突之间。

（6）**棘间肌**（interspinales muscle）　连结相邻脊椎的棘突，大部分为韧带，肌纤维存在于腰椎、骶椎和近侧尾椎。胸椎和颈椎全为韧带。

（7）**肋提肌**（levatores costarum） 起于最后一个颈椎及上 11 个胸椎横突，肌纤维向尾外侧扩展，止于下一个肋骨颅侧缘。

3．枕下小肌群

枕下小肌群在夹肌、头最长肌和头半棘肌深面。包括头下斜肌、头上斜肌、头后大直肌和头后小直肌。

（1）**头下斜肌**（obiquus capitis inferior muscle） 起自枢椎棘突，纤维向颅外侧，止于寰椎横突。

（2）**头上斜肌**（obiquus capitis superior muscle） 起自寰椎横突尖端，纤维向颅背侧，止于枕骨，附着于头半棘肌和夹肌深面。

（3）**头后大直肌**（rectus capitis posterior major muscle） 覆盖在头后小直肌的大部分。起自枢椎棘突，纤维向颅外侧散开，止于枕骨下面外侧部，有一部分在头上斜肌深面。

（4）**头后小直肌**（rectus capitis posterior minor muscle） 大部分位于头后大直肌深面。起自寰椎背侧中线，止于枕骨下面内侧部。在头后大直肌止点内侧和头半棘肌止点深面。由第 1、2 颈神经背侧支支配。

四、脊柱区的血管和神经

（一）动脉

项区主要由枕动脉、颈横动脉和椎动脉等供血；胸背部由肋间后动脉、胸背动脉和肩胛背动脉等供血；腰区由腰动脉和肋下动脉等供血；骶区由臀上、下动脉等供血。

1．枕动脉

枕动脉（occipital artery）起自过二腹肌后腹的颈外动脉的后干。枕动脉供应附着在头顶和枕后部的肌肉并发出脑膜后动脉，由外耳道后方约 2cm 处的枕骨乳头裂缝中的一小孔穿过颅骨，分布于颅后窝的硬脑膜。

2．颈横动脉

颈横动脉（transverse cervical artery）发自锁骨下动脉，行向外侧穿臂丛过斜角肌深面，到前斜角肌颈部和胸部之间分为升支和降支。升支经前锯肌浅层与肩胛提肌前缘上升，供应这两块肌和附近的背项肌。降支经前锯肌颈部和胸部之间的深面行向肩胛骨脊柱缘，再沿脊柱缘经菱形肌深面下降至肩胛骨下角，发出分支供应菱形肌、前锯肌胸部和背肌。

3．椎动脉

椎动脉（vertebral artery）为锁骨下动脉最大的一条分支。在前斜角肌内侧上升，经第 6 到第 1 颈椎横突孔，从寰椎横突颅侧向背内侧弯曲，经过椎动脉沟，经寰椎侧块一小孔入椎孔。沿脑干腹侧面行向前上，于脑桥下端，左右两条汇合形成基底动脉。

（二）静脉

脊柱区的深静脉与动脉伴行。项区的静脉汇入椎静脉、颈内静脉和锁骨下静脉；胸背区经肋间后静脉汇入奇静脉，部分汇入锁骨下静脉和腋静脉；腰区经腰静脉汇入下腔静脉；骶尾区经臀区静脉汇入髂内静脉。

（三）神经

脊柱区的神经主要来自脊神经背侧支、副神经、胸背神经和肩胛背神经。

脊神经背侧支分布于背部相应的皮肤和肌肉，可分为内侧支和外侧支。

1. 第 1 颈神经背侧支

无背根。它的背侧支和腹侧支都来自腹侧。背侧支组成枕下神经，支配枕下肌群 4 条肌和头半棘肌。

2. 第 2 颈神经的背侧支

内侧支的大部分纤维组成枕大神经。在头半棘肌深面穿此肌及夹肌，斜向颅内侧，再转向颅外侧，分布于枕部皮肤。外侧和内侧支的一部分支配头半棘肌、夹肌及最长肌的头、颈部。

3. 第 3 颈神经背侧支

向颅外侧分布于枕区皮肤，位于枕大神经分布区的下外侧。

4. 第 4 颈神经以下的脊神经背侧支

内侧支起自第 4、第 7 或第 8 胸神经，分布于背部皮肤。外侧支为肌支，支配背部深肌。

五、椎管

椎管是椎骨的椎孔和骶骨的骶管借骨连结形成的骨性纤维管道，颅侧经枕骨大孔与颅腔相通，尾侧达骶管裂孔。其内容物有脊髓及其被膜、脊神经根、血管及结缔组织。

椎管的前壁由椎体后面、椎间盘后缘和后纵韧带构成；后壁为椎弓板、黄韧带和关节突关节；两侧壁为椎弓根和椎间孔。

在横断面上，颈段颅侧部近枕骨大孔处近似圆形，往尾侧逐渐演变为三角形；胸段大致呈椭圆形；腰段上、中部由椭圆形演变为三角形；腰段下部椎管外侧部出现侧隐窝；骶段呈扁三角形。

六、椎管内容物

（一）脊髓被膜和脊膜腔

脊髓表面被覆三层被膜，由外向内为硬脊膜、脊髓蛛网膜和软脊膜。各层膜间及硬脊膜和椎管骨膜间存在的腔隙，由外向内为硬膜外隙、硬膜下隙和蛛网膜下隙（详见第一章神经系统）。

（二）脊髓的血管

脊髓的血管主要包括脊髓前、后动脉和脊髓前、后静脉（详见第一章神经系统）。

第七章

腹 部

概 述

腹部（abdomen）是躯干的一部分。其颅侧以胸廓下口和膈与胸部分界，尾侧以骨盆上口与盆部分界。由腹壁、腹腔及腹腔内容物等组成。腹壁除背侧以脊柱为支架外，其余部分由肌和筋膜等软组织组成。藏酋猴的腹部和人有较大的差异。其腹部较长，约占躯干的 1/2，呈圆桶状；脐偏于尾侧，无明显的脐窝；腹、盆部之间体表分界不明显。

一、体表标志

（1）**剑突**（xiphoid process）位于腹壁腹侧，左、右肋弓之间，呈半圆形，扁而薄，由透明软骨构成。

（2）**肋弓**（costal arch）由 8~10 肋软骨的腹侧端依次与上位肋软骨连结而成。

（3）**脐**（umbilicus）位于腹壁腹侧正中线的中、后部交点处，椭圆形，表面光滑无毛、呈乳白色，似脐带脱落后疤痕愈合遗迹。

（4）**耻骨结节**（pubic tubercle）位于耻骨联合外侧 1~2cm 处，系腹股沟韧带内侧端的附着点。耻骨结节的颅外侧 1~2cm 处即腹股沟管皮下环的位置。

（5）**髂嵴**（iliac crest）为髂骨翼的颅侧缘，位于皮下，中部在腹外侧可触及，两侧髂嵴最高点的连线平对第 6 腰椎的棘突。没有明显的髂前上棘和髂后上棘。髂嵴骨质扁薄。

二、标志线

藏酋猴腹部和人的差异较大，为准确描述腹腔结构，作两条水平线把腹部分为三个区（图 7-1）。前水平线为通过两侧肋弓最低点的连线，后水平线为通过脐所作的水平线。三区即腹前区、腹中区和腹后区。

腹腔内脏器的位置，因藏酋猴年龄、体形、体位、呼吸运动及内脏充盈程度而异。

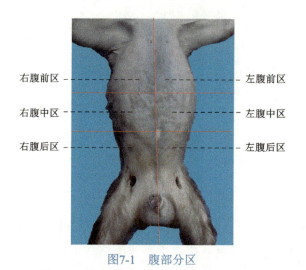

右腹前区 ----- ----- 左腹前区

右腹中区 ----- ----- 左腹中区

右腹后区 ----- ----- 左腹后区

图7-1　腹部分区

第一节　腹前外侧壁

腹前外侧壁的不同部位，其层次和结构有很大差异。

一、层次结构

（一）皮肤

藏酋猴的腹前外侧壁皮肤长满毛。毛和其他许多动物一样，会随季节而发生脱毛和重新生长的变化。腹部的毛较为稀疏，其密度相当于头部毛密度的 1/10；但腹部毛发细而长，最长可达 6.8cm。毛的方向向脐部集中；毛色较淡，呈浅乳黄色或灰白色。

藏酋猴的腹前部皮肤主体呈浅蓝色，临近腹外侧渐变为浅白色。腹前外侧壁的皮肤薄而富于弹性；除脐部外，易与皮下组织分离。

（二）浅筋膜

腹前区、腹外侧区浅筋膜较薄，腹前正中区及腹后区较厚。腹前外侧浅筋膜与身体其他部位的浅筋膜相互延续，由脂肪和疏松结缔组织构成。脐平面以后的浅筋膜分浅、深两层：浅层为含少量脂肪组织的脂肪层，向后与股部的浅筋膜相续；深层为薄膜状弹性纤维的膜性层，在正中线处附于白线，向后在腹股沟韧带尾侧约一横指处附于股部阔筋膜，向内下与阴囊肉膜和会阴浅筋膜相续。其构成和形成结构与人具有相似性（图 7-2）。

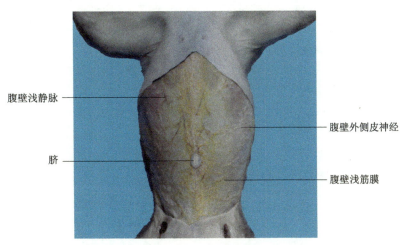

图7-2　腹前外侧壁浅层结构（一）

浅筋膜内含有丰富的浅血管、淋巴管和皮神经。

1. 浅动脉

腹外侧壁浅动脉比较细小，主要来自于肋间后动脉、肋下动脉和腰动脉的分支；腹前壁的浅动脉来自腹壁上、下动脉的分支。腹后区的浅动脉有**腹壁浅动脉**（superficial epigastric artery）和**旋髂浅动脉**（superficial circumflex iliac artery），均起自股动脉。前者越过腹股沟韧带中、内 1/3 交界处向脐部前行；后者在浅筋膜浅、深两层之间行向髂前上棘（图 7-2）。

2. 浅静脉

腹壁的浅静脉较为丰富。在脐区，浅静脉细小，彼此吻合形成脐周静脉网，与深部的附脐静脉相吻合，并借之与肝门静脉相通，从而构成肝门静脉系统与上、下腔静脉系统的交通。在脐平面以前，浅静脉逐级汇合成一较大的**胸腹壁静脉**（thoracoepigastric vein），并经胸外侧静脉注入腋静脉；在脐平面以后，浅静脉经过腹壁浅静脉或旋髂浅静脉汇入股静脉（图 7-2）。

3. 皮神经

腹壁的皮神经来自第 7~12 胸神经和第 1 腰神经前支，它们斜向腹尾侧走行发出外侧皮支和前皮支，外侧皮支在腋中线附近穿深筋膜，分布于腹前外侧壁的皮肤；前皮支在腹白线两侧 1~2cm 处穿腹直肌鞘分布于腹前壁的皮肤；其中由第 1 腰神经前支分出的髂腹下神经至腹股沟管浅环颅侧 1~2cm 处穿至皮下，分布于耻骨联合以前的皮肤。皮神经呈明显的节段性分布（图 7-3）。

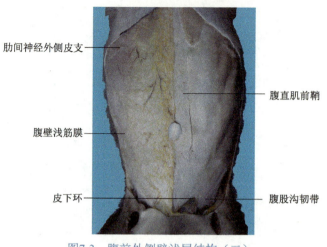

肋间神经外侧皮支

腹壁浅筋膜

皮下环

腹直肌前鞘

腹股沟韧带

图7-3　腹前外侧壁浅层结构（二）

（三）深筋膜

腹前外侧壁的深筋膜薄而致密，位于腹外斜肌、腹内斜肌和腹横肌及腱膜的表面，最深一层贴在腹横肌的深面，称腹横筋膜。

（四）肌层

1. 腹外斜肌

腹外斜肌（obliquus externus abdominis）为腹前外侧壁浅层的扁肌，起于第 5~12 肋骨的外面和腰背筋膜，肌纤维自前外斜向后内方，移行于腱膜；前中部腱膜经腹直肌的浅面，参与构成腹直肌鞘的浅层，止于腹白线；后部腱膜卷曲增厚，张于髂前上棘至耻骨结节之间，形成**腹股沟韧带**（inguinal ligament）。腹外斜肌腱膜在耻骨结节颅外侧约 4cm 处，有一个卵圆形裂孔，即**腹股沟浅环**（superficial inguinal ring），又称皮下环，其直径 3~4cm，明显较人类的大，内有雄性的精索或雌性的子宫圆韧带通过。裂隙的外后部纤维为**外侧脚**（lateral crus），止于耻骨结节；内前部纤维为**内侧脚**（medial crus），止于耻骨联合。裂隙外前方连接两脚之间的纤维为**脚间纤维**（intercrural fiber）。外侧脚有部分纤维经精索深面向前内方反折至腹白线，并与对侧的纤维相接，称**反转韧带**（reflected ligament）或 Colles 韧带，加强浅环的后界（图 7-4）。

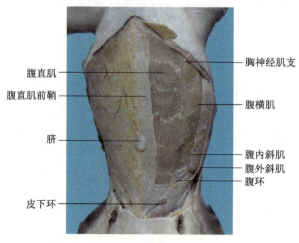

腹直肌

腹直肌前鞘

脐

皮下环

胸神经肌支

腹横肌

腹内斜肌
腹外斜肌
腹环

图7-4　腹前外侧壁的深层结构（一）

2. 腹内斜肌

腹内斜肌（obliquus internus abdominis）位于腹外斜肌的深面，亦为扁肌。肌纤维起自腹股沟韧带外侧半、髂嵴及腰背筋膜，呈扇形斜向前内，颅侧肌纤维止于下 3 对肋，中部肌纤维横行，尾侧肌纤维斜向内后方。肌纤维在腹直肌外侧移行为腱膜，并分为浅、深两层；浅层在中线外侧 2~3cm 处与腹外斜肌腱膜相融合，深层则和腹横肌腱膜融合，包裹腹直肌，止于腹白线。在腹后区，腹内斜肌跨过精索或子宫圆韧带，在腹直肌的外侧缘，与腹横肌共同构成腹股沟镰（inguinal falx），止于耻骨梳（图 7-4）。

3. 腹横肌

腹横肌（transversus abdominis）为腹前外侧壁最深层的扁肌，较薄弱，起自下 6 对肋骨内面，腰背筋膜、髂嵴及腹股沟韧带外侧 1/3。肌纤维自尾侧向颅内侧横行，至腹直肌外侧缘移行为腱膜，腱膜的前部与腹内斜肌腱膜深层融合并经腹直肌深面至腹白线，腱膜后部则和腹内斜肌腱膜深层一起经腹直肌浅面至腹白线，分别构成腹直肌鞘的浅层和深层。在腹后区，腹横肌与腹内斜肌跨过精索或子宫圆韧带，共同构成腹股沟镰，止于耻骨梳（图 7-4）。

在雄性中，腹横肌和腹内斜肌尾侧缘的少部分肌纤维包绕精索和睾丸，形成提睾肌，藏酋猴的提睾肌较人类的发达。

4. 腹直肌

腹直肌（rectus abdominis）以腱膜起于耻骨联合的外侧，肌纤维向颅侧走行，以腱膜止于胸骨和第 5~7 肋。腹直肌肌腹较人宽厚，呈前宽后窄的条带形，颅侧最宽处达 6cm，尾侧最宽处达 4cm；在腹面腹直肌有 5~6 个腱划，腱划与腹直肌腱鞘有不同程度的愈合（图 7-5）。

5. 锥状肌

锥状肌（pyramidalis）位于腹直肌尾侧部浅面，同在腹直肌鞘内，其大小和附着点易变。以腱膜起于耻骨颅侧缘，肌纤维由外侧斜向内侧，止于腹白线。止点为肌性，最高点达脐尾侧约 3cm，最低点离耻骨联合约 2cm。

图7-5　腹前外侧壁的深层结构（二）

（图中标注：腹直肌；腹壁上动脉；胸神经肌支；浅筋膜；腹壁下动脉）

（五）腹横筋膜和壁腹膜

1. 腹横筋膜

腹横筋膜（transverse fascia）位于腹横肌的深面，为腹内筋膜的一部分。浅面与腹横肌结合较疏松，与腹直肌鞘后层紧密相连。深面没有明显的腹膜外脂肪，与壁腹膜相连。腹横筋膜在腹前部较薄弱，接近腹股沟韧带和腹直肌外侧缘处较致密。在腹股沟韧带中点颅侧 1cm 处呈漏斗状突出，其起始处呈卵圆形的孔，称**腹股沟管深环**（deep inguinal ring）。从深环处延续包裹在精索外面的腹横筋膜形成**精索内筋膜**（internal spermatic fascia）。在深环内侧有时有一些纵行的纤维束加强腹横筋膜，称为**凹间韧带**（interfoveolar ligament）。

2. 壁腹膜

壁腹膜为腹膜外组织深面的一层浆膜，向颅侧移行于膈下腹膜，向尾侧延续为盆腔腹膜。壁腹膜在脐以后的腹壁形成 5 条皱襞：**脐正中襞**（median umbilical fold）位于中线上，由脐至膀胱尖，内含脐尿管闭锁后形成的脐正中韧带；位于脐正中襞的两侧为**脐内侧襞**（medial umbilical fold），内含脐动脉闭锁后形成的脐内侧韧带；在脐内侧襞的外侧为**脐外侧襞**（lateral umbilical fold），内含腹壁下动脉和静脉（图 7-6）。

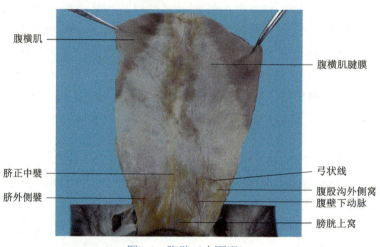

图7-6 腹壁（内面观）

（六）腹前外侧壁深层的血管和神经

1. 第 7~12 胸神经前支

第 7~12 胸神经前支斜向腹尾侧，行于腹内斜肌与腹横肌之间，至腹直肌外侧缘处进入腹直肌。沿途发出肌支支配腹前外侧壁诸肌；在腋中线和腹正中线附近分别发出外侧皮支和前皮支，呈节段性分布于腹前、外侧壁的皮肤（图 7-5）。

2. 腹壁下动脉

腹壁下动脉（inferior epigastric artery）在近腹股沟韧带中点稍内侧处发自髂外动脉，在腹股沟管深环内侧的腹膜外组织内斜向前内，穿腹横筋膜前行于腹直肌与腹直肌鞘深层之间，至脐平面附近与**腹壁上动脉**（superior epigastric artery）吻合，并与肋间动脉的终末支在腹直肌外侧缘吻合。腹壁下动脉的体表投影为腹股沟韧带中点稍内侧与脐的连线。腹壁的深静脉与同名动脉伴行。

3. 髂腹下神经

髂腹下神经（iliohypogastric nerve）发自第 1、2 或者第 2、3 腰神经。由腹膜后隙自腰方肌和腰大肌之间穿出，循腰方肌外缘行向尾外侧，再穿过腹横肌，发肌支支配腹肌。其皮支在髂嵴的颅腹侧 1~2cm 处穿出皮下，分为两支，分布于腹后部外侧和臀上部外侧的皮肤。

4. 髂腹股沟神经

髂腹股沟神经（ilioinguinal nerve）发自第 2 或第 2、3 腰神经。自髂腹下神经尾侧经腰方肌和腰大肌之间穿出，循腰方肌外缘行向尾侧。在穿过腹横肌之前发肌支从深面进入腹肌。穿过腹横肌之后，约在髂嵴腹内侧出皮下，沿髂嵴腹外侧缘下降。分为两支，一支分布于臀上部外侧；另一支进入腹股沟管后行于精索或子宫圆韧带的内侧，穿过腹股沟管浅环后，分布于股上部内侧、阴囊或大阴唇皮肤。

5. 生殖股神经

生殖股神经（genitofemoral nerve）发自第 3 腰神经。由腰大肌腹面穿出后，沿腰大肌腹侧后行，分为股支和生殖支。股支经腹股沟韧带深面进入股部；生殖支又称精索外神经，由腹股沟管深环进入腹股沟管，沿精索外侧下行，出浅环后分支支配雄性提睾肌、阴囊和雌性外阴。

二、局部解剖

（一）腹直肌鞘

腹直肌鞘（sheath of rectus abdominis）是包裹腹直肌和锥状肌的纤维组织，由腹内、外斜肌和腹横肌腱膜组成。腹外斜肌腱膜和腹内斜肌腱膜的浅层通过该肌表面，形成腹直肌鞘浅层，鞘浅层颅段两层结合紧密，尾段两层结合疏松、易于分离；腹内斜肌腱膜的深层和腹横肌腱膜经过该肌深面，形成腹直肌鞘深层。在脐尾侧约 5cm 处，腹内斜肌腱膜和腹横肌腱膜转向腹直肌的浅面，参与构成腹直肌鞘浅层，此处鞘的深层形成像人那样的半环线，称**弓状线**（arcuate line）或**半环线**（linea semicircularis）。弓状线尾侧腹直肌无后鞘，深面紧贴腹横筋膜。在腹直肌外侧缘，腹直肌鞘浅、深层相愈合，形成一凸向外侧的半月形弧线，称**半月线**（linea semilunaris）（图 7-7）。

（二）腹白线

腹白线（linea alba）由腹前外侧壁 3 层扁肌的腱膜在腹侧正中线上互相交织而成，张于剑突和耻骨联合之间，前窄后宽，坚韧而少血管。脐位于腹白线的尾侧 1/3 处，其形态和人差异较大，表面光滑，乳白色，呈椭圆形，没有脐环和明显的脐窝，由致密腱膜构成，未发现此环薄弱、发育不良或残留有小裂隙的情况，因此藏酋猴发生脐疝的概率较小。

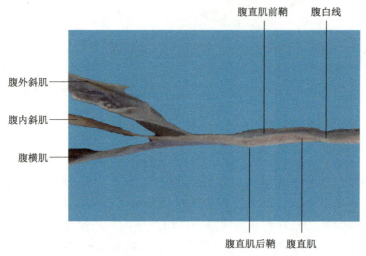

图7-7　腹直肌及腹直肌鞘

（三）腹股沟区

腹股沟区为腹后区的两个三角形区域，前界为髂骨颅侧缘至腹直肌外侧缘的水平线，内侧界为腹直肌外侧缘，后界为腹股沟韧带（图 7-8）。

1. 腹股沟三角

腹股沟三角（inguinal triangle）由腹直肌外侧缘、腹股沟韧带和腹壁下动脉围成。腹股沟管浅环位于此区，三角区内无腹肌，腹横筋膜又较薄弱，是腹后区的一薄弱部位。

2. 腹股沟管

腹股沟管（inguinal canal）位于腹股沟韧带内侧半颅侧约 1.5cm 处，由肌与筋膜形成的潜在性裂隙，长度 3~4cm，与腹股沟韧带平行。雄性有精索、雌性有子宫圆韧带通过。腹股沟管是腹前外侧壁的又一薄弱部位，有两口四壁。

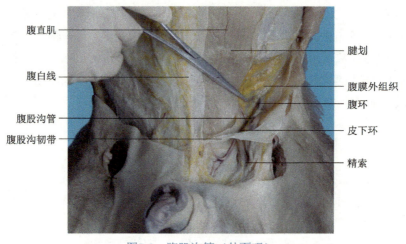

图7-8　腹股沟管（外面观）

　　腹股沟管内口又称深环或腹环，是腹横筋膜随精索向外突出而成的一个卵圆形的孔，位于腹股沟韧带中点颅侧 1.5cm 处，其内侧有腹壁下动脉和凹间韧带跨过。腹股沟管外口又称浅环或皮下环，为腹外斜肌腱膜在耻骨结节外前方的一个三角形裂隙，由内、外侧脚及脚间纤维和反转韧带围成，精索或子宫圆韧带由此穿出。腹股沟管的腹侧壁由腹外斜肌腱膜和腹内斜肌共同组成。腹股沟管的背侧壁由腹横筋膜和联合腱构成，在其内后方接近外口处，还有反转韧带参与。腹股沟管的颅侧壁是腹内斜肌和腹横肌的游离后缘（弓状后缘）。腹股沟管的尾侧壁即腹股沟韧带（图 7-8）。

第二节　腹膜和腹膜腔

　　腹膜（peritoneum）为覆盖于腹、盆腔壁内面和腹、盆腔脏器表面的一层薄而光滑的浆膜，呈半透明状，有丰富的血管分布，沿血管可见脂肪组织。衬于腹、盆腔壁内面的腹膜为**壁腹膜**（parietal peritoneum），覆盖于腹、盆腔脏器表面的腹膜称为**脏腹膜**（visceral peritoneum）。壁腹膜和脏腹膜互相移行构成**腹膜腔**（peritoneal cavity）。腹膜形成的结构有韧带、系膜、网膜、皱襞、隐窝和陷凹等（图 7-9）。

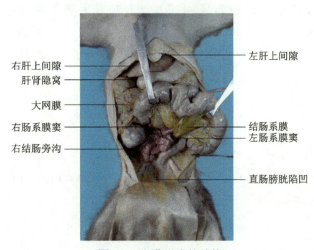

右肝上间隙
肝肾隐窝
大网膜
右肠系膜窦
右结肠旁沟

左肝上间隙

结肠系膜
左肠系膜窦

直肠膀胱陷凹

图7-9　腹膜形成的结构

一、韧带

（一）肝的韧带

　　腹膜在肝与膈、腹腔器官间形成韧带，起连接和固定的作用。除肝胃韧带和肝十二指肠韧带以外，还有镰状韧带、冠状韧带和左、右三角韧带等。

1. 镰状韧带

镰状韧带（falciform ligament）是位于膈与肝腹侧之间的双层腹膜结构，大致呈矢状位，居腹正中线右侧，侧面观呈镰刀状，其游离缘含有肝圆韧带。

2. 冠状韧带

冠状韧带（coronary ligament）位于肝的颅、背面与膈之间。左、右位，呈弧形，在肝的冠状韧带背侧有少部分区域无腹膜覆盖，形成**肝裸区**（bare area of liver）。

3. 右三角韧带

右三角韧带（right triangular ligament）是冠状韧带的右端，为一短小的呈"V"字形腹膜皱襞，连于肝右叶的背外面与膈之间。

4. 左三角韧带

左三角韧带（left triangular ligament）位于肝左叶的颅面与膈之间。

（二）脾的韧带

脾除脾门外，全为腹膜所覆盖。脾前缘与胃底部之间有**胃脾韧带**（gastrosplenic ligament），其内有胃短动、静脉及胃网膜左动、静脉通过。脾与左肾之间有**脾肾韧带**（splenorenal ligament），其内有脾血管通过。脾背侧至膈之间有**膈脾韧带**（phrenicosplenic ligament），此韧带薄而短，有的不明显。脾的腹侧与结肠左曲之间有**脾结肠韧带**（splenocolic ligament），此韧带较短，可固定结肠左曲并从尾侧承托脾。

（三）胃的韧带

胃的韧带包括肝胃韧带、胃脾韧带、胃结肠韧带和胃膈韧带。胃结肠韧带薄而长，部分缺如，致使结肠位置不固定。**胃膈韧带**（gastrophrenic ligament）是贲门左侧和食管腹段连于膈下面的腹膜结构，较为坚韧厚实。

二、系膜

（一）肠系膜

肠系膜（mesentery）将空、回肠悬附于腹后壁，其在腹后壁附着处称**肠系膜根**（root of mesentery），附着线开始沿腹主动脉行程，然后由胰腺颅侧缘、腹腔干和肠系膜上动脉分支处开始反折，从腰椎左侧斜向右后，止于右骶髂关节腹侧，长约8cm。肠系膜的肠缘连于空、回肠的系膜缘。由于系膜根短而肠缘长，因此肠系膜整体呈扇状，并随肠袢形成许多折叠。肠系膜由两层腹膜组成，含有分布到肠袢的血管、神经和淋巴管。血管、淋巴管和神经在小肠的系膜缘处分布于肠壁。

（二）阑尾系膜

藏酋猴的**阑尾系膜**（mesoappendix）因阑尾较小而不太明显，仅在其根部有和肠系膜相连的小部分，阑尾血管也不明显。

（三）结肠系膜

盲肠和升结肠无**结肠系膜**（mesocolon），完全游离；横结肠系膜和降结肠系膜很发达，薄而宽大；整条结肠只有在结肠右曲和乙状结肠尾段处固定于背侧壁，其余部分活动度较大，如横结肠大部分下降于腹后区及盆腔。

三、网膜

网膜（omentum）指分别与胃小弯和胃大弯相连的双层腹膜结构，其间有血管、神经、淋巴管和结缔组织等（图7-10）。

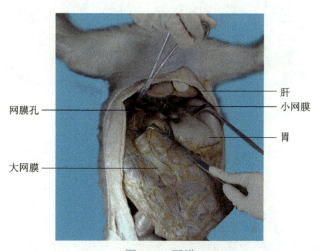

图7-10　网膜

（一）小网膜

小网膜（lesser omentum）是由肝门向后移行于胃小弯和十二指肠颅侧腹、背侧壁的双层腹膜结构（图7-11）。从肝门连于胃小弯的部分称**肝胃韧带**（hepatogastric ligament），其内含有胃左、右血管，胃前淋巴结和左、右迷走神经等；从肝门连于十二指肠颅侧的部分称**肝十二指肠韧带**（hepatoduodenal ligament），其内有进出肝门的三个重要结构通过：胆总管位于右腹侧，肝固有动脉位于左腹侧，两者中间的背侧为肝门静脉，上述结构的周围伴有淋巴管、淋巴结和神经丛。小网膜的右缘游离，其背侧有网膜孔，经此孔可进入网膜囊（图7-12，图7-13）。

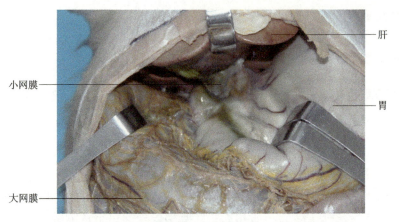

小网膜

大网膜

肝

胃

图7-11　小网膜

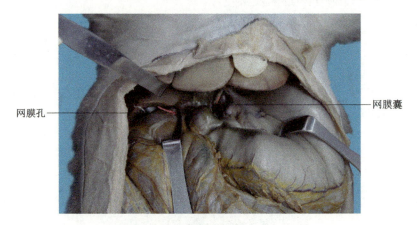

网膜孔

网膜囊

图7-12　网膜囊和网膜孔

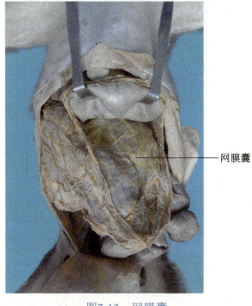

网膜囊

图7-13　网膜囊

（二）大网膜

大网膜（greater omentum）颅腹侧缘附于胃大弯，颅背侧缘右侧附于结肠右曲，其余附于**横结肠系膜**（transverse mesocolon）上，或附于横结肠腹面的结肠带上。大网膜的两层腹膜间形成潜在性腔隙，构成网膜囊。网膜囊通过网膜孔通大腹膜腔。大网膜形似围裙，向尾侧伸展到盆腔，覆盖着全部结肠和小肠（图 7-14）。

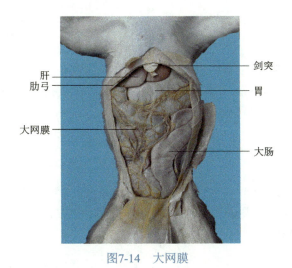

肝
肋弓
大网膜

剑突
胃
大肠

图7-14　大网膜

四、皱襞、隐窝和陷凹

（一）腹壁的皱襞和隐窝

在脐以后腹前壁的内面形成 5 条皱襞：脐正中襞位于中线上，由脐至膀胱尖，内有脐正中韧带，是胚胎期脐尿管闭锁形成的遗迹；位于脐正中襞外侧为一对脐内侧襞，内有脐动脉索通过，是胚胎期脐动脉闭锁后的遗迹，又称脐动脉襞；最外侧的一对脐外侧襞，内有腹壁下血管通过，又称腹膜下血管襞。在腹股沟韧带颅侧，上述 5 条皱襞之间形成 3 对小凹，即**膀胱上窝**（supravesical fossa）、**腹股沟内侧窝**（medial inguinal fossa）和**腹股沟外侧窝**（lateral inguinal fossa）（图 7-6）。

（二）腹膜陷凹

在雄性中，腹膜覆盖于直肠和精囊腺腹面，再折向膀胱顶部，形成**直肠膀胱陷凹**（rectovesical pouch）。在雌性中，腹膜从直肠的腹面折向子宫的背面和腹面，再折向膀胱顶部，在子宫和直肠间形成**直肠子宫陷凹**（rectouterine pouch），在子宫和膀胱间形成**膀胱子宫陷凹**（vesicouterine pouch），直肠子宫陷凹大而深。

五、腹膜腔的间隙

（一）肝上间隙

肝上间隙位于膈与肝的膈面之间的区域。借镰状韧带和左三角韧带分为右肝上间隙、左肝上前间隙和左肝上后间隙。

（二）肝下间隙

肝下间隙位于肝的脏面与横结肠及其系膜之间的区域，以肝圆韧带分为右肝下间隙和左肝下间隙，后者又被小网膜和胃分成左肝下前间隙和左肝下后间隙（网膜囊）。此外，还有膈下腹膜外间隙，居膈与肝裸区之间（图 7-9）。

（三）结肠旁沟

结肠旁沟（paracolic sulcus）位于升、降结肠的外侧。右结肠旁沟为升结肠与右腹侧壁之间的间隙，向颅侧通肝肾隐窝，向尾侧达右髂窝。左结肠旁沟为降结肠与左腹侧壁之间的间隙，颅侧有膈结肠韧带，尾侧可达盆腔。

（四）肠系膜窦

肠系膜窦（mesenteric sinus）位于肠系膜与升、降结肠之间的区域。肠系膜根将肠系膜窦分为**左、右肠系膜窦**（left and right mesenteric sinuses）。左肠系膜窦介于肠系膜根、横结肠及其系膜的左 1/3 部、降结肠、乙状结肠及其系膜之间，略呈向尾侧开口的斜方形；右肠系膜窦位于肠系膜根、升结肠、横结肠及其系膜的右 2/3 部之间，呈三角形，周围近乎封闭（图 7-9）。

第三节　腹腔的血管

一、腹腔的动脉

腹主动脉（abdominal aorta）是腹部的动脉主干，经膈的主动脉裂孔进入腹腔后，沿脊柱左侧后行，在第 5 腰椎椎体处分为左、右髂总动脉。腹主动脉的毗邻：背侧为脊柱，腹侧为小肠系膜根、胰和十二指肠，周围还有淋巴结和神经丛等（图 7-15）。腹主动脉的主要分支如下。

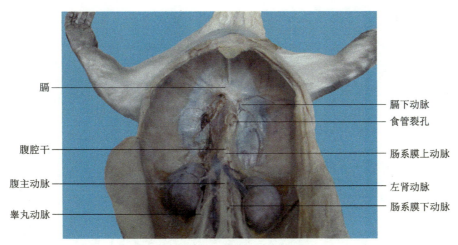

左侧标注（从上到下）：膈、腹腔干、腹主动脉、睾丸动脉

右侧标注（从上到下）：膈下动脉、食管裂孔、肠系膜上动脉、左肾动脉、肠系膜下动脉

图7-15　腹主动脉及其分支

（一）腹腔干

腹腔干（coeliac trunk）为一短干，平均长 2.5cm，在膈的主动脉裂孔稍尾侧发自腹主动脉左腹侧壁，分出肝总动脉、脾动脉和胃左动脉（图 7-15）。

1. 肝总动脉

肝总动脉（common hepatic artery）是腹腔干中最大的一条分支，从腹腔干发出后向右行，在临近胰头颅端分支为肝固有动脉和胃十二指肠动脉。**肝固有动脉**（proper hepatic artery）前行通过肝门入肝，起始处发出胃右动脉，沿胃小弯左行，与胃左动脉吻合。肝固有动脉在肝门处分为左、中、右三支；左支再分成两支，一支到肝左外侧叶，一支到左中央叶；中支到右中央叶；右支在过胆囊管背侧时发出一条胆囊支，还发出两条小支，一支入右中央叶，另一支到肝门静脉壁上，主干入肝右外侧叶。**胃十二指肠动脉**（gastroduodenal artery）后行分为胰十二指肠上动脉和胃网膜右动脉，胰十二指肠上动脉分布于胰头和十二指肠，胃网膜右动脉左行，与胃网膜左动脉吻合。

2. 脾动脉

脾动脉（splenic artery）多数从腹腔干的左侧壁发出，沿胰腺的颅侧缘左行达脾门；沿途发出数条胰支，分布于胰体和胰尾；在脾门处发出胃短动脉到胃底；发出胃网膜左动脉，沿胃大弯右行，与胃网膜右动脉吻合；在脾门附近发出 7~9 条脾支，经过脾门入脾。

3. 胃左动脉

胃左动脉（left gastric artery）从腹腔干稍颅侧发出，向左颅背侧走行达贲门，后沿胃小弯走行，与胃右动脉吻合，沿途发出胃支，分布于胃小弯处的胃壁。

（二）肠系膜上动脉

肠系膜上动脉（superior mesenteric artery）在腹腔干的稍尾侧，约平对第 3、4 腰椎之间，发自腹主动脉腹侧壁，经胰颈与十二指肠水平部之间进入肠系膜根，呈弓状行至右髂窝（图 7-16）。

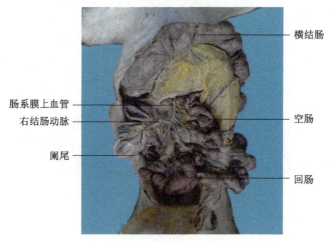

图7-16　肠系膜上动脉及其分支

1. 空肠动脉和回肠动脉

空肠动脉（jejunal artery）和**回肠动脉**（ileal artery）起自肠系膜上动脉左侧，发出数条分支，沿肠系膜走行，分支互相吻合，并形成多级血管弓，从弓上发出小分支，呈扇形分布于空肠、回肠（图 7-17）。

2. 右结肠动脉和中结肠动脉

右结肠动脉（right colic artery）和**中结肠动脉**（middle colic artery）发自肠系膜上动脉中段的右缘，右行在近升结肠内侧缘发出升、降两支，降支分支分布于阑尾、回肠末段、盲肠和升结肠，升支分支分布于结肠右曲、横结肠并与肠系膜下动脉分支吻合。

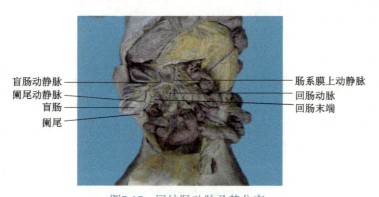

图7-17　回结肠动脉及其分支

3. 胰十二指肠下动脉

胰十二指肠下动脉（inferior pancreaticoduodenal artery）在肠系膜上动脉的起始处

发出，走行于十二指肠降部和胰头间，与十二指肠上动脉吻合，共同分布于胰头和十二指肠及邻近结构。

（三）肠系膜下动脉

肠系膜下动脉（inferior mesenteric artery）约第 4 腰椎平面，发自腹主动脉左腹侧壁，并列发出数条分支，沿肠系膜走行分布于横结肠、降结肠、乙状结肠和直肠（图 7-18）。

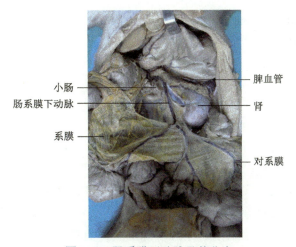

小肠　　　　　　　　　　　　脾血管

肠系膜下动脉　　　　　　　　肾

系膜　　　　　　　　　　　　对系膜

图7-18　肠系膜下动脉及其分支

（四）肾动脉

肾动脉（renal artery）多平对第 5~6 腰椎之间的椎间盘高度，从腹主动脉两侧面发出，起点多数位于同一高度，于肾静脉的颅侧缘斜向外后走行，由于腹主动脉位置偏左，故右肾动脉较左肾动脉长，左、右肾动脉在入肾前发出肾上腺下动脉（图 7-15）。

（五）睾丸（卵巢）动脉

睾丸（卵巢）动脉 [testicular（ovarian）artery] 在肾动脉起点平面稍尾侧，起自腹主动脉的腹外侧壁。沿腹膜背侧斜向外侧，后行一段距离后与同名静脉伴行，在腰大肌腹面越过输尿管后行。睾丸动脉经腹股沟管深环入腹股沟管随精索下行，分布于睾丸；卵巢动脉在小骨盆缘处进入卵巢悬韧带内下降，经子宫阔韧带两层之间分布于卵巢、输卵管和子宫（图 7-15）。

（六）膈下动脉

膈下动脉（inferior phrenic artery）在膈的主动脉裂孔附近，由腹主动脉腹外侧壁发出，分布于膈下面，并发出肾上腺动脉（图 7-15）。

（七）腰动脉

腰动脉（lumbar artery）多数为 6~8 对，由腹主动脉背侧壁的两侧发出，与腰静脉伴行，向外侧横行，经腰椎体中部的腹面，在腰大肌的内侧缘发出背侧支和腹侧支。背侧支分布到背部的诸肌、皮肤及脊柱；腹侧支分布至腹壁，与腹外侧壁的血管吻合。

（八）骶正中动脉

骶正中动脉（median sacral artery）多起自腹主动脉分叉处的背侧稍颅侧，经骶骨盆面、尾骨腹面正中线两侧向后，沿途发出骶动脉行向两侧，骶正中动脉主干继续后行，移行为尾动脉。

二、腹腔的静脉

（一）下腔静脉

下腔静脉（inferior vena cava）由左、右髂总静脉在第 5 腰椎高度汇合而成。收集后肢、盆部和腹部的静脉血。随腹主动脉右侧向颅端走行，经肝的腔静沟，在第 10 胸椎高度穿膈的腔静脉孔入胸腔，注入右心房。下腔静脉的属支有髂总静脉、右睾丸（卵巢）静脉、肾静脉、右肾上腺静脉、肝静脉、膈下静脉和腰静脉，大部分静脉与同名动脉伴行。

1. 肝静脉

肝静脉（hepatic vein）主要有来自于肝的左叶、左中央叶、右中央叶和右叶静脉，4 条肝静脉走行，在肝的膈面稍背侧汇入下腔静脉。

2. 肾静脉

肾静脉（renal vein）与同名动脉伴行，沿同名动脉的腹尾侧横行向内，汇入下腔静脉两侧壁。右肾静脉较短，注入位置较左侧肾静脉高，收纳肾上腺静脉。左肾静脉较长，横过腹主动脉腹面，收纳左睾丸静脉或卵巢静脉、左肾上腺静脉、左膈下静脉。

3. 睾丸（卵巢）静脉

睾丸（卵巢）静脉 [testicular（ovarian）vein] 起自蔓状静脉丛，与同名动脉伴行，穿腹股沟深环，在腹背侧壁腹膜深面前行，右侧汇入下腔静脉，左侧汇入左肾静脉。两侧卵巢静脉自盆侧壁前行，越过髂外血管后，在腹背侧壁腹膜深面前行，右侧汇入下腔静脉，左侧汇入左肾静脉。

4. 膈下静脉

膈下静脉（inferior phrenic vein）起自膈下，与同名动脉伴行，左侧注入左肾静脉，右侧注入下腔静脉。

5．腰静脉

腰静脉（lumbar vein）与腰动脉伴行，沿其颅侧缘注入下腔静脉。

（二）肝门静脉系

由**肝门静脉**（hepatic portal vein）及其属支组成。收集腹、盆部消化管，以及脾、胰和胆囊的静脉血。肝门静脉为腹腔中较大的静脉干，长 5~6cm，管径约 0.35cm。在胰头背侧，由脾静脉与肠系膜上静脉在第 1、2 腰椎之间汇合而成。由各属支汇合后，经小网膜缘至肝门，在肝十二指肠韧带内，肝门静脉的左腹侧为胆总管，右腹侧为肝固有动脉，背面隔网膜孔与下腔静脉相邻。在肝门处分为左、右两支。右支再分支入肝右叶、右中央叶和尾状叶；左支分支入肝左中央叶、方叶、尾状叶和左叶（图 7-19）。

1．肠系膜上静脉

肠系膜上静脉（superior mesenteric vein）与同名动脉伴行。在胰头背侧与肠系膜上静脉汇合为肝门静脉，收纳小肠、升结肠和横结肠的静脉，胃网膜右静脉也注入肠系膜上静脉。

2．脾静脉

脾静脉（splenic vein）与同名动脉伴行，在胰头背侧与肠系膜下静脉汇合，收纳胃短静脉、胃网膜左静脉及胰静脉等。

3．肠系膜下静脉

肠系膜下静脉（inferior mesenteric vein）在胰头背侧汇入脾静脉，收纳降结肠、乙状结肠和直肠的静脉血。

4．胃左静脉

胃左静脉（left gastric vein）与同名动脉伴行，沿胃小弯行于小网膜间，右行注入肝门静脉，收纳胃小弯、贲门和食道下部的静脉血。

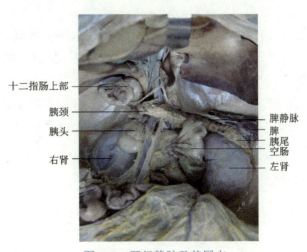

图7-19　肝门静脉及其属支

第四节　腹腔器官

一、食管腹部

食管腹部（abdominal part of esophagus）甚短，长度仅 1~2cm，自食管裂孔至贲门的一段。在通过食管裂孔处较为狭窄，在贲门处可见一环形皱襞，使食管和胃壁形成套叠状。其左、右缘分别与胃大、小弯相续，左缘与胃底向颅左侧的膨隆间的夹角为贲门切迹。食管腹、背面有迷走神经前、后干走行。食管腹部由胃左动脉及膈下动脉的分支供给，静脉回流经胃静脉入于门静脉。食管腹部的淋巴回流至胃左淋巴结。

二、胃

胃（stomach）是消化管中最为膨大的部分，起于食管，止于十二指肠。成年藏酋猴胃的容积为 240~800mL，胃具有收纳、搅拌和进行初步消化的功能。

（一）胃的位置和毗邻

中等充盈的胃大部分位于左腹前区，小部分位于右腹前区和左腹中部区（图 7-11）。贲门和幽门的位置较固定，贲门在第 11 胸椎左侧接食管，幽门在第 12 胸椎右侧连于十二指肠。胃大弯的位置随胃充盈的情况而异，其尾侧缘最低点可降至脐或脐以下平面。胃腹侧壁大部分和腹壁相贴，胃底部邻近膈和脾，贲门部和胃小弯与肝的脏面相贴，胃大弯与横结肠相邻，幽门部与肝右外侧叶相邻。胃背侧壁隔网膜囊与众多器官相邻，由尾向颅依次是空肠、胰、左肾、肾上腺和脾等；这些器官共同构成"胃床"。

（二）胃的形态

胃的形态随体型和充盈程度而异，中等充盈的胃呈扁平的条囊状，可分腹侧和背侧两壁、上下两缘和出入两口。上缘即颅侧缘，凹向颅右侧，称胃小弯（lesser curvature of stomach）。下缘即尾侧缘，较长，凸向左尾侧，称胃大弯（greater curvature of stomach）。胃小弯有肝胃韧带附着，位置较为恒定，小弯的最低点有明显向右的转折角，称为角切迹（angular incisure）。胃的近侧端与食管相续，称贲门（cardia）。远侧端与十二指肠上部连接，称幽门（pylorus）（图 7-20，图 7-21）。

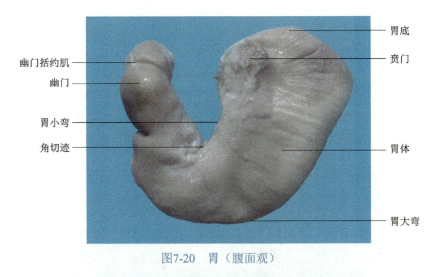

幽门括约肌
幽门
胃小弯
角切迹

胃底
贲门
胃体
胃大弯

图7-20　胃（腹面观）

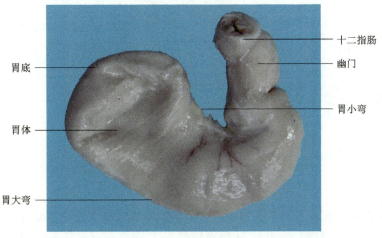

胃底
胃体
胃大弯

十二指肠
幽门
胃小弯

图7-21　胃（背面观）

（三）胃的分部

胃分为贲门部、胃底、胃体和幽门部四部分。**贲门部**（cardiac part）为贲门附近的部分，**胃底**（fundus of stomach）为贲门平面以前向颅左侧膨出的部分，**胃体**（body of stomach）为介于胃底和角切迹之间的部分，从角切迹向远侧称为**幽门部**（pyloric part）。

（四）胃的构造

胃壁由黏膜、黏膜下组织、肌层和浆膜4层构成。胃黏膜在胃空虚时形成许多皱襞，贲门部和幽门部较为发达。肌层发达，布于全胃，在贲门和幽门处明显增厚，形成软骨样结构。浆膜为腹膜脏层。

（五）胃的血管

1．胃的动脉

胃的动脉均为腹腔干的分支。在胃小弯的小网膜内由胃左、右动脉吻合构成动脉弓，在胃大弯与大网膜结合处由胃网膜左、右动脉吻合构成动脉弓，胃底部由胃短动脉供给（图7-22）。上述各动脉大多垂直发出胃支，穿胃肌层入于胃黏膜下组织。

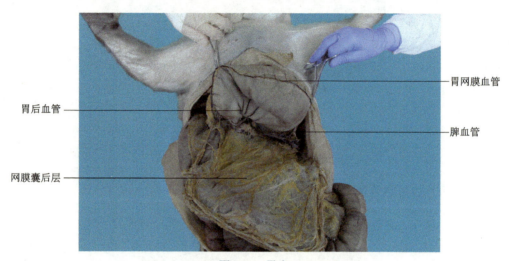

胃后血管

网膜囊后层

胃网膜血管

脾血管

图7-22   胃床

2．胃的静脉

胃的静脉与同名动脉伴行，收纳同名动脉分布区域回流的静脉血。胃左、右静脉直接汇入门静脉，胃网膜左、右静脉和胃短静脉分别经肠系膜上静脉和脾静脉间接汇入门静脉。其中胃左静脉在贲门处接受食管静脉的汇入。

（六）胃的淋巴管

胃的淋巴管丰富。毛细淋巴管网直接或互相吻合后汇入附近的淋巴结群。胃的淋巴引流及淋巴结分群与血管走行基本一致。

1．胃左、右淋巴结

胃左、右淋巴结（left and right gastric lymph node）位于胃小弯小网膜附着缘内，沿胃左、右动脉分布，有3~5个。

2．胃网膜左、右淋巴结

胃网膜左、右淋巴结（left and right gastroomental lymph node）位于胃大弯大网膜附着缘内，沿胃网膜左、右动脉分布，有6~8个。

（七）胃的神经

分布于胃的神经有交感神经、副交感神经和内脏感觉神经。交感神经来自胸神经节和第 1~3 腰神经节，经内脏大、小神经至腹腔神经节，由节细胞发出的节后纤维经腹腔丛随胃的血管分支分布于胃壁。副交感神经纤维来自左、右迷走神经。两侧迷走神经随食管进入腹腔，右侧迷走神经发支形成胃后神经丛，分布于胃背尾侧。左迷走神经发支形成胃前神经丛，分布于胃小弯和胃的腹侧壁。胃的感觉神经伴随交感、副交感神经走行。

三、小肠

小肠是消化管中最长的一段，起于幽门，止于盲肠，全长 4~6m，由**十二指肠**（duodenum）、**空肠**（jejunum）和**回肠**（ileum）三部分组成。

（一）十二指肠

1. 位置与毗邻

十二指肠介于胃的幽门和十二指肠空肠曲之间，除始末两端外绝大部分为腹膜后位，贴脊柱右侧。全长约 13cm，呈 "C" 形包绕胰头，按其走向分为上部、降部、水平部和升部。

上部自幽门，行向右尾侧，至胆囊颈后下方转向尾侧移行为降部。上部较短，长约 5cm，略为膨大，管径 1.5~2cm，管壁较薄，黏膜皱襞较少。上部的颅侧缘有肝十二指肠韧带系于肝门，颅腹侧与肝方叶、胆囊颈相靠近，尾侧与胰颈相贴；背侧有胆总管、门静脉、胃十二指肠动脉经过。

降部在胆囊颈下方续于上部，沿脊柱右侧走行 5~7cm，向左移行为水平部；降部内面黏膜皱襞发达，在其背内侧壁中份，两条纵行皱襞间，有十二指肠大乳头，胆总管和胰管共同开口于此。降部腹侧邻横结肠及系膜，背侧与右肾、下腔静脉相邻，外侧缘邻近结肠右曲，内侧缘与胰头相邻。

水平部长约 3cm，右侧半突向腹侧，左侧半渐走向背侧移行为升部。水平部背面有下腔静脉、腹主动脉经过，腹面有肠系膜上动、静脉跨过，颅侧贴胰，尾侧邻空肠。

升部短而细，急转向颅腹侧，形成**十二指肠空肠曲**（duodenojejunal flexure）续于空肠。该曲借**十二指肠悬肌**（suspensory muscle of duodenum）固定于腹背侧壁。升部腹面邻小肠袢，背面与左交感干和左腰大肌相邻，右侧为肠系膜上动、静脉和胰头，左侧有左肾，颅侧靠近胰体，尾侧贴肠系膜（图 7-23）。

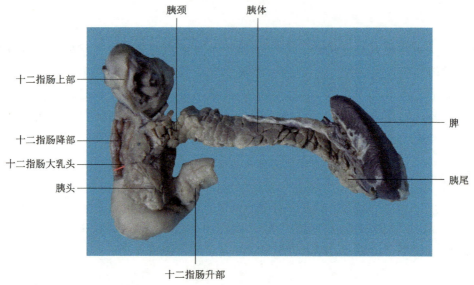

图7-23　十二指肠和胰（腹面观）

2．血管

十二指肠的动脉主要来自胰十二指肠上、下动脉，它们发出前、后动脉，分别向尾侧、颅侧走行，吻合成血管弓，由弓上发出分支，分布于十二指肠和胰头的腹、背面。十二指肠的静脉与同名动脉伴行，汇入门静脉。

3．淋巴管

十二指肠的淋巴回流至胰十二指肠腹、背侧淋巴结。其输出管汇入幽门后淋巴结。

4．神经

神经主要来源于肠系膜上丛、肝丛和腹腔丛。

（二）空肠及回肠

1．位置与形态

空肠和回肠大部分位于腹中区，少部分可达腹后区右侧，居于升、降结肠间，腹侧大部分被横结肠覆盖，背侧以小肠系膜固定于腹后壁。空肠颅端起自十二指肠空肠曲，回肠尾端止于盲肠，全长4~5m，空、回肠间没有明显的界线，一般颅侧2/5为空肠，盘曲于腹中区；尾侧的3/5为回肠，位于腹中区及腹后区右侧。空肠管径1~1.5cm，管壁较厚，为0.2~0.25cm，富含血管，黏膜环状皱襞多而高，黏膜内散在着孤立淋巴滤泡，系膜内血管弓和脂肪均较少；回肠管径较空肠粗，但管壁较空肠薄，血管较少，黏膜环状皱襞疏而低，黏膜内除有孤立淋巴滤泡外，还有集合淋巴滤泡，系膜内血管弓较多，脂肪较丰富。空、回肠均被腹膜包绕，属腹膜内位器官（图7-24）。

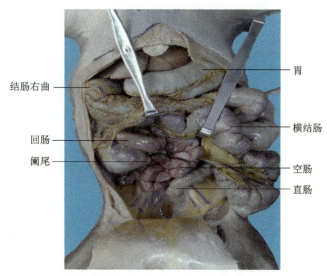

图7-24　小肠的位置

2. 血管

空、回肠的动脉来自肠系膜上动脉（图 7-25，图 7-26）。肠系膜上动脉在腹腔干稍尾侧起于腹主动脉腹侧壁，向腹面尾侧走行，由胰颈尾侧缘左侧穿出，跨十二指肠水平部的腹侧，入肠系膜走向右后行至右髂窝。此动脉向左发出十余条空、回肠动脉，沿着肠系膜走行并分支，分支吻合形成动脉弓。小肠近侧段动脉弓一般为 1~2 级，远侧段弓数增多，可达 3~4 级；末级动脉弓发出直动脉分布于肠壁，直动脉间缺少吻合。此动脉向右还发出胰十二指肠下动脉、中结肠动脉、右结肠动脉和回结肠动脉。

空、回肠静脉与动脉伴行，汇入肠系膜上静脉，肠系膜上静脉在胰颈背侧与脾静脉汇合，形成肝门静脉。

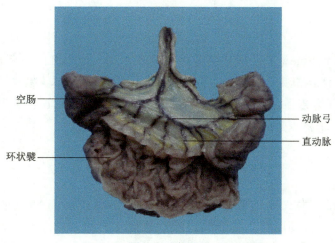

图7-25　空肠

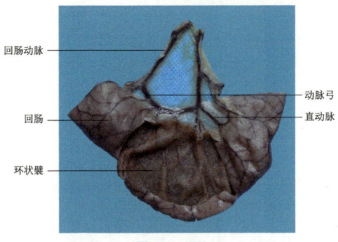

回肠动脉

回肠

环状襞

动脉弓

直动脉

图7-26 回肠

3. 淋巴管

空、回肠的淋巴管伴血管走行，肠系膜淋巴结沿肠血管分布，输出管注入肠系膜上动脉根部的肠系膜上淋巴结。肠系膜上淋巴结的输出管注入腹腔干周围的腹腔淋巴结，最后汇合成肠干注入**乳糜池**（cisterna chyli）。

4. 神经

空、回肠的活动接受交感和副交感神经的双重支配。交感神经节前纤维经交感干和内脏大、小神经，在腹腔神经节和肠系膜上神经节内换元后发出节后纤维，分布到肠壁；副交感神经节前纤维来自迷走神经，至肠壁内神经节换元后发出节后纤维，支配肌层和肠腺。空、回肠的感觉受内脏感觉神经管理。

四、大肠

大肠（large intestine）起于腹中区右部的回肠末端，止于肛门，全长 1.5~2.5m，由盲肠、阑尾、结肠、直肠和肛管五部分组成。和人的大肠特征相似，除阑尾、直肠和肛管外，结肠和盲肠壁上可见**结肠袋**（haustra of colon）、**结肠带**（colic band）和**肠脂垂**（epiploic appendices），这三个特点是区别大、小肠的主要依据。

（一）盲肠

盲肠（caecum）为大肠的起始部，大部分位于腹中区右部。盲肠粗而短，直径 3~4cm，长 6~7cm。盲肠尾端为盲囊状，颅端延续于升结肠，左侧接回肠末端，背内侧壁有阑尾附着，右侧为右结肠旁沟，腹侧面邻腹前壁，背侧面为髂腰肌。盲肠壁的纵肌层形成三条结肠带：分别位于盲肠壁的腹面、背面和结肠系膜缘，三条结肠带会聚续于阑尾根部。回肠末端开口于盲肠，开口处形成前、后两片唇状结构，称**回盲瓣**（ileocecal valve）；回盲瓣突向盲肠腔，在回盲瓣的尾侧约 2.5cm 处，有阑尾的开口。盲肠的动脉来自肠系膜上动脉发出的右、中结肠动脉的降支，盲肠的静脉与动脉伴行（图 7-27）。

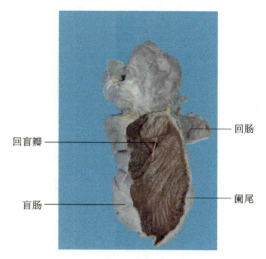

图7-27　盲肠和阑尾

（二）阑尾

藏酋猴的**阑尾**（vermiform appendix）是存在的。这与 Nycticebus 的描述"阑尾在灵长类中见于人、4 种类人猿和 *Lemur*"，以及叶智彰等在《猕猴解剖》一书中的描述"猕猴无阑尾"，有较大的差异。

藏酋猴的阑尾位于腹中区右部，在脐的右后方约 3cm 处，为一囊状突起，长度 2~3cm，根部较粗，开口于盲肠的背内侧壁上，开口处呈环形，直径 1~1.5cm；阑尾的尖端为游离的盲端。阑尾系膜为肠系膜后部延续的部分，系膜内有阑尾动、静脉。阑尾动脉来自肠系膜上动脉发出的右、中结肠动脉的降支；阑尾的静脉与动脉伴行，经肠系膜上静脉汇入肝门静脉（图 7-27）。

（三）结肠

结肠（colon）按其行程和部位分为升结肠、横结肠、降结肠和乙状结肠四部分（图 7-28）。

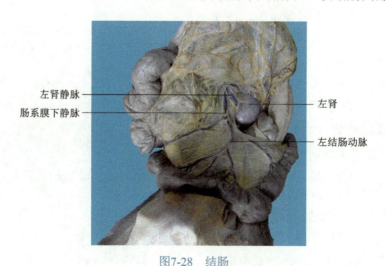

图7-28　结肠

1. 升结肠

升结肠（ascending colon）是盲肠的延续，沿右结肠沟前行，直达肝门移行为横结肠，移行所形成的弯曲称结肠右曲，升结肠长 15~25cm，由腹膜返折固定于腹背侧壁。

2．横结肠

横结肠（transverse colon）起于结肠右曲，续于降结肠，长为 1~1.5m。横结肠系膜特别宽大，致使其活动度很大。介于结肠左、右曲间，呈"W"状走行，首先弯曲后行达盆腔，继而转折向前达胃大弯，然后又转折后行达左髂窝，再转折沿左结肠沟前行达胃底，形成结肠左曲，移行为降结肠。横结肠系膜起始于腹后壁包绕小肠连于横结肠。横结肠前方与肝、胃相邻，背面与空、回肠相邻，腹面邻腹壁。

升、横结肠动脉来自肠系膜上动脉发出的右、中结肠动脉；静脉与动脉伴行，经肠系膜上静脉汇入肝门静脉。升、横结肠受交感神经支配，其由胸髓尾段发出的节前纤维更换神经元后，节后纤维分布。

3．降结肠

降结肠（descending colon）始于结肠左曲，沿左结肠旁沟后行达左髂窝续于乙状结肠，长 8~15cm。降结肠内侧邻左肠系膜窦及空肠袢，外侧为左结肠旁沟。

4．乙状结肠

乙状结肠（sigmoid colon）自左髂窝续于降结肠，至第 3 骶椎平面移行为直肠，长 12~20cm，呈"乙"状弯曲，横过左侧髂腰肌、髂外血管、睾丸（卵巢）血管及输尿管腹面降入盆腔。乙状结肠有较长的系膜，活动性较大。

（四）直肠

直肠（rectum）位于骶骨腹面，在第 7 腰椎平面起自乙状结肠，向尾侧穿盆隔续为肛管，全长 7~8cm。无结肠带和结肠袋，藏酋猴的直肠和人相似，也存在骶曲和会阴曲。直肠尾端扩大，有 2 或 3 个较为明显的**直肠横襞**（transverse plica of rectum），其中最大的直肠横襞距离肛门约 5.5cm。

横结肠、降结肠、乙状结肠和直肠的动脉来自于肠系膜下动脉；静脉与动脉伴行，经脾静脉汇入肝门静脉；神经来自于交感神经和副交感神经，交感神经由腰髓颅段发出节前纤维，更换神经元后，节后纤维分布；副交感神经由盆内脏神经随盆丛分支分布（图 7-29）。

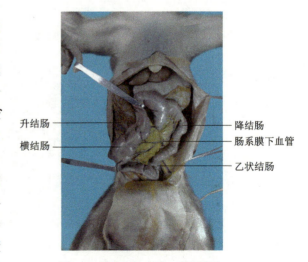

升结肠　　　　　降结肠
横结肠　　　　　肠系膜下血管
　　　　　　　　乙状结肠

图7-29　结肠的动脉（腹面观）

（五）大肠的淋巴管

大肠的淋巴管穿出肠壁后沿血管走行。

（1）**肠系膜上淋巴结**　位于肠系膜上动脉根的附近，接收肠系膜上动脉分支上的淋巴结输出管。

（2）**右结肠淋巴结**　沿右结肠动脉分布。

（3）**中结肠淋巴结**　沿横结肠系膜缘的动脉分布。

（4）**肠系膜下淋巴结**　位于肠系膜下动脉根部，接收肠系膜下动脉分支上的淋巴输出管。

（5）**左结肠、乙状结肠和直肠淋巴结**　沿肠系膜下动脉的分支分布。

五、肝

肝（liver）为体内最大的消化腺，成体肝重约 260g，红褐色，质软而脆。

（一）位置与毗邻

肝大部分位于腹前区，少部分伸向腹中区。前部分被肋弓覆盖，后部分向后突出于两侧肋弓和剑突，直接与腹壁相贴。肝前界与膈一致；肝后界与肝后缘一致，右侧距右锁骨中线肋弓后方 3~4cm，中部距剑突后方 2~3cm，左侧距左锁骨中线肋弓后方 2~2.5cm，三点相连即为肝后界。

肝的膈面与膈相邻，腹侧与腹壁相贴，颅背部邻食管腹部。肝的脏面除胆囊窝容纳胆囊、下腔静脉肝后段行经腔静脉沟以外，肝脏右侧与结肠右曲、横结肠的起始部、胃的幽门部相邻，中部与肝门和十二指肠相邻，左侧与胃底、脾相邻（图 7-11）。

（二）肝的形态

藏酋猴的肝和人相似，呈不规则的楔形，左端扁薄，右端圆钝。肝的膈面膨隆，表面光滑，有一呈矢状位的镰状韧带附着，将肝分为**肝右叶**（right lobe of liver）和**肝左叶**（left lobe of liver），肝右叶被右叶间沟分为右外侧叶和右中央叶，肝左叶被左叶间沟分为左外侧叶和左中央叶；肝的膈面凹凸不平，除前述肝叶外，肝右中央叶又被胆囊窝分出一个方叶，肝右外侧叶被叶间沟分出一个尾状叶。左外侧叶通过小部分肝组织、血管和肝管与左中央叶相连，较人的发达，伸向腹前区左部，以膈面的左冠状韧带和左三角韧带附着于膈；肝左中央叶在膈面通过镰状韧带和肝右中央叶连接紧密，在脏面则分离较为完整，部分肝左中央叶较为发达，伸向脏面，遮盖方叶。右外侧叶和中央叶分隔不完全，在肝的背侧和中央叶没有明显分界，以膈面的右冠状韧带和右三角韧带附着于膈；肝右中央叶发达，胆囊窝从脏面延伸到膈面的腹侧缘，将其分为内、外两叶；尾状叶小而不规则，位于肝的背侧，包围下腔静脉，此处有肝左、中、右静脉出肝；在方叶和尾状叶间有肝门，肝动脉、肝管、门静脉、神经和淋巴管通过肝门出入肝脏。在肝门处，肝左、右管常在腹侧，肝固有动脉左、右支居中，肝门静脉左、右支在背侧。这些出入肝门的结构构成**肝蒂**（hepatic pedicle）（图 7-30，图 7-31）。

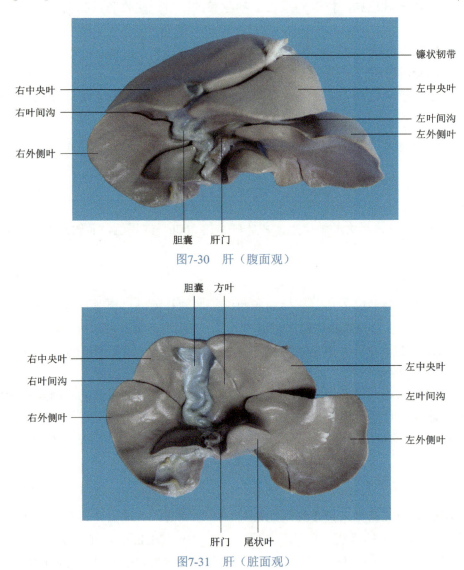

右中央叶　　镰状韧带　　左中央叶　　右叶间沟　　左叶间沟　　左外侧叶　　右外侧叶　　胆囊　　肝门

图7-30　肝（腹面观）

胆囊　　方叶　　右中央叶　　左中央叶　　右叶间沟　　左叶间沟　　右外侧叶　　左外侧叶　　肝门　　尾状叶

图7-31　肝（脏面观）

（三）肝外胆道

肝外胆道由肝左管、肝右管、肝总管、胆囊和胆总管组成（图 7-32）。

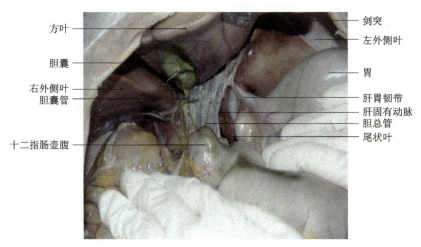

图7-32　肝外胆道

1. 胆囊

胆囊（gallbladder）是呈梨形的囊状器官，长约 5.6cm，宽约 2.5cm。它借疏松结缔组织附着于肝脏面的胆囊窝内，其表面覆以腹膜。胆囊的颅面为肝，背尾侧为十二指肠及横结肠起始处，左为幽门，右为结肠右曲，腹侧为腹壁。

胆囊分为底、体、颈、管四部。底部为胆囊的游离端，其体表投影相当于右腹直肌外缘与右肋弓的交点处；体部占胆囊的大部分，伸缩性较大；颈部细直，位置较深，向背尾侧移行为胆囊管（图 7-32）。

胆囊管（cystic duct）长约 2cm，一端连于胆囊颈，另一端呈锐角与肝总管汇合为胆总管。胆囊管壁内有螺旋状黏膜皱襞，可控制胆汁的进入与排出。胆囊管、肝右管和肝脏面三者组成**胆囊三角**（Calot's triangle），胆囊的动脉多走行于胆囊三角内。胆囊的静脉有数条，胆囊与肝之间有数条小静脉相通。

2. 肝管

肝管（hepatic duct）由肝左、右管和肝总管组成。肝左、右管由肝内胆管汇合而成，出肝门汇合成肝总管。肝总管行于肝十二指肠韧带内，位于肝固有动脉的右侧，背侧为门静脉，末端与胆囊管汇合成胆总管。

3. 胆总管

胆总管（common bile duct）长约 2cm，直径约 0.35cm。在肝十二指肠韧带内尾侧走行，至十二指肠的背侧，斜穿十二指肠降部中段的背内侧壁，与胰管汇合，形成肝胰壶腹，开口于十二指肠大乳头。

（四）肝的血管、淋巴管和神经

1. 血管

肝固有动脉在肝门附近分为左、右两支入肝，为肝提供所需的氧和营养物质，称为营养性血管。肝门静脉主要是把肠道吸收的营养物质送到肝内进行代谢,称为功能性血管。肝静脉由肝内各级静脉汇合而成,在腔静脉沟注入下腔静脉。

2. 淋巴管

肝的淋巴分浅、深两组。浅组位于肝表面的浆膜下,形成淋巴管网。淋巴管伴血管走行,注入膈上淋巴结、纵隔后淋巴结、胃右淋巴结、主动脉前淋巴结。深组位于肝内,沿下腔静脉经膈注入纵隔后淋巴结,伴肝门静脉出肝门注入肝淋巴结。

3. 神经

肝的神经来自于腹腔神经丛、迷走神经前支的肝支和右膈神经的分支。

六、胰

(一)位置和毗邻

胰(pancreas)位于腹膜后隙的颅侧、腰椎的腹侧,胰体平对第 12 胸椎和第 1 腰椎间,大部为腹膜外位。其右侧端较左侧端稍靠前,呈右前斜向左后位。胰腹侧为胃及网膜囊,颅侧紧邻脾动、静脉,右侧紧邻十二指肠,左侧靠近脾门,胰尾尾侧紧邻左肾。

(二)胰的分部

胰可分为头、颈、体、尾四部分。全长为 9~10cm,宽约 2cm。**胰头**(head of pancreas)为胰右端膨大部分,长 2~3cm,其颅、尾、右三方被十二指肠环绕,胰头尾侧向左突出形成钩突。**胰颈**(neck of pancreas)为胰头与胰体之间较狭窄的部分。**胰体**(body of pancreas)位于胰颈和胰尾之间,较长,切面呈三角形。**胰尾**(tail of pancreas)是胰左端的狭细部分,末端达脾门(图 7-23)。

(三)胰管

胰管(pancreatic duct)位于胰实质内,起自胰尾,到达胰头右缘时与胆总管汇合成**肝胰壶腹**(hepatopancreatic ampulla),开口于十二指肠大乳头。有时在胰头颅侧,可见一副胰管走行于胰管颅侧。

(四)胰的血管、淋巴管和神经

1. 血管

胰的动脉来自脾动脉的胰腺支和胰十二指肠上、下动脉。胰头部的血液供应丰富,有胰十二指肠上前、后动脉及胰十二指肠下动脉分出的前、后支,在胰头颅、尾面相互吻合,形成动脉弓,由动脉弓发出分支供应胰头腹、背面及十二指肠。胰颈、胰体及胰尾的动脉由脾动脉的分支供应。胰的静脉多与同名动脉伴行，汇入肝门静脉系统。

2. 淋巴管

胰的淋巴管起自腺泡周围的毛细淋巴管，沿血管达胰表面，注入胰上、下淋巴结及脾淋巴结，最后注入腹腔淋巴结。

3. 神经

胰的神经主要来自于腹腔神经丛、肝丛、脾丛和肠系膜上丛的分支。

七、脾

（一）位置和毗邻

脾（spleen）位于腹前区左侧，正常时全被肋弓遮盖，不能扪及。脾的膈面贴膈与膈结肠韧带相接；脏面前份与胃底相贴，后下份邻左肾上腺和左肾，脾门处邻胰尾，脾门颅腹侧邻结肠左曲（图 7-19）。

（二）脾的形态和韧带

呈深褐色，三棱柱形，质地柔软。可分为内外两面、颅尾两端和腹背两缘。脾的膈面隆凸，与膈相贴。脾的脏面中央凹陷称**脾门**（hilum of spleen），有脾血管、淋巴管和神经等出入。脾和胃、胰、膈、肾间通过胃脾韧带、胰脾韧带、膈脾韧带和脾肾韧带相连（图 7-23）。

（三）脾的血管、淋巴管和神经

1. 血管

脾动脉起自腹腔干，沿胰的颅侧缘向左行，在近脾门处发出数条分支，经脾门入脾内。脾静脉伴随脾动脉走行，至胰颈处与肠系膜上静脉汇合成肝门静脉，沿途收纳胃短静脉、胃网膜左静脉、胃后静脉和肠系膜下静脉。

2. 淋巴管

脾的淋巴管先注入脾门处的淋巴结，再注入腹腔淋巴结。

3. 神经

脾的神经支配来自脾丛，脾丛沿脾动脉走行和分支。

八、肾

（一）位置和毗邻

　　肾（kidney）位于脊柱两侧，左右各一。和人的肾不同，藏酋猴因肝左外侧叶的存在，左肾低于右肾1~2cm。右肾颅端平对第12胸椎下缘（尾侧缘）、尾端平对第3腰椎上缘（颅侧缘），左肾颅端平对第1腰椎下缘（尾侧缘）、尾端平对第4腰椎上缘（颅侧缘）；两肾长轴近似于平行。两肾背侧壁与膈的内侧脚、外侧脚及腰方肌相贴。右肾腹侧面的前部为肝右叶，后部为结肠右曲，内侧部与十二指肠降部相贴；左肾的前部为胃后壁，中、后部有空肠及结肠左曲相贴。肾的颅侧隔疏松结缔组织与肾上腺相邻，两者虽共为肾筋膜所包绕，但其间被结缔组织分隔，右、左肾的腹面还邻近胰头和胰体。两肾的尾内侧为肾盂和输尿管，背内侧分别有左、右腰交感干。右肾的内侧为下腔静脉，左肾的内侧为腹主动脉（图7-33）。

（二）肾门、肾窦

1. 肾门

　　肾门（renal hilum）为肾内侧缘中部的凹陷，有肾血管、肾盂、神经和淋巴管等出入。在肾门处肾动脉在颅侧，肾静脉居中，而输尿管在最尾侧。肾动脉发一条小支到肾上腺，而后分前、后两支入肾门。以上结构出入肾门构成**肾蒂**（renal pedicle），肾蒂右侧较左侧短（图7-34）。

2. 肾窦

　　肾窦（renal sinus）为肾门深入肾实质所围成的腔隙，内有肾动脉的分支、肾静脉的属支、肾盂、肾大盏、肾小盏、神经、淋巴管和脂肪组织等（图7-34）。

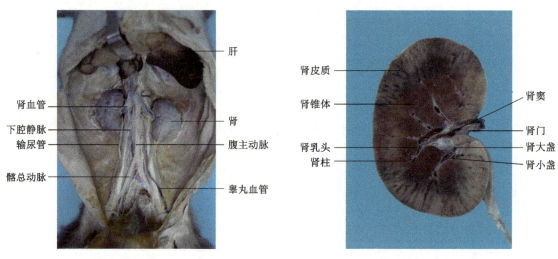

左图标注：肝、肾血管、下腔静脉、输尿管、髂总动脉、肾、腹主动脉、睾丸血管

右图标注：肾皮质、肾锥体、肾乳头、肾柱、肾窦、肾门、肾大盏、肾小盏

图7-33　肾的位置　　　　　　　图7-34　肾的结构

（三）肾的血管

1. 肾动脉

肾动脉（renal artery）约平对第 2 腰椎，起自腹主动脉侧面，于肾静脉的颅背侧横行向外，经肾门入肾。由于腹主动脉位置偏左，故右肾动脉较左侧的长，并经下腔静脉的背侧右行入肾。肾动脉在进入肾门之前，分为前、后两干，由前、后干分出肾的段动脉。

2. 肾静脉

肾静脉（renal vein）由肾内静脉汇成。肾内静脉在肾窦内汇成 2 或 3 支，出肾门后则合成为一干，横行汇入下腔静脉。多为 1 支，少数有 2 支或 3 支。

（四）肾的淋巴管及神经

1. 淋巴管

肾内淋巴管分浅、深两组。浅、深两组淋巴管相互吻合，在肾蒂处汇合成较粗的淋巴管，最后汇入腰淋巴结。

2. 神经

肾接受交感神经和副交感神经双重支配，同时有内脏感觉神经分布。

（五）肾的被膜

肾的被膜和人较为相似，有三层，由外向内依次为肾筋膜、脂肪囊和纤维膜。

1. 肾筋膜

肾筋膜（renal fascia）分为腹、背两层共同包绕肾和肾上腺。在肾的内侧，肾腹侧筋膜越过腹主动脉和下腔静脉的腹面，与对侧的肾腹侧筋膜相续。在肾的外侧缘，腹、背两层筋膜相互融合，并与腹横筋膜相连接；肾背侧筋膜与腰方肌和腰大肌筋膜汇合。在肾的颅侧，两层肾筋膜于肾上腺的颅端相融合，并与膈下筋膜相连续；在肾的尾侧，肾腹侧筋膜向尾侧移行于腹膜外筋膜，肾背侧筋膜向尾侧至髂嵴与髂筋膜愈合。由肾筋膜发出许多结缔组织纤维束，穿过脂肪囊和纤维膜相连，对肾有一定固定作用。

2. 脂肪囊

脂肪囊（adipose capsule）又称**肾床**，为脂肪组织层，在肾的背面与边缘发达。脂肪囊有支持和保护肾的作用。肾囊封闭时药液即注入此脂肪囊内。

3. 纤维膜

纤维膜（fibrous membrane）由致密结缔组织所构成，质薄而坚韧，被覆于肾实质的表面，并由肾门向肾内延续到肾窦，活体时纤维膜易从肾表面剥离。

九、肾上腺

（一）位置与毗邻

肾上腺（suprarenal gland）位于脊柱的两侧，紧贴肾的颅端，与肾共同包在肾筋膜内。为成对的内分泌器官，左侧肾上腺呈半月形，高约 2cm，宽约 1.5cm，厚约 0.4cm。右侧肾上腺呈三角形，高约 2.8cm，宽约 1cm，厚约 0.4cm。

左、右侧肾上腺的毗邻不同，右肾上腺的颅侧邻肝，内侧缘紧邻下腔静脉；左肾上腺颅侧的上部借网膜囊与胃后壁相邻，下部与胰、脾血管相邻，内侧缘邻近腹主动脉；左、右肾上腺的背侧均为膈（图 7-35）。

（二）肾上腺的血管

供应肾上腺的动脉有肾上腺上、中、下动脉。肾上腺上动脉发自膈下动脉；肾上腺中动脉发自腹主动脉；肾上腺下动脉发自肾动脉。这些动脉进入肾上腺后，发出细小分支进入肾上腺实质。肾上腺静脉通常为 2 支，左支汇入左肾静脉，右支汇入下腔静脉。

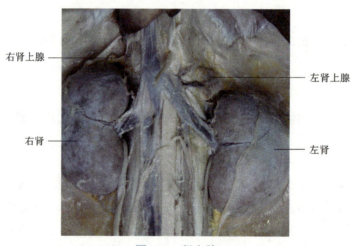

右肾上腺 —　　　　　　　　　　　　　— 左肾上腺

右肾 —　　　　　　　　　　　　　— 左肾

图7-35　肾上腺

十、输尿管

输尿管（ureter）左、右各一，位于腹膜后隙和脊柱两侧，是细长且富有弹性的管状器官。输尿管颅端起自肾盂，尾端终于膀胱，右侧长约 16cm，左侧长约 12cm。可分为腹部、盆部和壁内部三部。于腰大肌腹面、骨盆侧壁腹尾内侧走行，开口于膀胱背侧壁。输尿管全长粗细不等，肾盂与输尿管连接处直径约 0.24cm，中间的部分较粗，直径约 0.6cm，跨越髂血管处直径约 0.3cm。

　　右输尿管腹部的腹侧为十二指肠降部、睾丸（卵巢）血管、右结肠血管、回结肠血管和回肠末段；左输尿管腹部的腹侧有十二指肠空肠曲、睾丸（卵巢）血管和左结肠血管。两侧输尿管在小骨盆上口处，跨越髂外血管起始部的腹侧进入盆腔（图 7-36）。

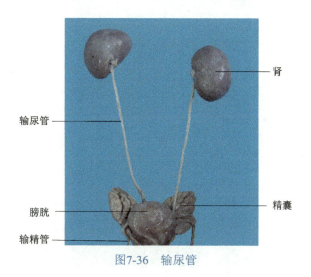

肾

输尿管

膀胱

输精管

精囊

图7-36　输尿管

十一、腰丛及腰交感神经

（一）腰丛

　　腰丛（lumbar plexus）由第 12 胸神经前支的一部分、第 1~3 腰神经前支和第 4 腰神经前支的一部分组成，位于腰大肌深面。主要分支如下。

1. 髂腹下神经

　　髂腹下神经自腰大肌外侧缘穿出，经髂嵴的颅侧进入腹肌之间走行，在腹股沟浅环前方穿腹外斜肌腱膜达皮下，沿途分布于腹壁诸肌，并发出皮支分布于腹股沟区及腹后部的皮肤（图 7-37）。

2. 髂腹股沟神经

　　髂腹股沟神经行于髂腹下神经下方，穿经腹股沟管，伴精索或子宫圆韧带自腹股沟管浅环穿出。肌支分布于腹壁肌，皮支分布于腹股沟区、阴囊或大阴唇的皮肤（图 7-37）。

3. 闭孔神经

　　闭孔神经（obturator nerve）自腰大肌内侧缘穿出，沿盆侧壁走行，穿闭膜管至股内侧，分布于股内侧肌群、股内侧面皮肤及髋关节（图 7-37）。

4. 股神经

　　股神经（femoral nerve）自腰大肌外侧缘穿出，行于腰大肌与髂肌之间，经腹股沟韧带中点的深面，于股动脉外侧进入股三角（图 7-37）。股神经的肌支主要支配股前群肌，皮支除分布于股前部皮肤外，还分出**隐神经**（saphenous nerve），伴股动脉、股静脉入收肌管下行，于缝匠肌下段后方浅出，沿小腿内侧至足的内侧缘，分布于小腿内侧面及足前内侧皮肤。

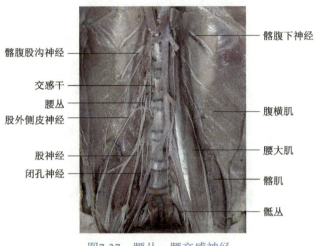

髂腹股沟神经

交感干

腰丛

股外侧皮神经

股神经

闭孔神经

髂腹下神经

腹横肌

腰大肌

髂肌

骶丛

图7-37　腰丛、腰交感神经

（二）腰交感神经

在腰骶部，交感神经节通常有 7 或 9 个，交感神经节通过节间支相连构成腰骶交感干，位于脊柱与两侧腰大肌之间，表面被深筋膜覆盖，颅侧连于胸交感干，尾侧延续为单一的尾交感神经节。腰部的交通支通常紧靠椎体，通常每条脊神经有一条交通支与相应的交感节相连。腰交感干除参与腹腔神经丛外，还发支参加腹主动脉神经丛、肠系膜下神经丛和骨盆神经丛。右腰交感干的腹面有下腔静脉覆盖，两侧腰交感干的尾段分别位于左、右髂总动脉的背侧（图 7-38）。

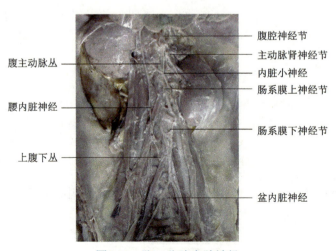

腹主动脉丛

腰内脏神经

上腹下丛

腹腔神经节

主动脉肾神经节

内脏小神经

肠系膜上神经节

肠系膜下神经节

盆内脏神经

图7-38　腹、盆腔内脏神经

第八章

盆部与会阴

概　述

盆部（pelvis）与会阴（perineum）位于躯干的尾侧，主要由盆壁、盆腔及盆腔脏器等构成。骨盆构成盆壁的支架，其内面有盆壁肌及其筋膜。盆壁围成盆腔，盆腔下口位于骨部的尾侧，有盆底肌及其筋膜封闭；盆腔上口位于盆部的颅侧，向前与腹腔相通连。盆腔内有消化、泌尿和生殖系统的部分器官。和人类一样，直立时，盆腔向前倾斜。会阴（perineum）是盆膈以后封闭骨盆下口的全部软组织。

一、境界与分区

盆部的腹侧界以耻骨联合颅侧缘、耻骨结节、腹股沟和髂嵴腹侧份的连线与腹部分界，背侧界以髂嵴后份、髂后上棘至尾骨尖的连线与腰区及骶尾区分界。

会阴境界略呈菱形，其境界与骨盆下口一致，腹侧角为耻骨联合下缘，背侧角为尾骨，两侧角为坐肼胝。两侧坐肼胝之间的连线将会阴分为腹背侧两个三角区，腹侧方为尿生殖区（urogenital region），背侧方为肛区（anal region）。

二、体表标志

（1）耻骨嵴（pubic crest）　位于腹前正中线的尾侧，在耻骨联合颅侧缘的两侧可触及。

（2）耻骨结节（pubic tubercle）　骨盆重要的骨性标志，在耻骨嵴的外侧端可触及。

（3）髂嵴（iliac crest）　为骨盆的颅缘肥厚弯曲形成的骨性标志，全长可触及。

（4）髂前上棘（anterior superior iliac spine）　髂嵴的腹侧端，棘突不明显。

（5）髂后上棘（posterior superior iliac spine）　髂嵴的尾侧端，棘突不明显。

（6）坐骨结节（ischial tuberosity）　坐骨体尾端背侧份最明显的粗大隆起。

（7）坐肼胝（ischial callosities）　坐骨结节表层，长椭圆形肼胝化皮肤结节。

（8）耻骨弓（pubic arch）　坐肼胝前面由坐骨支、耻骨下支，两骨下支组成的骨性标志。

第一节　骨盆及其连结

骨盆由髋骨、骶骨和尾骨构成，其连结主要有耻骨联合、骶髂关节。

一、髋骨

髋骨（hip bone）（图 8-1，图 8-2）为一对不规则的扁骨。藏酋猴的髋骨与人明显不同，整体比较狭长。上部较为扁阔，中部窄厚，有一朝向下外的深窝，称**髋臼**（acetabulum）。其下部有一大孔，称**闭孔**（obturator foramen）。髋臼是髋骨外面中央的环形关节窝，由髂骨、坐骨、耻骨三骨的体构成，与股骨头相关节，其底部中央粗糙且薄，无关节软骨附着，称为**髋臼窝**（acetabular fossa）。窝的周围骨面光滑，附以关节软骨，称**月状面**（lunate surface）。髋臼的前下部骨缘凹入，称**髋臼切迹**（acetabular notch）。

（一）髂骨

髂骨（ilium）在三骨中最大，位于髋骨的后上部，分为髂骨体和髂骨翼两部分。**髂骨体**（body of ilium）较肥厚，位于髂骨的下部，参与构成髋臼后上部。由体向上方伸出似长方形的骨板，称**髂骨翼**（ala of ilium）；翼的内面凹陷，称**髂窝**（iliac fossa），其为大骨盆的侧壁，髂窝的凹陷朝向外下方，窝的下方以**弓状线**（arcuate line）与髂骨体分界。弓状线前外侧端有一隆起，称**髂耻隆起**（iliopubic eminence）。髂窝的后份粗糙，有一窄且粗糙、近似竖直面的**耳状面**（auricular surface），与骶骨的耳状面相关节。髂骨翼的上缘肥厚且呈弓形向上凸弯，称**髂嵴**（iliac crest）。两侧髂嵴最高点的连线约平对第 6 腰椎棘突。髂骨翼的前缘近乎笔直向下至髋臼，无明显骨突；髂骨翼的后缘生有上、下两骨突，分别为**髂后上棘**（posterior superior iliac spine）和**髂后下棘**（posterior inferior iliac spine）。

（二）坐骨

坐骨（ischium）位于髋骨的后下部，可分为坐骨体及坐骨支两部分。**坐骨体**（ischial body）构成髋臼的背尾侧部和小骨盆的侧壁。体的后缘有一向后伸出的三角形突起，称**坐骨棘**（ischial spine），藏酋猴坐骨棘很不发达，表现为退化。坐骨棘与髂后下棘之间的较大凹陷为**坐骨大切迹**（greater sciatic notch），坐骨棘下方呈浅弧形的小凹陷，为**坐骨小切迹**（lesser sciatic notch）。由体向下延续为**坐骨上支**（superior ramus of ischium），其较肥厚，略呈三角形。坐骨上支继而转折向前内方形成**坐骨下支**（inferior ramus of ischium），坐骨下支较细且薄，其前端与耻骨下支相连。坐骨上、下支移行处的后部，骨面粗糙而肥厚，称**坐骨结节**（ischial tuberosity）。藏酋猴坐骨结节很发达，呈卵圆形，形成整个髋骨的尾侧面，是坐位时的承重点。

（三）耻骨

　　耻骨（pubis）位于髋骨的前下部，可分为耻骨体和耻骨支两部分。**耻骨体**（body of pubis）构成髋臼的腹尾侧部和小骨盆的侧壁。由体向前下内方伸出较细的**耻骨上支**（superior ramus of pubis），继而以锐角转折向下外方形成宽而薄的**耻骨下支**（inferior ramus of pubis）。耻骨下支构成耻骨联合的大部分，且在联合的尾侧部与坐骨下支愈合。与人不同，藏酋猴的耻骨联合很长，实质上为耻坐骨联合。耻骨上支的上缘有一锐利的骨嵴，称**耻骨梳**（pecten pubis），其后端起于髂耻隆起，前端终于**耻骨结节**（pubic tubercle）。耻骨结节内下侧的骨嵴称**耻骨嵴**（pubic crest）。由坐骨和耻骨围成的孔为闭孔，在活体闭孔有闭孔膜封闭。

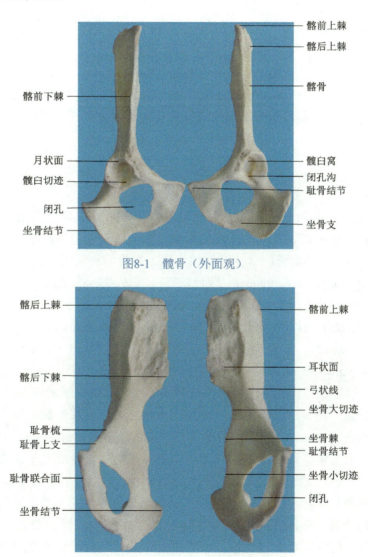

图8-1　髋骨（外面观）

图8-2　髋骨（内面观）

二、骨盆的连结

（一）耻骨联合

耻骨联合（pubic symphysis）由两侧耻骨联合面借纤维软骨构成的耻骨间盘（interpubic disc）连结而成（图 8-3）。藏酋猴的耻骨联合长而窄。耻骨联合的颅侧端有连结两侧耻骨的耻骨上韧带，尾侧端有耻骨弓状韧带。耻骨联合的活动甚微，但在分娩时，可有轻度分离，以增加骨盆的径线。

（二）骶髂关节

骶髂关节（sacroiliac joint）由骶骨耳状面与髂骨的耳状面构成，关节面凹凸不平，但彼此结合紧密，是微动关节。关节囊附着于两骨耳状面边缘。关节的腹侧、背侧、颅侧、尾侧和骨间都有韧带加强。主要有腹侧的骶髂前韧带（anterior sacroiliac ligament）和背侧的骶髂后韧带（posterior sacroiliac ligament）。髋骨与脊柱之间以髂腰韧带（iliolumbar ligament）最明显，附于末腰椎横突和髂嵴。骶髂关节结合牢固，活动性极小，以适应后肢支持体重的功能。

（三）骨盆

骨盆（pelvis）是由两侧的髋骨、背侧的骶骨和尾骨及其间的骨连结围成（图 8-3，图 8-4）。藏酋猴的骨盆长而窄，具有较宽的骨盆板，这可能与其运动方式有关。骨盆的腹侧壁为耻骨、耻骨支和耻骨联合。背侧壁为骶、尾骨的腹侧面。两侧壁为髂骨、坐骨、骶结节韧带（sacrotuberous ligament）及骶棘韧带（sacrospinous ligament）。后两条韧带与坐骨大、小切迹分别围成坐骨大、小孔（greater and lesser sciatic formaen）。骨盆的腹外侧有闭孔，由一层结缔组织膜所形成的闭孔膜（obturator membrane）。闭孔膜与闭孔沟围成闭膜管（obturator canal），有闭孔血管和神经通过。骨盆以界线（terminal line）为界，分为颅侧的大骨盆（greater pelvis）和尾侧的小骨盆（lesser pelvis）。界线是由骶骨岬向两侧经骶骨两侧的颅侧缘、弓状线、耻骨梳、耻骨结节至耻骨联合颅侧缘共同连成的环形线。大骨盆又称假骨盆，较浅，为腹腔的一部分。小骨盆又称为真骨盆，分为颅侧的骨盆上口（superior pelvic aperture）、尾侧的骨盆下口（infcrior pelvic aperture）和两口之间的骨盆腔。骨盆上口由上述界线围成，呈椭圆形或亚圆形，腹背径线大于左右径线。骨盆下口高低不齐，由尾骨尖、骶结节韧带、坐骨结节、坐骨支、耻骨支和耻骨联合尾侧缘围成，呈菱形。两侧坐骨支与耻骨下支连成耻骨弓（pubic arch），其间的夹角称耻骨下角（subpubic angle）。如同人的骨盆一样，藏酋猴的骨盆也有明显的性别差异。雄猴骨盆较雌猴的更粗壮，雄猴骨盆窄而长，而雌猴骨盆宽而短。成年雄猴骨盆从髂前上棘到坐骨结节远端的最大长度约 16cm；两髂前上棘之间的大骨盆最大宽度约为 10cm。从骶骨岬到耻骨联合颅缘的小骨盆最大径约为 8.2cm，左右最大横径约为 6cm，从骶骨尖腹侧到耻骨联合上缘的背腹径约为 7cm。在成年雌猴，其最大径线长度较成年雄猴短约 1cm，而其他径线较雄猴短约 0.5cm。

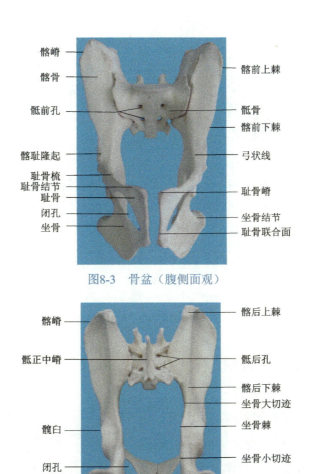

图8-3　骨盆（腹侧面观）

图8-4　骨盆（背侧面观）

第二节　盆壁与盆筋膜

盆壁包括盆壁肌和盆膈，盆筋膜包括盆壁筋膜、盆膈筋膜及盆脏筋膜。

一、盆壁肌

覆盖骨性盆壁内面的肌有闭孔内肌及梨状肌（图 8-5）。

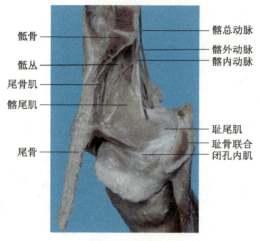

图8-5　盆壁肌

左侧标注（从上到下）：骶骨、骶丛、尾骨肌、髂尾肌、尾骨

右侧标注（从上到下）：髂总动脉、髂外动脉、髂内动脉、耻尾肌、耻骨联合、闭孔内肌

（一）闭孔内肌

位于盆侧壁的腹侧份，起自闭孔膜内面及其周围骨面，肌束向背侧移行汇集成一粗大的肌腱，绕坐骨小孔出骨盆，止于股骨转子窝。

（二）梨状肌

位于盆侧壁的背侧份，起自骶骨腹面外侧部，通过坐骨大孔至臀区止于股骨大转子，将坐骨大孔分隔为**梨状肌上孔**（suprapiriformis foramen）和**梨状肌下孔**（infrapiriformis foramen），孔内有神经和血管进出。

二、盆膈

盆膈（pelvic diahragm）又称盆底，它由肛提肌、尾骨肌、直肠缩肌、尾直肠肌及覆盖其颅侧面、背侧面的筋膜构成（图 8-5）。颅侧表面的筋膜为**盆膈上筋膜**（superior fascia of pelvic diaphragm），尾侧表面的筋膜称为**盆膈下筋膜**（inferior fascia of pelvic diaphragm）。盆膈封闭骨盆下口的大部分，将骨盆腔和会阴分开。其腹侧部有盆膈裂孔，由尾端的尿生殖膈封闭，在雄性猴孔内有尿道通过，在雌性猴则有尿道和阴道通过，盆膈背侧部有肛管通过。盆膈具有支持和固定盆内脏器官的作用，并可与腹肌和膈协同增加腹内压。

（一）肛提肌

肛提肌（levator ani）为一对四边形薄扁肌，左右联合成漏斗状。在藏酋猴中，肛提肌由耻尾肌和髂尾肌等构成。

1. 耻尾肌

耻尾肌（pubococcygeus）薄片状，居盆膈内侧，以腱膜起于耻骨联合内面及耻骨盆面颅侧部，纤维集中，与髂尾肌共同止于第 2 尾椎外侧和腹面。近背侧的纤维经过髂尾肌纤维的腹面和稍颅侧止于较近侧的尾骨上，近腹侧的纤维止于直肠的背侧。

2. 髂尾肌

髂尾肌（iliococcygeus）居盆膈外侧，以肌纤维起自髂骨内面，纤维集中，与耻尾肌共同止于第 2 尾骨外侧和腹面、第一人字骨及直肠背面，并延续成共同的尾屈肌腱。

（二）尾骨肌

尾骨肌（coccygeus）位于髂尾肌背侧，以肌纤维起自退化的坐骨棘及其邻近的坐骨，止于骶骨和尾骨横突腹面。

（三）直肠缩肌

直肠缩肌（retractor recti）是一对小而薄的肌片，以薄腱膜起自第 1、2 尾骨腹面两侧和第 1 人字骨，止于直肠，在雌猴中也止于阴道壁。

（四）尾直肠肌

尾直肠肌（caudorectalis）为单一的柱状肌，起自第 3、4 尾骨腹面，止于直肠背侧面。

三、盆筋膜

盆筋膜（pelvic fascia）是腹内筋膜的直接延续，可分为盆壁筋膜、盆脏筋膜和盆膈筋膜。

（一）盆壁筋膜

盆壁筋膜（parietal pelvic fascia）也称**盆筋膜壁层**，向颅侧越过界线与腹内筋膜相延续，覆盖盆壁的内表面和盆底肌的颅侧面。位于骶骨腹侧面的部分为骶前筋膜（又称 Waldeyer 筋膜），其与骶骨之间有丰富的静脉丛。覆盖梨状肌内表面的部分为梨状肌筋膜；闭孔内肌内表面的部分为闭孔筋膜。耻骨体盆腔面到坐骨棘的闭孔筋膜增厚，称**肛提肌腱弓**（tendinous pelvic fascia），为肛提肌和盆膈上、下筋膜提供起点和附着处。

（二）盆膈筋膜

盆膈上筋膜覆盖肛提肌和尾骨肌的腹侧面，腹侧和外侧附着于肛提肌腱弓，背侧与梨状肌筋膜和骶前筋膜相延续。盆膈下筋膜位于藏酋猴的尾侧端，贴于肛提肌和尾骨肌尾侧的表面，腹侧端附着于肛提肌腱弓，背侧端与肛门外括约肌的筋膜融合，构成坐骨直肠窝的内侧壁。

（三）盆脏筋膜

盆脏筋膜（visceral pelvic fascia）也称为盆筋膜脏层，呈鞘状包绕盆腔各脏器周围的结缔组织，为盆膈上筋膜向脏器表面的延续，并在脏器周围形成一些筋膜鞘、筋膜隔和韧带等，有支持、固定脏器位置的作用。包裹前列腺的部分称为**前列腺鞘**（fascial sheath of prostate），鞘内含有前列腺静脉丛。前列腺鞘向腹侧延续包裹膀胱，形成膀胱筋膜，比较薄弱，紧贴膀胱外表面。包裹直肠的筋膜为直肠筋膜，紧贴直肠外表面，不易剥离。

盆脏筋膜增厚形成韧带，内有血管、神经及结缔组织，雄猴主要有耻骨前列腺韧带、膀胱外侧韧带，雌猴主要有耻骨膀胱韧带等。这些韧带有维持脏器位置的作用。

盆脏筋膜向尾侧与盆膈上筋膜移行，在雄猴，直肠与膀胱、前列腺、精囊及输精管壶腹之间形成**直肠膀胱隔**（rectovesical septum）；在雌猴，直肠与阴道之间形成**直肠阴道隔**（rectovaginal septum）。颅端起自直肠膀胱陷凹（雌猴为直肠子宫陷凹）尾端伸达盆底，两侧附着于盆侧壁。此外，盆脏筋膜还伸入阴道与膀胱、尿道之间，分别形成膀胱阴道隔及尿道阴道隔。

四、盆筋膜间隙

盆壁筋膜、盆脏筋膜与覆盖盆腔的腹膜之间形成潜在的盆筋膜间隙。其中重要的间隙有耻骨后隙、直肠旁隙和直肠后隙。

（一）耻骨后隙

耻骨后隙（retropubic space）也称膀胱前隙，腹侧界为耻骨联合、耻骨上支及闭孔内肌筋膜；背侧界在雄猴为膀胱和前列腺，雌猴为膀胱；两侧界为脐内侧韧带；颅侧界为壁腹膜至膀胱上面的返折部；尾侧界在雄猴为盆膈和耻骨前列腺韧带（连结前列腺至耻骨联合尾侧缘），在雌猴为盆膈和耻骨膀胱韧带（连结膀胱颈至耻骨联合尾侧缘）。隙内为疏松结缔组织和静脉丛等。

（二）直肠旁隙

直肠旁隙（pararectal space）又称**骨盆直肠隙**（pelvirectal space），颅侧界为腹膜，尾侧界为盆膈，内侧界为直肠筋膜鞘，外侧界为髂内血管鞘及盆侧壁，腹前界在雄猴为膀胱和前列腺，雌猴为子宫、阴道和子宫阔韧带，后界为直肠与直肠侧韧带。

（三）直肠后隙

直肠后隙（retrorectal space）又称骶前间隙，腹侧界为直肠筋膜鞘，背侧界为骶前筋膜，两侧借直肠侧韧带与直肠旁隙分开，颅侧界为盆腹膜在骶骨前面的返折部，尾侧界为盆膈上筋膜。

第三节　盆部的血管、神经和淋巴

一、动脉

（一）髂总动脉

髂总动脉（common iliac artery）是腹主动脉的终支。从第 6 腰椎下缘或第 6 与第 7 腰椎间高度的腹面自腹主动脉发出，沿腰大肌内侧向尾侧斜行，至第 7 腰椎水平分为髂内动脉和髂外动脉，全长约 3cm。

（二）髂外动脉

髂外动脉（external iliac artery）在成年藏酋猴中长约 5cm。沿腰大肌腹内侧缘下行，经腹股沟韧带中点深面至股部，移行为股动脉。右侧输尿管跨过髂外血管起始部的腹侧入盆腔。在雄猴，髂外动脉外侧有睾丸动、静脉和生殖股神经与之伴行，其末端的腹侧有输精管跨过。在雌猴，髂外动脉起始部的腹侧有卵巢动、静脉跨过，末端腹侧有子宫圆韧带跨过。髂外动脉在靠近腹股沟韧带处发出旋髂深动脉、腹壁下动脉和髂腰动脉。**髂外静脉**（external iliac vein）伴行于同名动脉的内侧。

（三）髂内动脉

髂内动脉（internal iliac artery）是一短干，长约 2cm，向尾侧越过小骨盆上口入盆腔，沿盆壁背外侧壁下行，至梨状肌颅侧缘处分成前、后两干（图 8-6，图 8-7）。前干与脐外侧韧带相连，分支有旋股内侧动脉、闭孔动脉、膀胱下动脉和阴部内动脉等；后干分支较少，有骶外侧动脉、臀上动脉和臀下动脉。

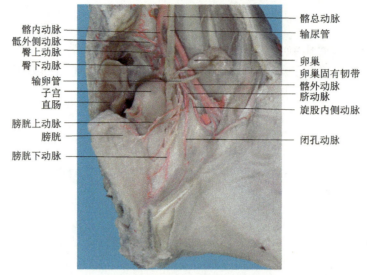

髂内动脉
骶外侧动脉
臀上动脉
臀下动脉
输卵管
子宫
直肠
膀胱上动脉
膀胱
膀胱下动脉

髂总动脉
输尿管
卵巢
卵巢固有韧带
髂外动脉
脐动脉
旋股内侧动脉
闭孔动脉

图8-6　雌猴盆腔的内容

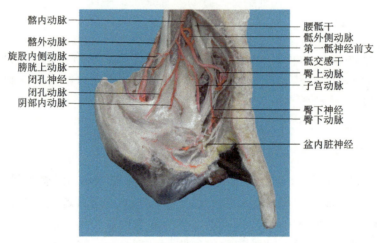

髂内动脉
髂外动脉
旋股内侧动脉
膀胱上动脉
闭孔神经
闭孔动脉
阴部内动脉

腰骶干
骶外侧动脉
第一骶神经前支
骶交感干
臀上动脉
子宫动脉
臀下神经
臀下动脉
盆内脏神经

图8-7　雌猴盆腔的血管和神经

1．旋股内侧动脉

旋股内侧动脉（medial circumflex femoral artery）为前干的第一条分支，或与闭孔动脉同干发自髂内动脉。经髂外动脉内侧穿过骨腱弓之下至股部，在髂腰肌和耻骨肌之间绕向背侧，分布于收肌群、股方肌及诸屈肌等。

2．闭孔动脉

闭孔动脉（obturator artery）起自髂内动脉前干，或与旋股内侧动脉同干发自髂内动脉。沿盆侧壁向腹尾侧，穿闭膜管至股部，有同名静脉、神经和淋巴管伴行。分布于股内收肌群和髋关节。

3．脐动脉

出生后**脐动脉**（umbilical artery）的远侧段闭锁，形成脐内侧韧带，近侧段仍然畅通，自此段发出**膀胱上动脉**（superior vesical artery），有时可有数支。

4. 膀胱下动脉

膀胱下动脉（inferior vesical artery）分布于膀胱尾侧部、精囊腺及前列腺。还有细支到直肠与膀胱间的淋巴结及直肠尾侧部。

5. 输精管动脉或子宫动脉

输精管动脉或**子宫动脉**（deferentialis or uterine artery）到输精管及精囊腺。在雌猴中，经子宫圆韧带，在子宫颈水平达子宫，发支到阴道和子宫颈之后，沿子宫外侧壁发出大量短的穿支。

6. 直肠下动脉

直肠下动脉（inferior rectal artery）详见各器官的血管。

7. 阴部内动脉

阴部内动脉（internal pudendal artery）为前干的一条粗支。穿梨状肌下孔，出盆腔至臀部，再经坐骨小孔入坐骨直肠窝，在坐骨直肠窝发出肛门动脉、会阴动脉和阴茎动脉。

8. 骶外侧动脉

骶外侧动脉（lateral sacral artery）沿骶骨盆面行向背侧，发支到骨盆肌后，沿第一骶骨的骶前孔内侧向尾侧端走行，分布于梨状肌、肛提肌和骶管内各结构。

9. 臀上动脉

臀上动脉（superior gluteal artery）经梨状肌颅侧缘出坐骨大孔到骨盆外，转向外侧与同名静脉及神经伴行，供应臀大肌。

10. 臀下动脉

臀下动脉（inferior gluteal artery）与臀上动脉一同发自后干。经梨状肌下孔出盆腔至臀部，供应臀大肌。

二、静脉

髂总静脉（common iliac vein）位于髂总动脉的背内侧，左、右髂总静脉在腹主动脉分叉处的右侧偏尾侧处汇合成下腔静脉。右髂总静脉比左髂总静脉略短，均在同名动脉的背内侧。

髂内静脉（internal iliac vein）很短，长约 1cm。由盆腔内静脉汇聚而成，在小骨盆位于同名动脉背内侧。髂内静脉属支较多，分为壁支和脏支，与髂内动脉同名分支伴行，收集盆部、臀部和会阴部的静脉血。盆内脏器的容积变化较大，故盆内脏器周围的静脉广泛吻合形成许多静脉丛，包括膀胱静脉丛、骶前静脉丛和直肠静脉丛。雄猴有前列腺静脉丛，包埋于前列腺鞘中，雌猴的子宫静脉丛和阴道静脉丛位于子宫和阴道的两侧，卵巢静脉丛位于卵巢周围和输卵管附近的子宫阔韧带内。上述绝大多数的静脉注入髂内静脉，而直肠内静脉丛主要汇入直肠上静脉，经肠系膜下静脉注入门静脉，为肝门静脉系和腔静脉系之间的交通之一。藏酋猴的盆腔内静脉丛无瓣膜，各丛之间的吻合丰富，存在广泛的侧支循环途径，有利于血液的回流。

三、淋巴

盆部的淋巴结一般沿血管排列，主要的淋巴结群有髂内外淋巴结、骶淋巴结和髂总淋巴结等。

（一）髂外淋巴结

髂外淋巴结（external iliac lymph node）沿髂外动脉排列，有 1 或 2 个。收纳腹股沟浅、深淋巴结的输出管及腹前壁尾侧部和部分盆腔内脏器官，其输出管汇入髂总淋巴结。

（二）髂内淋巴结

髂内淋巴结（internal iliac lymph node）沿髂内动脉及其分支排列，有 1 或 2 个。收纳大部分盆壁、盆内所有脏器、会阴深部结构、臀部和股尾侧部的淋巴，其输出管汇入髂总淋巴结。

（三）骶淋巴结

骶淋巴结（sacral lymph node）沿骶正中动脉和骶外侧动脉排列，收纳盆后壁、直肠、子宫颈和前列腺的淋巴，其输出管注入髂内淋巴结或髂总淋巴结。

（四）髂总淋巴结

髂总淋巴结（common iliac lymph node）沿髂总动脉周围排列，约有 3 个。通过收纳髂内淋巴结、髂外淋巴结和骶淋巴结的输出管，收集后肢、盆壁、盆腔脏器及腹壁下部的淋巴，其输出管分别注入左、右腰淋巴结。

四、神经

盆部的神经一部分来自腰、骶神经，另一部分来自内脏神经（图 8-7）。

（一）闭孔神经

闭孔神经（obturator nerve）来自腰丛，先在腰大肌内侧下行，沿盆侧壁经闭膜管至股部。

（二）骶丛

骶丛（sacral plexus）由腰骶干和第 1~2 骶神经前支组成，位于梨状肌前面，髂内动脉的背侧，其分支经梨状肌上、下孔出盆，分布于臀部、会阴及后肢。

（三）尾丛

尾丛（coccygeal plexus）由尾神经前支组成，位于尾骨肌的颅侧，主要发出肛尾神经，穿骶结节韧带后，分布于邻近的皮肤。

（四）内脏神经

内脏神经主要有骶交感干、腹下丛和盆内脏神经。

1. 骶交感干

骶交感干（sacral sympathetic trunk）由腰交感干延续而来，沿骶前孔内侧下降，至尾骨腹侧，两侧骶交感干末端汇合形成**奇神经节**（ganglion impar）。

2. 腹下丛

腹下丛（hypogastric plexus）分为上腹下丛和下腹下丛。**上腹下丛**（superior hypogastric plexus）又称骶前神经，是腹主动脉丛向尾侧延续的部分，此丛发出左、右腹下神经，行至第 3 骶椎高度，与盆内脏神经和骶交感节的节后纤维共同组成左、右下腹下丛。**下腹下丛**（inferior hypogastric plexus）（又称，pelvic plexus）。在雄猴位于直肠外侧面，在雌猴则位于直肠和阴道外侧面。由来自上腹下丛、骶交感神经节发出的节后纤维及盆内脏神经的副交感节前纤维。其分支伴髂内动脉及其分支走行，再围绕盆腔器官形成直肠丛、膀胱丛和前列腺丛或子宫阴道丛等，并随动脉分支分布于盆腔各脏器。

3. 盆内脏神经

盆内脏神经（pelvic splanchnic nerve）又称盆神经，由第 1~2 骶神经前支中的副交感神经节前纤维组成，随骶神经前支出骶前孔，离开骶神经前支形成盆内脏神经，加入下腹下丛（盆丛），随其分支到盆内脏器附近或脏器内的副交感神经节交换神经元，节后纤维分布于结肠左曲以下的消化管、盆内脏器及外阴等。

第四节　盆腔脏器

盆腔脏器包括泌尿器官、生殖器官及消化管的盆内部分。它们的位置关系是：腹侧为膀胱和尿道，尾侧是直肠，中间为内生殖器。在雄猴，膀胱、尿道与直肠之间为输精管、精囊及前列腺；在雌猴，膀胱、尿道与直肠之间为卵巢、输卵管、子宫及阴道。输尿管盆部沿盆腔侧壁由背侧向腹尾侧行至膀胱底。输精管盆部在骨盆侧壁自腹股沟管内口沿背尾侧行走。

一、直肠

（一）位置和形态

直肠（rectum）位于骶骨腹侧，雌猴偏右，在第一骶椎高度，在颅侧续乙状结肠，向尾侧穿过盆膈续为肛管，全长约9.0cm（图8-8）。由于三条结肠带在直肠扩散为纵肌层，结肠袋已完全消失。直肠下段管腔明显膨大，称**直肠壶腹**（ampulla of rectum）。藏酋猴像人一样，直肠壁内面有直肠横襞，矢状面也有两个弯曲，颅侧部弯曲与骶骨腹侧面的曲度一致，称**骶曲**（sacral flexure）；尾侧部绕过尾骨尖时形成向腹侧凸的**会阴曲**（perineal flexure）。直肠下段肠管明显膨大，称直肠壶腹，直肠从颅侧向尾侧，由腹膜间位逐渐移行为腹膜外位。在直肠颅侧部、两侧及腹侧均有腹膜包裹，行至第三骶椎高度，腹膜仅包被直肠的腹侧面。在雄猴移行于膀胱的背侧，覆盖精囊的颅侧部，构成直肠膀胱陷凹；在雌猴返折至阴道穹后部，形成直肠子宫陷凹。

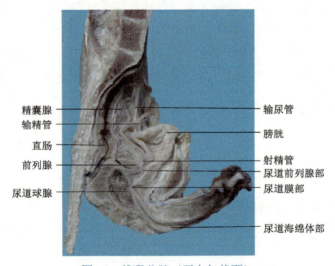

精囊腺	输尿管
输精管	膀胱
直肠	
前列腺	射精管
	尿道前列腺部
	尿道膜部
尿道球腺	
	尿道海绵体部

图8-8　雄猴盆腔（正中矢状面）

（二）毗邻

直肠背侧借疏松结缔组织与骶、尾骨和梨状肌相邻，其间有直肠上血管、骶丛和盆内脏神经及盆交感干等结构。直肠两侧借直肠侧韧带连于盆侧壁。韧带内有直肠下血管和盆内脏神经等结构；韧带背侧有盆丛和髂内血管的分支。雄猴直肠腹侧面隔着**直肠膀胱陷凹**（rectovesical pouch）与膀胱底颅侧部、精囊和输精管壶腹侧相邻；直肠尾侧部与膀胱底尾侧部、精囊、输精管壶腹、前列腺和输尿管盆部相邻，它们与直肠之间有直肠膀胱隔。雌猴直肠腹侧面隔着**直肠子宫陷凹**（rectouterine pouch）与子宫和阴道穹后部相邻，凹陷底腹膜返折线以下，直肠腹侧面与阴道之间有直肠阴道隔分隔。

（三）血管、淋巴和神经

1．动脉

直肠有直肠上动脉、直肠下动脉及骶正中动脉分布。**直肠上动脉**（superior rectal artery）为肠系膜下动脉的终支，在乙状结肠系膜内下行，自直肠侧壁进入直肠，分布于直肠壁内。**直肠下动脉**（inferior rectal artery）来自髂内动脉，其分支至直肠尾端和肛管颅端。骶正中动脉发出分支经直肠背面分布于直肠背侧壁。

2．静脉

直肠的静脉与同名动脉伴行，这些静脉都来自直肠肛管静脉丛。此丛可分为黏膜下及肛管皮下的直肠肛管内丛和位于腹膜返折线的尾侧、肌层表面的直肠肛管外丛。直肠肛管内丛以齿状线为界，分为颅侧的直肠肛管上丛和尾侧的直肠肛管下丛。

3．淋巴

直肠的淋巴多伴随相应静脉回流。①直肠颅侧部的淋巴管沿直肠上血管，向颅侧至肠系膜下淋巴结；②两侧沿直肠下血管汇入髂内淋巴结；③向尾侧穿肛提肌与坐骨肛门（直肠）窝内淋巴相通，汇入髂内淋巴结；④向背侧注入骶淋巴结。

4．神经

直肠和肛管齿状线以上由交感神经和副交感神经支配。交感神经来自上腹下丛和盆丛，纤维来自盆内脏神经，经盆丛、直肠下丛并通过直肠侧韧带分布于直肠和肛管。

二、膀胱

膀胱（urinary bladder）是贮尿的囊状器官，其位置、形状和大小因其盈虚而异（图 8-8）。占据着骨盆中较大的间隙。正常成年猴的膀胱容量为 60~80mL，随年龄和性别而变化。

（一）位置与形态

膀胱空虚时呈锥体状，可分为尖、体、底、颈四部分，各部之间无明显界线。顶部称膀胱尖，朝腹侧颅端。底部称膀胱底，呈三角形，朝背侧尾端。膀胱颈为膀胱的最低点，雄性与前列腺相邻，雌性与尿生殖膈相邻。膀胱空虚时，膀胱尖不超过耻骨联合颅侧缘，充盈时呈球形，则上升至耻骨联合颅侧缘以上。

（二）毗邻

膀胱的腹侧壁与耻骨联合相贴，其间为耻骨后隙，间隙内充填疏松结缔组织及脂肪，并有静脉丛。尾端外侧壁与肛提肌、闭孔内肌及其筋膜相邻，其间充满结缔组织，其中有膀胱的血管、神经及输尿管盆部穿行。膀胱颅侧面和底的颅侧部有腹膜覆盖，背侧面雄猴与输精管壶腹、精囊腺和直肠相邻，雌猴则与子宫、阴道相邻。膀胱颈尾端，雄猴邻接前列腺，雌猴则邻接尿生殖膈。膀胱空虚时为腹膜外位器官，充盈时则成为腹膜间位器官，盖于其颅侧面的腹膜返折线也随之向颅侧移，以致无腹膜覆盖的膀胱高出于耻骨联合颅侧缘，而与腹前外侧壁相贴。

（三）血管、淋巴和神经

1. 动脉

膀胱的动脉有膀胱上动脉和膀胱下动脉（图 8-6）。**膀胱上动脉**（superior vesical artery）起自髂内动脉的脐动脉近侧段，分布于膀胱上、中部。**膀胱下动脉**（inferior vesical artery）发自髂内动脉，分布于膀胱底、精囊、前列腺及输尿管盆部尾侧份等处。

2. 静脉

膀胱的静脉与动脉同名，在膀胱和前列腺两侧形成膀胱静脉丛，汇入膀胱静脉，注入髂内静脉。

3. 淋巴

膀胱的淋巴大部汇入髂外淋巴结，亦有少数注入髂内淋巴结、髂总淋巴结或骶淋巴结。

4. 神经

膀胱的交感神经来自脊髓第 11、12 胸节和第 1、2 腰节，经盆丛至膀胱，使膀胱平滑肌松弛，尿道内括约肌收缩而储尿。副交感神经来自脊髓第 1~2 骶节的盆内脏神经，支配膀胱逼尿肌，抑制尿道内括约肌，是与排尿有关的主要神经。与意识性控制排尿有关的尿道括约肌（雌猴为尿道阴道括约肌），则由阴部神经（属于躯体神经）支配。膀胱排尿反射通过盆内脏神经传入。

三、输尿管盆部和壁内部

（一）输尿管盆部

输尿管盆部于髂血管处续输尿管腹部，在颅侧的骨盆上口处，左、右侧输尿管分别越过左髂总动脉末段和右髂外动脉起始部的腹侧，入盆腔后，沿盆腔侧壁经髂内血管、腰骶干和骶髂关节腹侧，继而在脐动脉和闭孔血管、神经和膀胱上动脉的内侧，至坐骨棘附近转向腹侧穿入膀胱底，开口于膀胱的输尿管口。雄猴输尿管盆部经输精管背外侧，经输精管壶腹与精囊之间达膀胱底；雌猴输尿管盆部由背外侧向腹内侧走行，经子宫阔韧带基底部至子宫颈外侧达膀胱底，子宫动脉从外侧向内侧横越其腹侧颅端。

（二）输尿管壁内部

输尿管壁内部斜穿膀胱壁全层，开口于膀胱底输尿管口。两输尿管口相距约 2.5cm 进入膀胱，形成**膀胱三角**（trigone of bladder）的底部，输尿管壁内部长约 0.15cm，是输尿管最狭窄处，当膀胱充盈时，压迫输尿管壁内部，可阻止尿液自膀胱向输尿管逆流。

输尿管盆部的血液供应来源不同，输尿管盆部接近膀胱处来自膀胱下动脉的分支，雌猴还有来自子宫动脉的分支。

四、前列腺

前列腺（prostate）位于尿道前列腺部的背侧面（图 8-8），为一坚实的腺体，长约 2.8cm，宽约 3.9cm，厚约 2.9cm。颅侧端宽大为前列腺底，邻接膀胱颈，与精囊腺相贴，其腹侧有尿道穿入，背侧有双侧射精管穿入。尾侧端尖细，位于尿生殖膈颅侧，尿道由此穿出。尖与体之间为前列腺体，体分为腹侧面、背侧面和外侧面，腹侧面有耻骨前列腺韧带，使前列腺筋膜与耻骨背侧面相连；体的背侧面比较平坦，借直肠膀胱隔与直肠相邻。两侧面与髂尾肌和耻尾肌腹侧部内面相邻。

前列腺的血液供应主要来自膀胱下动脉、输精管动脉、直肠下动脉、髂内动脉的前干及脐动脉等。

五、输精管盆部、射精管、精囊及尿道球腺

输精管穿过腹股沟管腹环，越过髂外血管腹侧进入盆腔，沿盆侧壁行向背侧尾端，跨过膀胱上血管和闭孔血管，经输尿管末端腹侧至膀胱底的背侧面，在精囊腺腹内侧与对侧输精管并列达前列腺背侧颅端（图 8-8，图 8-9）。输精管在精囊腺腹内侧稍膨大的部分称为**输精管壶腹**（ampulla of ductus deferens），其管壁增厚，末端逐渐变细，与精囊腺的排泄管汇合成**射精管**（ejaculatory duct）。射精管长约 0.7cm，向腹尾侧穿前列腺底背侧，开口于尿道前列腺部。

精囊腺（seminal vesicle）为一分叶状囊状腺体，呈长三棱形，位于前列腺底的背侧颅端，输精管壶腹的背外侧和直肠腹面两侧（图 8-8，图 8-9）。精囊被结缔组织包裹和分隔，表面不光滑。此腺体比较发达，在成年猴中，长约 6.2cm，宽约 2.7cm，厚约 3.0cm，较人的显著增大。可分为盆面、直肠面和腹面，腹面被腹膜覆盖，并与直肠一起形成直肠膀胱凹的背侧面，其在前列腺内与输精管壶腹合并成射精管。

尿道球腺（bulbourethral gland）为一对长椭圆形的海绵体，此腺体也比较发达，在成年猴中，长约 4.0cm，宽约 2.0cm，较人的略大。位于尿道膜部两侧，在尿生殖膈之外，以细管开口于尿道海绵体部（图 8-8）。

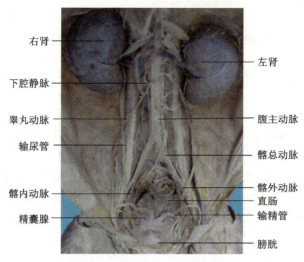

右肾
下腔静脉
睾丸动脉
输尿管
髂内动脉
精囊腺

左肾
腹主动脉
髂总动脉
髂外动脉
直肠
输精管
膀胱

图8-9　雄猴盆腔（上面观）

六、子宫

（一）位置与毗邻

　　子宫（uterus）位于膀胱与直肠之间，通常偏左侧，而直肠偏右侧（图 8-10）。其腹侧面隔膀胱子宫陷凹与膀胱相邻，背侧面借直肠子宫陷凹及直肠阴道隔与直肠相邻。子宫两侧有输卵管、子宫阔韧带和卵巢固有韧带；子宫颈外侧，在阴道穹侧部颅侧端有子宫主韧带。子宫阔韧带基部有子宫血管。子宫颈阴道部由阴道穹后部直肠子宫陷凹与直肠腹侧壁分隔。子宫颈阴道部借尿道阴道隔与尿道相邻。藏酋猴的子宫没有像人的呈前倾前屈位，子宫的长轴与躯干长轴一致（图 8-11）。子宫广泛地被腹膜所覆盖，前面的一层与覆盖膀胱的腹膜相续，后面的一层与直肠腹膜相续。因此，形成前面的和后面的膀胱子宫陷凹和直肠子宫陷凹。

（二）形态

　　子宫是中空的肌性器官，腹背径略扁，壁厚腔小，有腹侧面、背侧面及两侧缘。子宫可分为子宫底、子宫体和子宫颈三部。子宫底平滑，有厚的肌层，其两侧有子宫角，子宫体长约 2.0cm，宽约 1.6cm，厚约 1.4cm，形似倒置的梨形。子宫的内腔较为狭窄，可分为颅、尾两部分（图 8-11），颅端部在子宫体内，称为**子宫腔**（cavity of uterus），两侧通输卵管，向下通子宫颈管。尾侧部的腔在子宫颈内，称为**子宫颈管**（canal of cervix of uterus）。藏酋猴的子宫颈和人的不同，分内、外子宫颈管。内子宫颈管长约 1.1cm，向颅侧与子宫腔相通。外子宫颈管长约 3.2cm，其管壁明显增厚，约为内子宫颈管管壁的两倍，其腹侧壁较背侧壁厚。子宫颈管弯曲，凹向腹侧，颅端返折与内子宫颈管相通，尾侧端突入阴道内，称子宫颈阴道部；在阴道以上的部分，称子宫颈阴道上部。

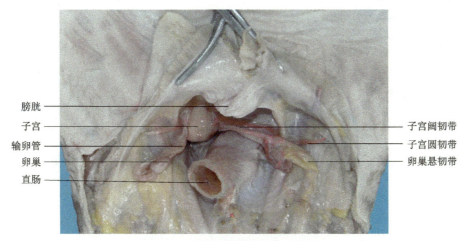

图8-10　雌猴盆腔（上面观）

膀胱
子宫
输卵管
卵巢
直肠

子宫阔韧带
子宫圆韧带
卵巢悬韧带

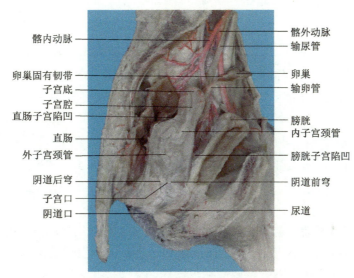

髂内动脉
卵巢固有韧带
子宫底
子宫腔
直肠子宫陷凹
直肠
外子宫颈管
阴道后穹
子宫口
阴道口

髂外动脉
输尿管
卵巢
输卵管
膀胱
内子宫颈管
膀胱子宫陷凹
阴道前穹
尿道

图8-11　雌猴盆腔（正中矢状面）

（三）子宫的韧带

1. 子宫阔韧带

子宫阔韧带（broad ligament of uterus）位于子宫两侧，为冠状位的双层腹膜皱襞，颅侧缘游离，内含输卵管；尾侧缘附着于盆底；外侧缘附着于盆侧壁；内侧缘与子宫前、后面的腹膜相续，子宫动脉沿此缘迂曲上行。阔韧带基部的腹、背层分别与膀胱子宫陷凹和直肠子宫陷凹处的腹膜移行，在子宫颈两侧的结缔组织中有输尿管和子宫血管经过（图 8-10）。

2. 子宫圆韧带

子宫圆韧带（round ligament of uterus）位于子宫阔韧带内，呈圆索状，长约 13cm，它起自子宫角、输卵管子宫口的腹侧尾端，沿盆侧壁向外侧走行，越过髂外血管及腹壁下动脉，穿过腹股沟管全长，止于阴阜和大阴唇皮下（图 8-10）。

3．子宫主韧带

子宫主韧带（cardinal ligament of uterus）在子宫颈两侧，由子宫阔韧带尾端返折处的纤维结缔组织和平滑肌纤维构成，连于子宫颈与盆侧壁之间，是固定子宫颈，防止子宫向下脱垂的重要结构。

4．骶子宫韧带

骶子宫韧带（sacrouterine ligament）起自子宫颈上部的后面，向背侧绕过直肠外侧，止于骶骨腹侧面，其表面由腹膜覆盖而形成直肠子宫襞。该韧带有牵引子宫颈向背侧颅端的作用。

（四）血管、淋巴和神经

1．子宫动脉

子宫动脉（uterine artery）起自髂内动脉，沿盆侧壁向内侧尾端走行至子宫阔韧带基底部，在此韧带两层腹膜间向内行，在距子宫颈外侧约 2cm 处，越过输尿管的腹前面，沿子宫颈侧缘迂回向腹侧走行，沿途分支进入子宫壁。分布于子宫、阴道、输卵管和卵巢。

2．子宫静脉

子宫静脉起自子宫阴道静脉丛，在平子宫口高度汇合成子宫静脉，汇入髂内静脉。

3．淋巴

子宫底和子宫体颅端的淋巴管主要沿卵巢血管注入腰淋巴结；子宫角附近的淋巴管沿子宫圆韧带注入腹股沟浅淋巴结；子宫体尾端和子宫颈的淋巴管沿子宫动脉注入髂内或髂外淋巴结，一小部分注入骶淋巴结或髂总淋巴结。

4．神经

子宫的神经主要来自盆丛的子宫阴道丛，此丛位于子宫颈阴道上部外侧的阔韧带基底部内。交感、副交感神经纤维皆通过此丛，从丛内发出的纤维分布于子宫和阴道上部。

七、卵巢

卵巢（ovary）为腹膜内位器官，左、右各一，呈卵圆形，长约 0.9cm，宽约 0.6cm，厚约 0.4cm（图 8-10）。颅侧端被输卵管包绕，称输卵管端，此端以**卵巢悬韧带**（suspensory ligament of the ovary）（骨盆漏斗韧带）连于骨盆侧壁，此韧带为包裹卵巢的腹膜返折形成的皱襞，是子宫阔韧带的延续，韧带内有卵巢血管、淋巴管及卵巢神经丛等。尾侧端以**卵巢固有韧带**（proper ligament of ovary）连于子宫角，称子宫端，卵巢离子宫有一相当的距离，故卵巢固有韧带显得较长。背侧缘游离，在游离的背侧颅端处附有卵巢伞。

腹侧缘中部有血管、淋巴管、神经出入处称卵巢门，并借卵巢系膜连于子宫阔韧带的背侧层。卵巢的血供由卵巢动脉及子宫动脉的卵巢支供应。卵巢动脉起自腹主动脉，向尾端走行至骨盆上口处，跨越髂外血管，经卵巢悬韧带进入子宫阔韧带两层间，分支经卵巢系膜入卵巢。卵巢静脉与同名动脉伴行，左侧注入左肾静脉，右侧注入下腔静脉。

八、输卵管

输卵管（uterine tube）位于子宫两侧，子宫阔韧带颅侧缘内，有系膜连结，形成固有的卷曲，当剪开系膜拉直时，全长约 6cm（图 8-10）。输卵管由内向外分为四部分。

（1）**输卵管子宫部**　在子宫角处穿子宫壁，行于子宫壁的肌层内，开口于子宫腔，该口称为输卵管子宫口。

（2）**输卵管峡部**　紧接子宫壁外面，短而细直，管壁厚，管腔小。

（3）**输卵管壶腹**　管腔粗而弯曲，约占输卵管全长的 2/3。卵细胞通常在此处受精。

（4）**输卵管漏斗部**　为外侧端的扩大部分，呈漏斗状，漏斗周围有许多指状突起，称为输卵管伞。漏斗底部有输卵管腹腔口，开口于腹膜腔，卵巢排出的卵经此进入输卵管。

输卵管的子宫部和峡部由子宫动脉的分支供应，输卵管漏斗部和壶腹部由卵巢动脉的分支供应。输卵管的静脉向外侧汇入卵巢静脉；向内侧汇入子宫静脉。雌猴生殖管道（阴道、子宫、输卵管）通过输卵管腹腔口与腹膜腔通连。

九、阴道

阴道（vagina）从子宫颈到阴道口部有厚的肌壁，富有伸展性，颅侧端包绕子宫颈阴道部，在子宫颈与阴道之间的环形间隙称为**阴道穹**（fornix of vagina），按其部位分为腹侧部、背侧部和左、右侧部。背侧部最深，与直肠子宫陷凹之间仅隔以阴道背侧壁及一层腹膜。尾侧端开口于阴道前庭，称阴道口（图 8-11）。从背侧部穹窿到阴道口长约 1.7cm。阴道腔内黏膜形成许多小横襞，即阴道皱襞；在横襞基础上有几条粗大的纵襞。此外，阴道黏膜角质化很显著，尤其在靠近阴道的远端。

阴道穿过盆膈和尿生殖膈，大部分分布于盆膈颅端，小部分在盆膈尾端，因此分属于盆部和会阴部。阴道腹侧壁颅端与膀胱底和膀胱颈相邻，两者之间隔以膀胱阴道隔；腹侧壁的中段和尾端与尿道为邻，其间隔为尿道阴道隔。背侧壁颅端与直肠子宫陷凹相邻，中段部借直肠阴道隔与直肠壶腹相邻；尾端与肛管之间有会阴中心腱。

第五节　会　　阴

会阴（perineum）是指盆膈以后封闭骨盆下口的全部软组织。其腹侧方为**尿生殖区**

（urogenital region），背侧方为**肛区**（anal region）（图 8-12）。雄性会阴较长，从阴囊后界到肛门中心的距离约为 7.5cm。雌性会阴较短，从阴道口后端到肛门中心的距离约为 1.5cm。会阴部软组织结构主要为皮肤、肌肉及筋膜。会阴皮肤的颜色较其他部位深，呈紫黑色。体毛较其他地方稀少。

耻骨联合下缘

坐骨胝胝

尾

尿生殖区

肛区

图8-12　雌性会阴分区

一、肛区

肛区又称为肛门三角，有肛管和肛门。**肛管**（anal canal），长约 1cm，续于直肠，终于肛门。**肛门**（anus）为背腹唇紧密相贴的扁平管口，横径为 1.5~2.0cm。肛管周围有**肛门外括约肌**（sphincter ani externus），是一连续的肌，紧贴肛门周围皮下。纤维止于会阴中心的纤维组织中。

二、雄性尿生殖区

皮肤被覆阴毛，富有汗腺和皮脂腺。此区浅筋膜含脂肪很少，深层结构包括深筋膜、会阴肌等。

（一）雄性的会阴肌

雄性的会阴肌包括**球海绵体肌**（bulbocavernosus muscle）和**坐骨海绵体肌**（ischiocavernosus muscle）（图 8-13）。

1. 球海绵体肌

球海绵体肌是非常宽大的肌，位于坐骨海绵体肌的背侧，起于尿道海绵体下面的正中缝隙，纤维向两侧弯向深面，止于包围尿道球的筋膜。球海绵体肌包绕着尿道。

2．坐骨海绵体肌

坐骨海绵体肌为一条短肌，呈半球形，位于海绵体的周围。肌纤维起自坐骨结节及腹侧部的棘突，止于阴茎海绵体白膜和阴茎筋膜。

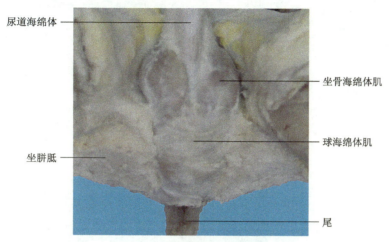

图8-13　雄性会阴肌

（二）阴囊与精索下部

1．精索

精索（spermatic cord）由输精管、精索内动脉和静脉等组成。始于腹股沟管深环，止于睾丸后缘。其近端位于腹股沟管内，远端位于阴囊内。在阴囊侧壁近阴茎根部易触及光滑坚韧的输精管。

2．阴囊

阴囊（scrotum）是容纳睾丸、附睾和精索远端的囊，悬于耻骨联合下方，两侧股部之间，最长可达2cm。阴囊表面皮肤薄、起皱、有少量阴毛，沿中线有明显的阴囊缝，在其深面存在阴囊肉膜和阴囊隔（图8-14）。**肉膜**（dartos coat）是阴囊的浅筋膜，含有平滑肌纤维，与皮肤组成阴囊壁，并在正中线上发出**阴囊中隔**（scrotal septum），将阴囊分成左、右两部。肉膜深面由外向内依次为：**精索外筋膜**（external spermatic fascia）、**提睾肌**（cremaster muscle）、**精索内筋膜**（internal spermatic fascia）、**睾丸鞘膜**（tunica vaginalis of testis）（图8-15）。睾丸鞘膜不包裹精索，分为脏层和壁层，脏层贴于睾丸和附睾的表面，在附睾后缘与壁层相移行，两层之间为鞘膜腔。

（三）睾丸和附睾

1．睾丸

睾丸（testis）呈椭圆形，位于阴囊内。在成年猴中，长约5cm，宽约3.5cm，厚约2.8cm。睾丸最表面是睾丸固有鞘膜脏层，其下是厚而坚韧的睾丸白膜。白膜在睾丸系膜缘部伸入睾丸内形成**睾丸纵隔**（mediastinum testis），由纵隔再发出**睾丸小隔**（septula testis）（图 8-16）。

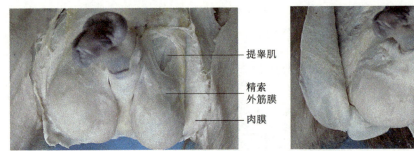

提睾肌

精索
外筋膜

肉膜

图8-14　阴囊的浅层结构

皮肤

阴囊中隔

肉膜

图8-15　阴囊的深层结构

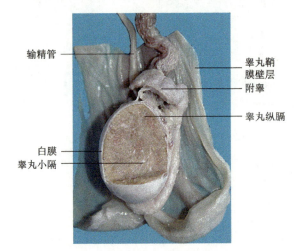

输精管

睾丸鞘
膜壁层

附睾

睾丸纵膈

白膜

睾丸小隔

图8-16　睾丸的结构

2．附睾

附睾（epididymis）分头、体、尾三部。头大尾小。头附于睾丸上端，体紧贴睾丸背外侧面，尾以锐角从下端背面转到睾丸上端内侧面与输精管相续。

（四）阴茎

阴茎（penis）的根部固定在会阴浅隙内。阴茎体和头为可动部，悬于耻骨联合下方。阴茎的游离部分长约 4.5cm，而固着部从阴茎海绵体脚起长约 11cm。包皮没有完全包着阴茎头，不仅裸露出阴茎头，而且暴露出阴茎体约 2cm 长。阴茎头横径约 2.6cm，尿道外口长约 1.5cm。

1．阴茎的组成

阴茎由两条阴茎海绵体和一条尿道海绵体组成。阴茎海绵体位于阴茎的背部，近端左、右分离，称阴茎脚，分别附于两侧的耻骨下支和坐骨支。远端阴茎海绵体扩展形成一个帽状的阴茎头，阴茎头部有一条阴茎软骨。尿道海绵体位于阴茎海绵体的腹侧，尿道贯穿其全长。

2. 阴茎的层次

三个海绵体的外面由浅入深有皮肤、浅筋膜和深筋膜。皮肤薄而有伸缩性。**阴茎浅筋膜**（superficial fascia of penis）疏松无脂肪，内有阴茎背静脉及阴茎背动脉。**阴茎深筋膜**（deep fascia of penis）包裹阴茎的三条海绵体。**白膜**（albuginea）分别包裹三条海绵体（图 8-17）。

图8-17　精索和阴茎

（五）雄性尿道

雄性尿道（male urethra）（图 8-18）兼有排尿和排精的功能。起自膀胱的尿道内口，止于阴茎头的尿道外口。雄性尿道分为前列腺部、膜部和海绵体部，分别穿过前列腺、尿生殖膈和尿道海绵体。尿道在行程中粗细不一，有三个狭窄和两个弯曲。三个狭窄分别位于尿道内口、尿道膜部和尿道外口。两个弯曲是凹向下后方的耻骨下弯和凸向上前方的耻骨前弯。

图8-18　雄性的尿道（正中矢状切面）

三、雌性尿生殖区

（一）尿生殖三角

雌性尿生殖三角的层次结构基本与雄性相似，皮肤被以阴毛，富有汗腺和皮脂腺。此区浅筋膜含脂肪很少，深层结构包括深筋膜、会阴肌等。此区内有尿道和阴道通过。

（二）雌性尿道

雌性尿道（female urethra）短而直，全长 2cm 或稍长些。向前下方穿过尿生殖膈，开口于阴道前庭。尿道后面为阴道，两者的壁紧贴在一起。从膀胱底的尿道内口到阴道前庭的外口，直径逐渐扩大。尿道黏膜有若干条纵形皱襞。尿道外口呈现出一较大的乳头，此乳头纵裂成左右各一的折襞（图 8-19）。

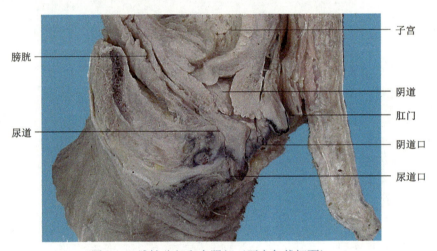

子宫
膀胱
阴道
肛门
尿道
阴道口
尿道口

图8-19　雌性盆部和会阴部（正中矢状切面）

（三）雌性外生殖器（图 8-20）

1. 阴阜

阴阜（monspubis）为耻骨联合前面的皮肤隆起，皮下富有脂肪，生有少量阴毛。

2. 大阴唇

大阴唇（greater lip of pudendum）为阴阜向两侧后外延伸的长隆起皮肤皱襞，一般情况下，大阴唇不明显。

3. 小阴唇

小阴唇（lesser lip of pudendum）位于大阴唇内侧的皮肤皱襞，光滑无毛，并且在前面两侧的小阴唇联合成阴蒂包皮。

4. 阴蒂

阴蒂（clitoris）位于阴裂前缘，由两个阴蒂脚、一个阴蒂体和一个阴蒂头组成。长约1.1cm。在阴蒂头下表面有一浅的裂口，在阴蒂内存在发达的阴蒂海绵体组织。

（四）雌性会阴肌

包括泄殖腔括约肌和坐骨海绵体肌（图8-21）。

1. 泄殖腔括约肌

雌性的会阴肌较少分化，在此提及的**泄殖腔括约肌**（sphincter cloacale）包括了肛门外括约肌、球海绵体肌和尿道阴道括约肌的纤维。肌纤维较弱，其间并无明显界限。泄殖腔括约肌包绕肛门和尿生殖管道。粗的纤维由肛门背面绕向坐骨结节与阴道之间伸向腹侧，且逐渐减弱，止于尿道外口腹侧的腱膜。其中一些表层纤维到阴道和尿道，参加较深的尿道阴道括约肌。一部分表层纤维横过肛门与阴道之间的会阴。还有一部分表层纤维束从肛门背面斜向腹外侧止于坐骨结节。环绕肛门的肌纤维即构成肛门外括约肌的纤维是比较粗壮的。但是，位于肛门腹侧的相当于球海绵体肌的纤维十分细小。尿道阴道括约肌最内部的纤维环绕尿道，外部纤维环绕尿道和阴道，最外部纤维仅达阴道侧壁。

小阴唇

坐骨脏

尾

阴蒂
尿道口
阴道口

肛门

图8-20　雌性外生殖器

2. 坐骨海绵体肌

坐骨海绵体肌起于坐骨结节腹侧部，止于阴蒂脚。一般很不发达，有时仅以少量纤维表现出来。

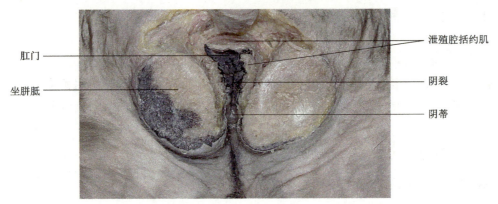

肛门

坐胕胝

泄殖腔括约肌

阴裂

阴蒂

图8-21　雌性会阴肌

第九章

后　肢

概　述

　　藏酋猴的后肢除具有攀爬的功能外，还可使身体直立和支持体重。与人不同，其后肢骨骼较前肢细小，但骨连结的形式较前肢复杂，具有较强的灵活性。后肢的肌肉数目较前肢少，但较发达。

一、境界与分区

　　后肢与躯干直接相连。腹侧面以腹股沟与腹部分界，背侧面以髂嵴与腰、骶部分界，上端内侧为会阴部。后肢全长可分为臀部、股部、膝部、小腿部、踝和足部。

二、体表标志

1. 臀部与股部

　　在臀部的上界，可扪及髂嵴全长及前端的髂前上棘和后端的髂后上棘。在髂前上棘后上方约 2.5cm 处可扪及髂结节，在其下方约 10cm 处能触及股骨大转子。两侧髂嵴最高点连线平对第 6 腰椎棘突。藏酋猴坐骨结节明显且发达，在臀下部内侧可触及。在腹股沟内侧端的前方可扪及耻骨结节，其内下为耻骨嵴，两侧耻骨嵴连线中点稍下方为耻骨联合的上缘。髂前上棘与耻骨结节之间为腹股沟韧带。

2. 膝部

　　膝部前方可扪及髌骨和下方的髌韧带，其下端可触及胫骨粗隆。髌骨两侧可分别触及上方的股骨内、外侧髁和下方的胫骨内、外侧髁。股骨内、外侧髁侧面的突出部为股骨内、外上髁。藏酋猴股骨内上髁的上方没有明显的收肌结节。屈膝时，在膝部后方两侧可清楚摸到外侧的股二头肌腱与内侧的半腱肌、半膜肌肌腱。

3. 小腿部

　　小腿部前面为纵行的胫骨前缘。在胫骨粗隆后外侧可触及腓骨头及其下方的腓骨颈。

4．踝与足

踝部两侧可扪及内、外踝，后方可扪及跟腱，其下方为跟骨结节。足内侧缘中部稍后有舟骨粗隆，外侧缘中部可触及第 5 跖骨粗隆。

第一节　后肢骨及其连结

一、后肢骨

藏酋猴后肢骨分为后肢带骨和自由后肢骨两部分。后肢带骨即髋骨，自由后肢骨包括股骨、髌骨、胫骨、腓骨及 7 块跗骨、5 块距骨和 14 块趾骨。

（一）后肢带骨

髋骨（hip bone）详见第八章第一节。

（二）自由后肢骨

1．股骨

股骨（femur）可分为一体两端，上端朝向内上方，其末端膨大呈球形，称**股骨头**（femoral head），与髋臼相关节。头的中央稍下方，有一小的**股骨头凹**（fovea of femoral head），为股骨头韧带的附着处。头的外下方稍细的部分称**股骨颈**（neck of femur），颈与体约成 100°角。颈体交界处的外侧，有一向上的隆起，称**大转子**（greater trochanter），其内下方较小的隆起，称**小转子**（lesser trochanter）。藏酋猴的大、小转子均较发达，大转子尖端高出股骨头的水平。大转子的内侧面下部有一凹陷，称**转子窝**（trochanteric fossa）。大、小转子之间，前面有**转子间线**（intertrochanteric line），后面有**转子间嵴**（intertrochanteric crest）相连。转子间线在小转子腹侧内面较明显，转子间嵴粗壮，从大转子背缘伸展到小转子。

股骨体（shaft of femur）粗壮，呈圆柱形，全体微向前凸，比小腿骨长。前面光滑，后面有一明显纵行的骨嵴，称**粗线**（linea aspera）。粗线可分内侧、外侧两唇，两唇在体的中部靠近，而向上、下两端则逐渐分离。外侧唇向上外移行为**臀肌粗隆**（gluteal tuberosity），内侧唇向上内移行为**耻骨肌线**（pectineal line）。两唇向下形成两骨嵴，分别连于股骨下端的内、外上髁。

下端与人比较相似，为两个向后突出的膨大，分别称**内侧髁**（medial condyle）和**外**

侧髁（lateral condyle），内侧髁较外侧髁稍大。两髁的下面和后面都有关节面与胫骨上端相关节，前面的光滑关节面接髌骨，称**髌面**（patellar surface）。在后方，两髁之间有一深凹陷，称**髁间窝**（intercondylar fossa）。内侧髁的内侧面和外侧髁的外侧面各有一粗糙隆起，分别称**内上髁**（medial epicondyle）和**外上髁**（lateral epicondyle）。藏酋猴没有明显的收肌结节（图9-1）。

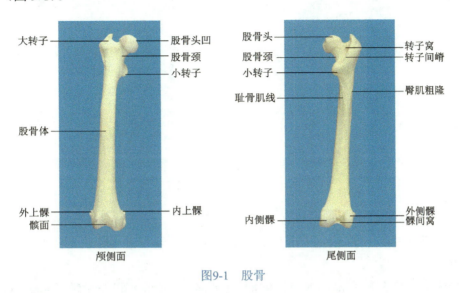

图9-1　股骨

2．髌骨

髌骨（patella）是藏酋猴体内最大的籽骨，包埋于股四头肌腱内。底朝上，尖向下，前面粗糙，后面为光滑的关节面，与股骨的髌面相关节，参与膝关节的构成。髌骨近侧连于伸肌腱，远侧与髌韧带相连，可在体表摸到（图9-2）。

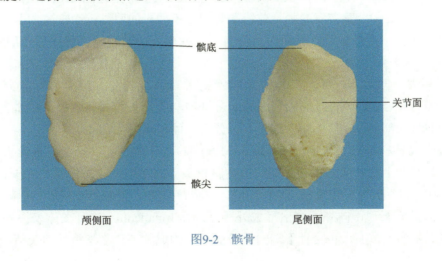

图9-2　髌骨

3．小腿骨

小腿骨包括胫骨和腓骨，胫骨位于小腿骨内侧，腓骨位于小腿骨外侧。胫骨粗大，上端与股骨下端、髌骨共同构成膝关节。腓骨细长，上端未参与膝关节的组成，而以微动关节及韧带连接于胫骨外侧。但两骨的下端都参与踝关节的构成（图 9-3）。

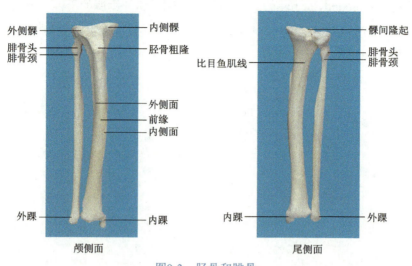

外侧髁　　内侧髁　　髁间隆起
腓骨头　　胫骨粗隆　　比目鱼肌线　　腓骨头
腓骨颈　　　　　　　腓骨颈
外侧面
前缘
内侧面
外踝　　内踝　　内踝　　外踝
颅侧面　　尾侧面

图9-3　胫骨和腓骨

（1）**胫骨**（tibia）（图 9-3）　可分为一体和两端，短于股骨，长于腓骨，骨体微弯，凹面向后内。

上端膨大，向两侧突出，形成**内侧髁**（medial condyle）和**外侧髁**（lateral condyle）。两髁上面各有关节面，与股骨下端的内、外侧髁及髌骨的关节面相关节，共同构成膝关节。两髁之间的粗糙隆起，称**髁间隆起**（intercondylar eminence）。外侧髁的后下面有一关节面，接腓骨小头，称**腓关节面**（fibular articular facet）。上端的前面有一粗糙的隆起，称**胫骨粗隆**（tibial tuberosity）。内、外侧髁和胫骨粗隆于体表可摸到。

胫骨体的前缘较钝，在体表可以触及。外侧缘为小腿骨间膜所附着，称**骨间缘**（interosseous border）。藏酋猴的胫骨前缘和骨间缘不如人的明显，均较钝。内侧面表面无肌肉覆盖，在皮下可以触及。后面的上份有一斜向内下方的粗线，称**比目鱼肌线**（soleal line）。

下端膨大呈四边形，下面有与距骨相接的关节面。内侧有伸向下方的突起称**内踝**（medial malleolus）；外侧有**腓切迹**（fibular notch）与腓骨相关节。内踝可在体表摸到。

（2）**腓骨**（fibula）（图 9-3）　细长，也分为一体和两端。

上端膨大呈三角形，称**腓骨头**（head of fibula），在体表可以触及。腓骨头内上面有关节面，与胫骨上端外面的关节面相关节，腓骨头下方缩细，称**腓骨颈**（neck of fibula）。腓骨体形状不规则，内侧缘锐利，称骨间缘，与胫骨骨间缘相对，为小腿骨间膜的附着处。下端稍膨大呈椭圆形，向外下突出形成**外踝**（lateral malleolus），可在体表摸到。外踝的内面有较平整的关节面，和胫骨下端的关节面共同构成关节窝，与距骨相关节。

4. 足骨

足骨包括跗骨、距骨和趾骨三部分（图 9-4）。

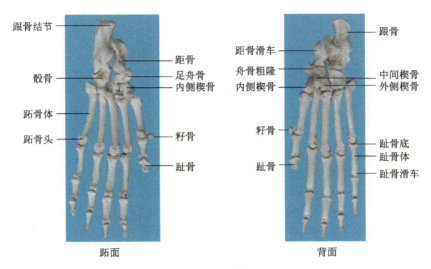

图9-4　足骨

（1）**跗骨**（tarsal bone）　属于短骨，形状不规则，关节面极为复杂，位于足骨的近侧部，相当于手的腕骨，共7块。可分为前、中、后三列，即后列相叠的距骨和跟骨；中列的足舟骨；前列的由内向外依次称为内侧楔骨、中间楔骨和外侧楔骨。跟骨的前方为骰骨。

1）**距骨**（talus）：位于胫腓两骨远侧端之下，跟骨的上方，是足与小腿相接的唯一的骨，可分为头、颈、体三部。前部为距骨头，前面有关节面与舟骨相接。头部稍后偏细的部分为距骨颈，藏酋猴的距骨颈较人的长。颈部后方较大的部分为距骨体，体上面及两侧面的上份均为关节面，称为**距骨滑车**（trochlea of talus），前宽后窄，与胫骨下关节面及内、外踝关节面构成踝关节。体和头的下面，有前、中、后三个关节面，分别与跟骨上面相应的关节面相关节。

2）**跟骨**（calcaneus）：是跗骨中最大的一块骨，位于距骨的后下方，可分为跟骨体和跟骨结节。跟骨体是跟骨的主要部分，前部为一鞍状关节面，与骰骨相关节；后部膨大，称**跟骨结节**（calcaneal tuberosity）。上面的前份有前、中、后三个关节面，与距骨下面相应的关节面构成关节。内侧面的前上部有一突起，支撑上方的距骨，称载距突，十分发达。

3）**足舟骨**（navicular bone）：呈舟状，位于足中部内侧，距骨头与三块楔骨之间。舟骨的后面凹陷接距骨头，前面隆凸与三块楔骨相关节。内侧面的隆起称**舟骨粗隆**（tuberosity of navicular bone），外侧面有一个小关节面，与骰骨构成关节。

4）**骰骨**（cuboid bone）：呈立方形，位于足中部外侧，跟骨与第4、5跖骨底之间，内侧面接第3楔骨及足舟骨，在骰骨外侧缘有一籽骨。

5）**楔骨**（cuneiform bone）：共三块，由内向外分别称为内侧、中间、外侧楔骨或称第1、第2和第3楔骨，向前分别与第1、2、3跖骨底相关节，向后接舟骨。

（2）**跖骨**（metatarsal bone）　为小型长骨，位于足骨的中间部，共5块，其形状大致与掌骨相当。由内侧向外侧依次为第1~5跖骨。第1跖骨短而粗，第2~5跖骨细而长。每一跖骨分为底、体和头三部，近端为底，与跗骨相接，中间为体，远端称头，与近节趾骨相接。第1、2、3跖骨底分别与第1、2、3楔骨相关节，第4、5跖骨底与骰骨相关节。第5跖骨底向后外侧的突出，称**第5跖骨粗隆**（tuberosity of fifth metatarsal bone），体表可摸到。

（3）**趾骨**（phalanx of toe）　共 14 块，形状和排列与指骨相似，但都较短小。除蹈趾为两节外，其余的趾骨均有三节。

二、后肢骨的连结

后肢骨的连结包括后肢带骨的连结和自由后肢骨的连结。

（一）后肢带骨的连结

后肢带骨的连结包括骶髂关节、耻骨联合、髋骨与脊柱间的韧带连结等。

1．骶髂关节

骶髂关节（sacroiliac joint）详见第八章第一节。

2．耻骨联合

耻骨联合（pubic symphysis）详见第八章第一节。

3．髋骨与脊柱间的韧带连结

（1）**骶结节韧带**　呈扇形，起自骶、尾骨的外侧缘，向外方经骶棘韧带的后方止于坐骨结节。

（2）**骶棘韧带**　位于骶结节韧带的前方，较薄，呈三角形，起于骶骨下端及尾骨的外侧缘，向外方与骶结节韧带交叉后止于坐骨棘。

上述两条韧带与坐骨大、小切迹共同围成坐骨大孔和坐骨小孔，是臀部与盆腔和会阴部之间的通道，有肌肉、肌腱、神经、血管等通过。

（3）**髂腰韧带**　为强韧的三角形韧带，连于第 6、7 腰椎横突与髂骨翼之间。

（二）髋关节

髋关节（hip joint）（图 9-5）由股骨头与髋臼构成，属于杵臼关节。髋臼内仅月状面被覆关节软骨，髋臼窝内含少量脂肪，可随关节内压的增减而被挤出或吸入，以维持关节内压的平衡。在髋臼的边缘有纤维软骨构成的**髋臼唇**（acetabular labrum）附着，加深了关节窝的深度。在髋臼切迹上横架有**髋臼横韧带**（transverse acetabular ligament），并与切迹围成一孔，有神经、血管等通过。关节囊厚而坚韧，上端附于髋臼的周缘和髋臼横韧带，下端大部分附着于股骨头与股骨颈结合处，且在大转子相对面有关节囊延伸部，故关节囊覆盖着股骨颈的全部及大转子与股骨颈结合处的大转子内侧面。髋关节周围有韧带加强，主要是前面的**髂股韧带**（iliofemoral ligament），长而坚韧，上方附于髂前下棘的下方，呈"人"字形，向下附于股骨的转子间线。此韧带在关节囊前部和上部结合处表现为宽且厚的带，并在关节囊前上部的上面扩展开。髂股韧带可限制大腿过度后伸。

此外，关节囊下部有**耻股韧带**（pubofemoral ligament）增强，可限制大腿过度外展及旋外。关节囊后部有**坐股韧带**（ischiofemoral ligament）增强，有限制大腿旋内的作用。关节囊的纤维层呈环形增厚，环绕股骨颈的中部，称为**轮匝带**（zona orbicularis），能约束股骨头向外脱出，此韧带的纤维多与耻股韧带及坐股韧带相编织，而不直接附在骨面上。**股骨头韧带**（ligament of head of femur）为关节腔内的扁纤维束，在近侧主要附着于髋臼窝、髋臼横韧带和韧带腹侧的骨；在远侧附着于股骨头凹。此韧带有滑膜被覆，内有营养股骨头的血管通过。

　　髋关节为多轴性关节，能作前屈后伸、内收外展、旋内旋外及环转运动。但由于股骨头深嵌在髋臼中，髋臼又有髋臼唇加深，包绕股骨头与股骨颈，因此关节头与关节窝二者的面积差甚小，故运动范围较小；加之关节囊厚，限制关节运动幅度的韧带坚韧有力。因此，与肩关节相比，该关节的稳固性大，而灵活性则甚差。

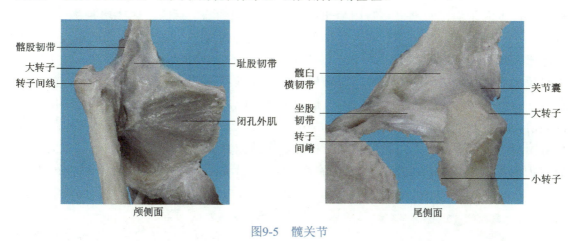

髂股韧带　　大转子　　转子间线　　耻股韧带　　闭孔外肌　　颅侧面

髋臼横韧带　　坐股韧带　　转子间嵴　　关节囊　　大转子　　小转子　　尾侧面

图9-5　髋关节

（三）膝关节

　　膝关节（knee joint）（图 9-6）由股骨内、外侧髁和胫骨内、外侧髁及髌骨构成，与人一样，藏酋猴膝关节为最大且构造最复杂、损伤机会较多的关节。

　　膝关节囊宽大而松弛，附着于各骨关节软骨的周缘。关节囊的周围有韧带加固。前方为**髌韧带**（patellar ligament），是股四头肌肌腱的延续，从髌骨下端延伸至胫骨粗隆，在髌韧带的两侧，有髌内、外侧支持带，为股内侧肌和股外侧肌腱膜的下延，并与膝关节囊相编织，有防止髌骨向侧方脱位的作用。后方有**腘斜韧带**（oblique popliteal ligament），使关节囊背面得到加强，由半膜肌的腱纤维部分编入

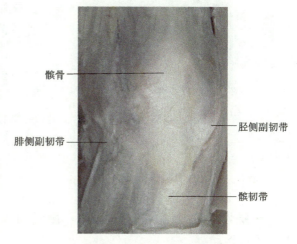

髌骨　　腓侧副韧带　　胫侧副韧带　　髌韧带

图9-6　膝关节（颅侧面）

关节囊所形成，斜向外上止于股骨外上髁，可阻止小腿过度前伸。内侧有**胫侧副韧带**（tibial collateral ligament），为扁带状，起自股骨内上髁，向下止于胫骨粗隆外侧胫骨上部的前内侧面。外侧为**腓侧副韧带**（fibular collateral ligament），是独立于关节囊外的圆形纤维束，起自股骨外上髁，止于腓骨小头外面。

关节囊的滑膜层广阔，除关节软骨及半月板的表面无滑膜覆盖外，关节内所有的结构都被覆着一层滑膜。在髌上缘，滑膜向上方呈囊状膨大，称为髌上囊。在髌骨下部的两侧，滑膜形成皱襞，突入关节腔内，皱襞内充填以脂肪和血管，形成翼状襞。两侧的翼状襞向上方逐渐合成一条带状的皱襞，称为髌滑膜襞，伸至股骨髁间窝的前缘。

由于股骨内、外侧髁的关节面呈球面凸隆，而胫骨髁的关节窝较浅，彼此很不适合。在关节内，生有由纤维软骨构成的一对半月板和一对交叉韧带（图9-7）。半月板的外缘较厚，与关节囊紧密愈合；内缘较薄，游离在股骨、胫骨两骨的关节面之间；半月板上面略凹陷，下面平坦，两端借韧带附着于胫骨髁间隆起的前、后方。**内侧半月板**（medial meniscus）大而较薄，呈"C"形，缺口朝向胫骨的髁间隆起，前端狭窄而后端较宽。前端起于胫骨髁间前窝的前份，位于前交叉韧带的前方；后端附着于髁间后窝，位于外侧半月板与后交叉韧带附着点之间，边缘与关节囊纤维层及胫侧副韧带紧密愈合。**外侧半月板**（lateral meniscus）较小，呈"O"形，中部宽阔，前、后部均较狭窄。前端附着于髁间前窝，位于前交叉韧带的后外侧，后端止于髁间后窝，位于内侧半月板后端的前方，外缘附着于关节囊，但不与腓侧副韧带相连。半月板具有一定的弹性，能缓冲重力，起着保护关节面的作用。由于半月板的存在，将膝关节腔分为不完全分隔的上、下两腔，除使关节头和关节窝更加适应外，也增加了运动的灵活性。

膝关节内有两条交叉韧带，即前后交叉韧带。**前交叉韧带**（anterior cruciate ligament）附着于胫骨髁间前窝，斜向后外上方，止于股骨外侧髁内面的后份，有制止胫骨前移的作用。**后交叉韧带**（posterior cruciate ligament）位于前交叉韧带的后内侧，较前交叉韧带短，起自胫骨髁间后窝及外侧半月板的后端，斜向前上内方，附于股骨内侧髁外面的前份，具有限制胫骨后移的作用。

藏酋猴膝关节可以屈到使小腿和大腿的背面相接触，而伸展却不能达到一条直线。另外可内旋和外旋。

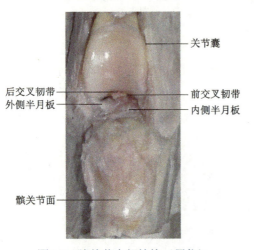

关节囊

后交叉韧带
外侧半月板

前交叉韧带
内侧半月板

髌关节面

图9-7　膝关节内部结构（屈位）

（四）小腿骨的连结

小腿骨的连结包括胫腓关节、小腿骨间膜和胫腓韧带连结。小腿两骨连结很紧密，几乎不能运动。

（五）足骨的连结

足骨的连结包括踝关节、跗骨间关节、跗跖关节、跖骨间关节、跖趾关节和趾骨间关节。

1. 踝关节

踝关节（ankle joint）（图 9-8）由胫、腓骨下端的关节面与距骨滑车构成，故又名距骨小腿关节。胫骨的下关节面及内、外踝关节面共同组成的"冂"形的关节窝，容纳距骨滑车（关节头）。由于滑车关节面前宽后窄，当足背屈时，较宽的前部进入窝内，关节稳定；但在跖屈时，滑车较窄的后部进入窝内，踝关节松动且能作侧方运动，此时踝关节容易发生扭伤，其中以内翻损伤最多见。因外踝比内踝长而低，故可阻止距骨过度外翻。腓骨的外踝关节面一部分与胫骨的腓切迹相接触，另一部分贴于距骨滑车外侧面。

关节囊前后较薄，两侧较厚，并有韧带加强。**内侧韧带**（medial ligament）为一强韧的三角形韧带，又名三角带，位于关节的内侧。起自内踝，呈扇形向下止于距、跟、舟三骨。由于附着部不同，由后向前可分为四部：距胫后韧带、跟胫韧带、胫舟韧带和位于其内侧的距胫前韧带。三角带主要限制足的背屈，前部纤维则限制足的跖屈。胫跟斜韧带自内踝内侧面向前下外，沿距骨颈的背外侧面附于跟骨前部的背面，附着点外侧有趾伸肌支持带。小腿横韧带与其近侧端密切相连，其为一条宽而扁的带状韧带，在两踝近侧伸肌腱的浅面。**外侧韧带**（later ligament）位于关节的外侧，自前向后排列有距腓前韧带、跟腓和距腓后韧带，连结于外踝与距、跟骨之间。

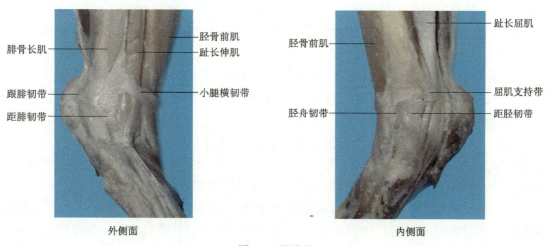

腓骨长肌	胫骨前肌		趾长屈肌
	趾长伸肌	胫骨前肌	
跟腓韧带	小腿横韧带		屈肌支持带
距腓韧带		胫舟韧带	距胫韧带
外侧面		内侧面	

图9-8　踝关节

踝关节属滑车关节，可沿通过横贯距骨体的冠状轴做背屈及跖屈运动。在跖屈时，足可做一定范围的侧方运动。

2. 跗骨间关节

跗骨间关节（intertarsal joint）（图 9-9）种类很多，较重要的有距跟关节、距跟舟关节和跟骰关节等。

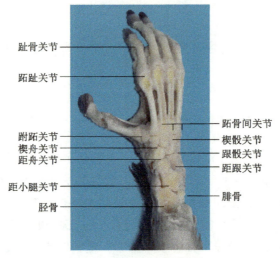

趾骨关节
跖趾关节
跗跖关节
楔舟关节
距舟关节
距小腿关节
胫骨

跖骨间关节
楔骰关节
跟骰关节
距跟关节
腓骨

图9-9　足关节（水平切面）

（1）**距跟关节**（talocalcaneal joint）　由距骨下面的后关节面与跟骨的后关节面构成，属微动关节。关节囊薄而松弛，有一些强韧的韧带连结距跟两骨。距跟关节能协助踝关节的背屈或跖屈。

（2）**距跟舟关节**（talocalcaneonavicular joint）　关节头为距骨头，关节窝由舟骨后方的距骨关节面、跟骨上面的前、中关节面构成，近似于球窝关节。距跟舟关节周围的韧带有距跟骨间韧带、跟舟跖侧韧带及分歧韧带等。其中以跟舟跖侧韧带最为重要，此韧带短而宽，坚强有力，起自跟骨载距突前缘，止于舟骨的下面和内侧面。

跗骨间还有舟骨与三个楔骨构成的舟楔关节，外侧楔骨、舟骨与骰骨内侧面间的楔骰舟关节。

足运动时，踝关节、距跟关节、距跟舟关节往往联合活动，所以一般将此三关节合称足关节。距骨在足关节中处于骨性关节盘的地位，即在上关节腔活动时，主要表现为足的跖屈和背屈运动；在下关节腔（距骨与跟骨、舟骨之间）活动时，通过跟骨后面和距骨颈上面中点连线的轴线（由后向前上方的斜线），跟骨、舟骨连同其他足骨对距骨转动。足内侧缘上提，跖面转向内侧时，称内翻；反之，足外侧缘提起，足跖面转向外侧时，称外翻。一般情况下，足跖屈时常伴有内翻，足背屈时则常伴有外翻。

（3）**跟骰关节**（calcaneocuboid joint）　由跟骨的骰骨关节面与骰骨的后关节面构成，属微动关节。关节周围有一些韧带加强，其中重要的韧带有跖长韧带，为足底长而坚韧的韧带，起自跟骨跖面的后份，向前止于骰骨跖面及第2~5跖骨底，对维持外侧纵弓有重要作用。跟骰跖侧韧带短而宽，且强韧，起自跟骨跖面前份，止于骰骨跖面的后份，亦有维持足底外侧纵弓的作用。

（4）**跗横关节**（transverse tarsal joint）　由跟骰关节和距跟舟关节联合构成，关节线呈"S"形弯曲横过跗骨群的中间，内侧部凸向前方，外侧部凸向后方。这两个关节关节腔彼此相连，并与距跟关节腔相通。

3. 跗跖关节

跗跖关节（tarsometatarsal joint）由三块楔骨和骰骨的远侧面与 5 个跖骨底构成，属平面关节，可做轻微的运动。

4. 跖骨间关节

跖骨间关节（intermetatarsal joint）位于 2~5 跖骨底的毗邻之间，属平面关节，活动甚微。

5. 跖趾关节

跖趾关节（metatarsophalangeal joint）由各跖骨头与各趾的近节趾骨底构成，属椭圆关节，可做屈、伸及轻微的收、展运动。

6. 趾骨间关节

趾骨间关节（interphalangeal joint）由各趾相邻的两节趾骨的底与滑车构成，属滑车关节，可做屈、伸运动。

（六）足弓

足弓（arches of the foot）是由跗骨、跖骨的拱形砌合及足底的韧带、肌腱等具有弹性和收缩力的组织共同构成的一个凸向上方的弓，可分为纵弓及横弓。足纵弓又分为内侧纵弓和外侧纵弓两部：内侧纵弓在足的内侧缘，由跟骨、距骨、舟骨、三块楔骨和内侧第 1~3 跖骨构成。弓由胫骨后肌腱、趾长屈肌腱、踇长屈肌腱，以及足底的短肌、跖长韧带和跟舟跖侧韧带等结构维持，弓曲度大，弹性强，适于跳跃并能缓冲震荡；外侧纵弓在足的外侧缘，由跟骨、骰骨及第 4、5 跖骨构成，维持弓的结构有腓骨长肌腱、小趾侧的肌群、跖长韧带及跟骰跖侧韧带等，弓曲度小、弹性弱，主要与直立负重姿势的维持有关。横弓由各跖骨的后部及跗骨的前部构成，维持足弓除韧带外，还有腓骨长肌及踇收肌等。

足弓的主要功能是保证直立时足底支撑的稳固性，当藏酋猴跳跃或从高处落下着地时，足弓弹性起着重要的缓冲震荡的作用，同时还有保持足底的血管和神经免受压迫等作用。

第二节　臀　　部

一、境界

前界为髂嵴，后界为坐骨结节，内侧界为骶、尾骨外侧缘，外侧界为髂前上棘至大转子间的连线。

二、浅层结构

藏酋猴臀部毛短而稀疏，皮肤较厚且粗糙，皮脂腺和汗腺不如人的发达。皮下脂肪垫相对于人而言较薄。近髂嵴和臀下部的脂肪垫稍厚，中部较薄，内侧在骶骨后面及髂后上棘附近最薄。藏酋猴臀部具有厚而坚韧的坐胼胝，是由致密而又透明的角质颗粒细胞组成，是两个高度角质化垫。坐胼胝覆盖着坐骨结节，呈卵圆形，周围裸露无毛，成年藏酋猴的坐胼胝通常有明显的颜色，大多呈红色。浅筋膜中皮神经分三组：**臀上皮神经**（superior cluneal nerve）由第 1~3 腰神经后支的外侧支组成，分布于臀部上部皮肤。臀上皮神经一般有三支，以中支最长，有时可达臀沟，支配相应部位的臀筋膜和皮肤组织。**臀下皮神经**（inferior cluneal nerve）发自股后皮神经，绕臀大肌下缘至臀下部皮肤。**臀内侧皮神经**（medial cluneal nerve）为第 1~3 骶神经后支，较细小，在髂后上棘至尾骨尖连线的中段穿出，分布于骶骨后面和臀内侧皮肤。此外，臀部上外侧和下外侧部皮肤分别有髂腹下神经的外侧皮支、股外侧皮神经分布。

三、深层结构

（一）深筋膜

臀部深筋膜又称**臀筋膜**（gluteal fascia），是腰背筋膜的直接相续。上部与髂嵴骨膜愈合，在臀大肌上缘分两层包绕臀大肌，并向臀大肌肌束间发出许多纤维小隔分隔肌束。内侧部愈合于骶、尾骨背面骨膜，外侧部移行为阔筋膜。

（二）肌层

臀肌为髋肌的背侧群，分为三层。

1. 浅层

浅层有两块，为臀大肌和阔筋膜张肌（图 9-10）。

（1）**臀大肌**（gluteus maximus） 位于臀部浅层，略呈方形，起自三个或三个以上尾椎横突和来自腰骶部的腰背筋膜；一部分直接止于阔筋膜，并与阔筋膜张肌相融合，另一部分在股二头肌颅侧缘深面止于股骨臀肌粗隆。在臀大肌和坐骨结节间有**臀大肌坐骨囊**（sciatic bursa of gluteus maximus），臀大肌外下方的腱膜与大转子之间还有**臀大肌转子囊**（trochanteric bursa of gluteus maximus）。

（2）**阔筋膜张肌**（tensor fasciae latae） 位于大腿上部表面，髂前上棘下方，界于臀中肌和缝匠肌之间。起自髂前上棘和髂骨腹外侧缘上部，肌腹较短，外侧肌纤维与臀大肌相融合，其余肌纤维约在大腿中上 1/3 交界处消失，移行为阔筋膜。

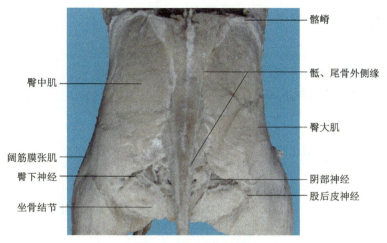

图9-10　臀部深层结构

2. 中层

中层有 5 块，自上而下为臀中肌、梨状肌、孖肌、闭孔内肌和股方肌。

（1）**臀中肌**（gluteus medius）　位于臀大肌和阔筋膜张肌下方，较臀大肌粗大，且肌块非常厚实。起于髂骨背侧缘和腹外侧缘，在髂骨腹外侧缘与阔筋膜张肌的起点相融合，止于股骨大转子背外侧。

（2）**梨状肌**（piriformis）　位于臀中肌尾侧深面。起于后两个骶椎横突，直接过坐骨神经浅面；肌纤维集中斜向尾外侧，止于股骨大转子内侧尖端。

（3）**孖肌**（gemellus）　藏酋猴此肌是连续的单一肌片，不能像人那样分成上、下孖肌。颅侧部较小，尾侧部较大。起于坐骨小切迹附近，止于股骨转子窝。

（4）**闭孔内肌**（obturator internus）　肌块较发达。起于闭孔膜内面及闭孔边缘周围骨面，在骨盆内肌束向后集中形成肌腱绕坐骨小切迹，止于股骨大转子内侧基部的转子窝。

（5）**股方肌**（quadratus femoris）　是一厚的四方形肌，位于孖肌腹尾侧。起于坐骨结节末端外侧部，恰在股二头肌深面；向外下止于股骨小转子和转子间嵴下段。

3. 深层

深层有两块，为臀小肌和闭孔外肌。

（1）**臀小肌**（gluteus minimus）　位于臀中肌深面，较小，呈扇形。起于髂骨翼外面的背侧缘，肌纤维向下集中止于股骨大转子前缘。

（2）**闭孔外肌**（obturator externus）　在股方肌深面，较发达。起于闭孔膜外面及闭孔边缘周围骨面，止于转子窝。

在臀肌之间，由于血管神经的穿行或疏松结缔组织的填充，形成许多相互连通的间隙。其中，臀大肌深面间隙的交通较广泛，可沿梨状肌上、下孔通盆腔，借坐骨小孔通坐骨直肠窝，还可沿坐骨神经到达大腿后面。

（三）梨状肌上、下孔及其穿行的结构

梨状肌位于臀中肌尾侧部深面。起始于盆腔后壁，后两个骶椎横突，向外穿过**坐骨大孔**（greater sciatic foramen）出盆腔，止于股骨大转子内侧尖端。与坐骨大孔的上、下缘之间各形成一间隙，分别称为梨状肌上孔和梨状肌下孔，各自有重要的血管和神经穿过。

1. 梨状肌上孔

通过梨状肌上孔的结构，自外侧向内侧依次为**臀上神经**（superior gluteal nerve）、**臀上动脉**（superior gluteal artery）和**臀上静脉**（superior gluteal vein）。臀上神经是骶丛的分支，穿臀中、小肌之间，并发出分支支配此二肌。臀上动脉是髂内动脉的分支，经梨状肌上孔至臀部即分为浅、深两支：浅支主要营养臀大肌；深支与臀上神经伴行，供应臀中肌、臀小肌和髋关节。臀部深静脉与动脉伴行。

2. 梨状肌下孔

通过梨状肌下孔的结构，自外侧向内侧依次为**坐骨神经**（sciatic nerve）、**股后皮神经**（posterior femoral cutaneous nerve）、**臀下神经**（inferior gluteal nerve）、**臀下动脉**（inferior gluteal artery）、**臀下静脉**（inferior gluteal vein）、**阴部内动脉**（internal pudendal artery）、**阴部内静脉**（internal pudendal vein）和**阴部神经**（pudendal nerve）（图9-10）。藏酋猴坐骨神经也是全身最粗大的神经，发自骶丛 $L_{4\sim5}$，$S_{1\sim2}$，以单干形式出梨状肌下孔至臀部，在臀大肌和股方肌之间，经坐骨结节和股骨大转子之间，进入股后区。臀下动、静脉主要供应臀大肌。阴部内动、静脉自梨状肌下孔穿出后，绕坐骨棘外面经坐骨小孔入坐骨直肠窝，并发出分支供应会阴部结构，在入窝之前发出营养支分布于坐骨神经。股后皮神经伴随坐骨神经下行至股后部皮肤，在臀大肌下缘与坐骨结节之间出皮下，并发出分支分布于大腿后部及外侧皮肤。阴部神经伴阴部内动、静脉进入坐骨直肠窝，分布于会阴部。

（四）坐骨小孔及其穿行的结构

坐骨小孔（lesser sciatic foramen）由骶棘韧带、坐骨小切迹、骶结节韧带围成。其间通过的结构由外侧向内侧依次为：阴部内动、静脉和阴部神经。这些结构经梨状肌下孔出盆腔后，绕坐骨棘经坐骨小孔入坐骨直肠窝，分布于会阴部诸结构。

（五）髋关节的韧带及周围动脉网

1. 髋关节的韧带

髋关节的韧带分为囊内韧带和囊外韧带两部分。囊外韧带主要有：髂股韧带位于髋关节的前方，起自髂前上棘，向下以两条纤维束附着于转子间线的内侧和外侧，可限制髋关节的过伸运动。耻股韧带和坐股韧带分别起于耻骨和坐骨，其加强了髋关节囊的前、

后部。囊内韧带主要有股骨头韧带，附着于股骨头凹和髋臼切迹之间，内有血管通过，对股骨头有一定的营养作用。

2. 髋关节周围动脉网

髋关节周围动脉网与人结构相似，有髂内、外动脉及股动脉等的分支分布，组成吻合丰富的动脉网。在臀大肌深面，股方肌与大转子附近也有"臀部十字吻合"，其分别由两侧的旋股内、外侧动脉，上部的臀上、下动脉和股深动脉的第 1 穿动脉等组成。其次，在近髋关节的盆侧壁处，还有旋髂深动脉、髂腰动脉、骶外侧动脉、骶正中动脉等及其间的吻合支。

第三节　股　　部

股部上界前面为腹股沟韧带，后面为臀肌下缘，上端内侧邻会阴部，下端以膝关节分界。经股骨内、外侧髁的垂线，可将股部分成股前内侧区和股后区。

一、股前内侧区

（一）浅层结构

皮肤薄厚不均，毛的密度、粗细等也不均，内侧较薄而柔软，皮脂腺较多，外侧较厚。浅筋膜近腹股沟处分为浅层的脂肪层和较深层的膜性层，分别与腹前壁下部的脂肪层（Camper 筋膜）和膜性层（Scarpa 筋膜）相续。膜性层在腹股沟韧带稍下方与股部深筋膜（阔筋膜）相融合。浅筋膜中有浅动脉、浅静脉、浅淋巴管、淋巴结及皮神经分布（图 9-11）。

1. 浅动脉

浅动脉主要有旋髂浅动脉、腹壁浅动脉和阴部外动脉。**旋髂浅动脉**（superficial iliac circumflex artery），多由股深动脉起始部发出，斜向颅外侧沿腹股沟韧带走向髂前上棘，分布于腹前壁下外侧部。**腹壁浅动脉**（superficial epigastric artery），在股深动脉起点稍上方或稍下方的内侧壁发出，斜向颅内侧，分布于腹前壁下部。**阴部外动脉**（external pudendal artery）与腹壁浅动脉同干，行向内侧，分布于外生殖器皮肤。

2. 大隐静脉

藏酋猴没有**大隐静脉**（great saphenous vein）。

3．浅淋巴结

浅淋巴结集中排列在股前内侧区，称**腹股沟浅淋巴结**（superficial inguinal lymph node）。与人不同，藏酋猴只有一群，位于腹股沟部皮下段血管腹面，有 4~6 个淋巴结，其输出淋巴管注入髂外淋巴结。

4．皮神经

股前内侧区的皮神经有不同的来源及分布。主要有：**股外侧皮神经**（lateral femoral cutaneous nerve），发自腰丛，穿腰大肌，沿该肌表面下降到腹股沟，在腹股沟环与髂前上棘的中点稍下方穿阔筋膜，分前、后两支；前支分布于大腿外侧面皮肤，后支分布于臀区外侧皮肤（图 9-11）。**股神经前皮支**（anterior cutaneous branch of femoral nerve），来自股神经，在大腿前面中部穿缝匠肌和阔筋膜，分为三支。其中两支经缝匠肌表面，分布于大腿前面内侧及小腿上方内侧的皮肤；另一短支分布于大腿上部内侧的皮肤。**闭孔神经皮支**（cutaneous branch of obturator nerve）多数穿股薄肌或长收肌，分布于股内侧中、上部的皮肤。此外，尚有生殖股神经及髂腹股沟神经的分支，分布于股前区上部皮肤。

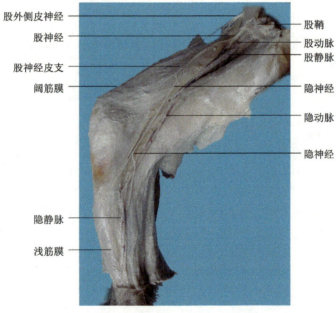

图9-11　股前内侧区浅、深层结构

（二）深层结构

1．深筋膜

大腿深筋膜又称**阔筋膜**（fascia lata）或大腿固有筋膜（图 9-11），坚韧而致密。藏酋猴的阔筋膜相当于人的髂胫束。在大腿外侧通过臀大肌与腰背筋膜相续，在内侧与阔筋膜张肌相延续。坚韧的腱膜覆盖于股四头肌，并经股四头肌与股二头肌之间，附于股骨干上，远端附于髌骨的表面结构和小腿上部。此腱膜在股内侧肌上变得很薄弱。

2. 骨筋膜鞘

阔筋膜向大腿深部发出股内侧、股外侧和股后三个肌间隔，伸入各肌群之间，并附于股骨粗线，与骨膜及阔筋膜共同形成三个骨筋膜鞘，容纳相应的肌群、血管及神经。

（1）**前骨筋膜鞘**　容纳股前群肌，股动、静脉，股神经及腹股沟深淋巴结等。

股前群肌又称大腿伸肌群，包括缝匠肌和股四头肌（图 9-12）。

缝匠肌（sartorius）为一细长的扁带状肌，位于大腿内侧最浅层。在髂前上棘下方约2 横指处，起自髂骨腹外侧缘，经大腿的前面，转向内侧，止于胫骨粗隆内下方。

股四头肌（quadriceps femoris）有 4 个头，即：股直肌、股内侧肌、股外侧肌和股中间肌。股直肌位于股四头肌浅层中间，肌腹呈梭形，起于髂前下棘。股内侧肌和股外侧肌大小与股直肌相当，分别起于股骨干上段腹内、外侧面。股中间肌位于股内侧肌和股外侧肌之间，在股直肌深面，主要起于股骨干前面。4 个头向下形成一腱，包绕髌骨的前面和两侧，继而向下续为髌韧带，止于胫骨粗隆。

（2）**内侧骨筋膜鞘**　容纳股内侧群肌，闭孔动、静脉和闭孔神经等。

内侧群肌又称大腿收肌群，共有 5 块，位于大腿的内侧，分层排列。浅层自内侧向外侧有股薄肌、长收肌、耻骨肌；在耻骨肌和长收肌的深面为短收肌；在上述肌深面有一块呈三角形的宽而厚的大收肌（图 9-12）。

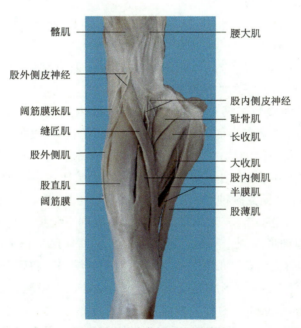

髂肌　　　　　　　　　　　　　　　　　　腰大肌

股外侧皮神经

股内侧皮神经
阔筋膜张肌　　　　　　　　　　　　　　　耻骨肌
缝匠肌　　　　　　　　　　　　　　　　　长收肌
股外侧肌　　　　　　　　　　　　　　　　大收肌
　　　　　　　　　　　　　　　　　　　　股内侧肌
股直肌　　　　　　　　　　　　　　　　　半膜肌
阔筋膜　　　　　　　　　　　　　　　　　股薄肌

图9-12　股前内侧区深层结构

股薄肌（gracilis）位于大腿最内侧浅面，为扁薄的带状肌。起于耻骨联合外侧缘的颅侧，以腱膜止于胫侧副韧带下方及胫骨前内侧缘，止点后下部覆盖着半膜肌。

长收肌（adductor longus）位于大收肌浅面，起于耻骨结节前份内侧，恰在耻骨联合外上方，在股薄肌和耻骨肌之间，止于股骨粗线。

耻骨肌（pectineus）是一短的上窄下宽的肌块，占据着股三角后缘。起于耻骨颅侧缘外侧，止于股骨粗线的上段。

短收肌（adductor brevis）位于耻骨肌和长收肌的深面，起于耻骨支，在上述两肌起点深面，止于股骨粗线上 1/4。

大收肌（adductor magnus）在内侧肌群中最为宽大，其前面上方为短收肌，下方为长收肌，内侧为股薄肌，后面紧贴半腱肌、半膜肌和股二头肌。起于坐骨结节、坐骨支和耻骨下支的前面，止于股骨粗线内、外唇和股骨内上髁。

（3）**后骨筋膜鞘**　见股后区。

3．肌腔隙与血管腔隙

腹股沟韧带与髋骨间被连于腹股沟韧带和髋骨的髂耻隆起之间的韧带**髂耻弓**（iliopectineal arch），分隔成内、外侧两部。即外侧的肌腔隙和内侧的血管腔隙，它们是腹、盆腔与股前内侧区之间的重要通道。

（1）**肌腔隙**（lacuna musculorum）前界为腹股沟韧带外侧部，后外界为髂骨，内侧界为髂耻弓。内有髂腰肌、股神经和股外侧皮神经通过。

（2）**血管腔隙**（lacuna vasorum）前界为腹股沟韧带内侧部，后界为耻骨肌筋膜及耻骨梳韧带，内侧界为腔隙韧带，外界为髂耻弓。腔隙内有股鞘及其包含的股动、静脉，生殖股神经股支和淋巴管通过。

4．股三角

股三角（femoral triangle）（图 9-11，图 9-12）位于股前内侧区上 1/3 部，呈一底向上、尖向下的倒三角形凹陷，向下与收肌管相续。

（1）**境界**　上界为腹股沟韧带，外下界为缝匠肌内侧缘，内下界为长收肌内侧缘，前壁为阔筋膜，后壁自外侧向内侧分别为髂腰肌、耻骨肌、长收肌及其筋膜。

（2）**内容**　股三角内的结构由外侧向内侧依次为：股神经、股鞘及其包含的股动脉、股静脉、股管及腹股沟深淋巴结和脂肪组织等。股动脉居中，在腹股沟韧带中点深面，由髂外动脉延续而成；外侧为股神经，内侧为股静脉（图 9-11）。

1）**股鞘**（femoral sheath）：为腹横筋膜及髂筋膜向下延续，包绕股动、静脉上段的筋膜鞘。位于腹股沟韧带内侧半和阔筋膜的深面，呈漏斗形，长 1~2cm，向下与股血管的外膜融合，移行为股血管鞘。股鞘内有两条纵行的纤维隔，将鞘分为三个腔：外侧容纳股动脉；中间容纳股静脉；内侧形成股管，内有少量脂肪，未发现腹股沟深淋巴结。

2）**股管**（femoral canal）：为股鞘内侧份呈漏斗状的筋膜管，平均长约 1.2cm，其前壁为腹股沟韧带、腹横筋膜和筛筋膜；后壁为髂腰筋膜、耻骨梳韧带、耻骨肌及其筋膜；内侧壁为腔隙韧带及股鞘内侧壁；外侧壁为股静脉内侧的纤维隔。股管下端为盲端，称股管下角。股管上口称**股环**（femoral ring），呈卵圆形，其内侧界为腔隙韧带，后界为耻骨梳韧带，前界为腹股沟韧带，外侧界为股静脉内侧的纤维隔。股环是股管向上通腹腔的通道，环上被薄层疏松结缔组织覆盖，称**股环隔**（femoral septum），上面衬有壁腹膜。从腹腔面观察，此处壁腹膜呈一小凹，称股凹，位置高于股环约 1cm，股管内有 1 个腹股沟深淋巴结和脂肪组织。

3）**股动脉**（femoral artery）：股动脉是髂外动脉自腹股沟韧带中点深面向下的直接延续，在股三角内行向股三角尖。在缝匠肌深面和股内侧肌之间下行。在发出隐动脉之后，经大收肌和副半膜肌止点之间进入腘窝，移行为腘动脉。股动脉沿途发出腹壁浅动脉、旋髂浅动脉和阴部外动脉与同名静脉伴行。股动脉的最大分支为**股深动脉**（deep femoral artery），于腹股沟韧带下方 2~3cm 处起自股动脉上段外侧壁，向内下，经收肌群和股内侧肌之间走行，沿途发出旋股外侧动脉，数条穿动脉及肌支，同时参与髂周围及膝关节动脉网的组成。

4）**股静脉**（femoral vein）：为腘静脉向上的直接延续。过大收肌和副半膜肌止点之间，与股动脉伴行，位于股动脉背外侧，逐渐转至动脉内侧，沿途收纳股动脉分支的伴行静脉。大腿内侧和前面的浅静脉也直接注入股静脉。

5）**腹股沟深淋巴结**（deep inguinal lymph node）：藏酋猴在腹股沟深面股血管周围没有发现腹股沟下深淋巴结。

6）**股神经**（femoral nerve）（图 9-11，图 9-12）：起于腰丛，沿髂筋膜深面，经肌腔隙内侧部，进入股三角。股神经主干短粗，发出众多肌支、皮支和关节支。肌支分布至股四头肌、缝匠肌和耻骨肌；关节支分布至髋和膝关节；皮支有股神经前皮支和内侧皮支，分布至股前内侧区的皮肤。其中最长的皮神经为**隐神经**（saphenous nerve），在股三角内伴股动脉外侧，行向下内侧经缝匠肌深面，行于缝匠肌和股薄肌远侧部之间，向小腿内侧远行。分布于小腿内侧和前方皮肤，远至足内侧。

5. 收肌管

收肌管（adductor canal）位于大腿中部，缝匠肌的深面，前壁为大收肌腱板，后壁为大收肌，外侧为股内侧肌。管的上口为股三角尖，下口为收肌腱裂孔，通至腘窝。管内有股血管、隐神经通过。

6. 股内侧区的血管和神经

股内侧区的血管和神经有闭孔动、静脉和闭孔神经。**闭孔动脉**（obturator artery）起自髂内动脉前干，沿骨盆下部侧壁，与闭孔神经一起穿闭膜管出骨盆至股内侧，营养大腿各内收肌群。在穿闭孔之前还分支供应闭孔内肌和附近淋巴结等。闭孔静脉与同名静脉伴行，回流至髂内静脉。**闭孔神经**（obturator nerve）起于腰丛，伴闭孔血管出闭膜管后，供应收肌群和闭孔外肌，并发皮支到大腿内侧。

二、股后区

（一）浅层结构

皮肤较薄，毛柔软，浅筋膜较厚。股后皮神经位于阔筋膜与股二头肌之间（图 9-10），沿股后正中线下行至腘窝上角。沿途发出分支分布于股后区、腘窝及小腿后区上部的皮肤。

（二）深层结构

后骨筋膜鞘包绕股后群肌、坐骨神经及深淋巴结和淋巴管。鞘内的结缔组织间隙上通臀部，下连腘窝，炎症可沿此间隙内的血管神经束互相蔓延。

1. 股后群肌

股后群肌包括股二头肌、半腱肌和半膜肌（图 9-12，图 9-13）。

（1）**股二头肌**（biceps femoris） 较发达，很粗壮，位于大腿背外侧面。藏酋猴此肌实际上并非二头，它没有像人一样明显的短头。起于股方肌和半腱肌之间坐骨结节的外侧突出的部分，肌腹延伸到大腿外侧缘，前面的肌纤维附于阔筋膜，其余肌纤维以薄腱膜与小腿筋膜相连；止点较宽，一直延伸到小腿中部。

（2）**半腱肌**（semitendinosus） 位于大腿后部的内侧，介于股二头肌与半膜肌之间。起于股二头肌起始部腱膜和坐骨结节尾外侧缘，肌腹斜向小腿内侧缘，恰在股薄肌深面，由一长而宽的肌腱止于胫骨粗隆下方 2~3 横指处。

（3）**半膜肌**（semimembranosus） 与人不同，藏酋猴半膜肌是由固有半膜肌和副半膜肌两部分组成。固有半膜肌位于大腿后部深面，恰在半腱肌深面，起于坐骨结节尾外侧，介于半腱肌和副半膜肌起点之间，以短而窄的肌腱止于胫骨粗隆内侧缘和膝关节囊。副半膜肌位于固有半膜肌腹侧，起于坐骨结节腹尾侧，以宽的肌纤维止于股骨粗线内侧唇至内侧髁。

2. 坐骨神经

坐骨神经（sciatic nerve）是藏酋猴全身最粗大的神经，起于第 4 或第 5 腰神经至第 1 或第 2 骶神经。以单干形式出梨状肌下孔。在臀大肌深面，进入股后区，行于大腿屈肌群和收肌群之间，下降至腘窝上角，分为胫神经和腓总神经二终末支。在股后部，坐骨神经在坐骨结节外侧发出屈股神经，其主要支配大腿屈肌群。

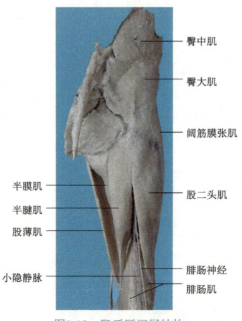

臀中肌

臀大肌

阔筋膜张肌

半膜肌　　　　　　　　　股二头肌

半腱肌

股薄肌

小隐静脉　　　　　　　腓肠神经

腓肠肌

图9-13　股后区深层结构

第四节　膝　部

膝部介于髌骨上缘上方 2 横指处到胫骨粗隆之间，分为膝前区和膝后区。

一、膝前区

膝前区的主要结构包括皮肤、筋膜、滑液囊和肌腱等（图 9-6，图 9-11）。

（一）浅层结构

皮肤薄而松弛，皮下脂肪少，移动性大，长有细长而稀疏的毛。皮肤与髌韧带之间，有**髌前皮下囊**（subcutaneous prepatellar bursa）。在膝内侧，有隐神经自深筋膜穿出并发髌下支（图 9-11）；在外上和内上方有股外侧皮神经中间支、股神经前侧皮支和内侧皮支的终末分布；外下方有腓肠外侧皮神经分布。

（二）深层结构

膝前区的深筋膜是阔筋膜的延续，并与其深面的股四头肌腱、髌韧带相融合。膝外侧部有阔筋膜张肌腱，内侧部有缝匠肌和股薄肌腱。其深面有一较大的滑液囊。中间部为股四头肌腱，向下附着于髌骨底及两侧缘，继而延续为**髌韧带**（patellar ligament）（图 9-6），止于胫骨粗隆。在髌骨两侧，股四头肌腱与阔筋膜一起，形成**髌支持带**（patellar retinaculum），附着于髌骨、髌韧带及胫骨内、外侧髁。在股四头肌腱与股骨体下部之间，有一**髌上囊**（suprapatellar bursa），多与膝关节腔相通。髌韧带两侧的凹陷处，向后可扪及膝关节间隙，此处相当于半月板的前端（图 9-6）。

二、膝后区

膝后区主要为**腘窝**（popliteal fossa）（图 9-13，图 9-14）。伸膝时，此处深筋膜紧张；屈膝时，腘窝境界清晰可见，其内上界和外上界的半腱肌、半膜肌和股二头肌腱均可触及。

（一）浅层结构

皮肤薄而松弛，移动性较大，长有柔软的细毛。浅筋膜中有小隐静脉的末端穿入深筋膜注入腘静脉，其周围有浅淋巴结。此区的皮神经为股后皮神经的终支，隐神经及腓肠外侧皮神经的分支。

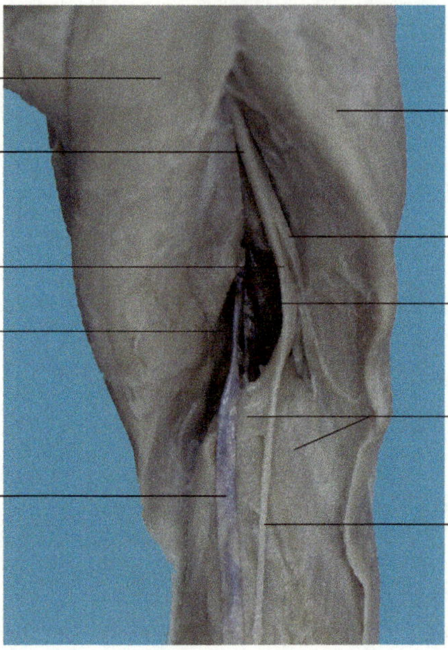

半腱肌
坐骨神经
胫神经
腘静脉
小隐静脉

股二头肌
腓总神经
腘动脉
腓肠肌
腓肠神经

图9-14　腘窝及其内容

（二）深层结构

1. 腘窝的境界

腘窝为膝后区的菱形凹陷，有顶、底及四壁。外上界为股二头肌，内上界为半腱肌和半膜肌，下内和下外界分别为腓肠肌内、外侧头。腘窝顶（浅面）为腘筋膜，是大腿阔筋膜的延续，向下移行为小腿深筋膜。腘窝底自上而下为：股骨面、膝关节囊后壁及腘斜韧带、腘肌及其筋膜。

2. 腘窝内容

腘窝内有血管和神经通过。在腘窝中部，由浅层至深层依次为胫神经、腘静脉和腘动脉；由外侧至内侧依次有腓总神经、胫神经、腘动脉、腘静脉。腘血管周围有腘深淋巴结。

（1）**胫神经与腓总神经**　胫神经（tibial nerve）位于腘窝的最浅面，于腘窝上角由坐骨神经分出，沿腘窝中线下行，到腘肌下缘穿比目鱼肌腱弓，进入小腿后区。在腘窝内发出肌支、关节支至附近肌肉和膝关节。另外发出腓肠内侧皮神经（medial sural cutaneous nerve），伴小隐静脉下行至小腿后面，加入**腓肠神经**（sural nerve）。**腓总神经**（common peroneal nerve）为坐骨神经的另一终支，自腘窝上角，沿股二头肌腱内侧缘行向外下，越腓肠肌外侧头的表面，在腓骨颈高度分为腓浅、深神经，藏酋猴腓总神经在其行径中像人一样还发出小腿外侧皮神经。

（2）**腘动脉**（popliteal artery）　是股动脉的延续，位置最深，与股骨腘面及膝关节囊后部紧贴，经大收肌和副半膜肌止点之间进入腘窝。腘动脉上部位于胫神经内侧，中部居胫神经前方，下部转至胫神经外侧。腘动脉在腘窝发出 5 条分支：**膝上内侧动脉**（medial superior genicular artery)、**膝上外侧动脉**（lateral superior genicular artery)、**膝中动脉**（middle genicular artery)、**膝下内侧动脉**（medial inferior genicular artery)、**膝下外侧动脉**（lateral inferior genicular artery)，供应膝关节，并参与膝关节动脉网的组成。其他分支营养膝部的肌肉。在腘肌下缘，腘动脉分为胫前动脉和胫后动脉两分支。

（3）**腘静脉**（popliteal vein)　由小腿的胫前、后静脉汇合而成，并接受小隐静脉注入。在腘窝内伴胫神经和腘动脉上行，收纳与同名动脉分支相伴的静脉。

（4）**腘深淋巴结**（deep popliteal lymph node)　藏酋猴此淋巴结不发达，几乎不存在或仅有一个位于腘血管周围的脂肪组织中。

三、膝关节动脉网

膝关节的血供十分丰富，由股动脉、腘动脉、胫前动脉和股深动脉的多个分支在膝关节周围吻合形成动脉网。主要有旋股外侧动脉降支、膝降动脉、膝上内侧动脉、膝上外侧动脉、膝中动脉、膝下内侧动脉、膝下外侧动脉、第 3 穿动脉和胫前返动脉。膝关节动脉网不仅供给膝关节的营养，而且在某些病理情况下，可变成侧支循环的重要途径，以保证肢体远端的血供。

第五节　小　腿　部

小腿上界为平胫骨粗隆的环形线，下界为内、外踝基部的环形连线。经内、外踝的垂线，可将小腿分为小腿前外侧区和小腿后区。

一、小腿前外侧区

（一）浅层结构

皮肤厚而紧张，移动性小，长有细长而又浓密的毛，血供较差。浅静脉为隐静脉及其属支。隐静脉由足背深静脉和足背浅静脉在小腿下部或中部前内侧汇合而成，与同名动脉伴行，至股部注入股静脉。它收纳与同名动脉分支相伴的静脉（图 9-11)。

此区的皮神经主要有两条（图 9-11)：隐神经伴隐静脉行至足内侧缘，在小腿上部隐神经居静脉后方，在小腿下部绕至静脉前方。**腓浅神经**（superficial peroneal nerve)在腓骨颈高度由腓总神经进入小腿部深面时发出，下行于腓骨长、短肌与趾长伸肌之间，并发出肌支支配上述肌群。在小腿外侧中、下 1/3 交点处，穿出深筋膜至皮下，跨过小腿横韧带表面到足背。在过小腿横韧带之前或恰在其表面，分为足背内侧皮神经和足背中间皮神经。前者分布于足背内侧一个半趾；后者分布于第 3、4 趾和第 4、5 趾的相邻侧（第

1 趾蹼及第 2、3 趾相对面皮肤除外）。腓浅神经损伤常导致足不能外翻。

（二）深层结构

小腿前外侧区深筋膜较致密。在胫侧，与胫骨体内侧面的骨膜紧密融合；在腓侧，发出前、后肌间隔，附着于腓骨前、后缘的骨膜。这样深筋膜，前、后肌间隔，胫、腓骨骨膜及骨间膜共同围成前骨筋膜鞘和外侧骨筋膜鞘，容纳相应肌群及血管和神经。

1. 前骨筋膜鞘

前骨筋膜鞘容纳小腿前群肌、腓深神经和胫前血管等。

（1）**小腿前群肌**　包括胫骨前肌、趾长伸肌和蹈长伸肌（图 9-8）。

胫骨前肌（tibialis anterior）位于小腿前面，很发达。起于胫骨外侧髁、胫骨上 3/4 外侧面和中段前面及骨间膜。肌腱向下经踝关节前方过小腿横韧带之下，至足的内侧缘，止于内侧楔骨腹面和第 1 跖骨内侧的跖面。

趾长伸肌（extensor digitorum longus）较胫骨前肌小，但较蹈长伸肌大。位于胫骨前肌与腓骨肌之间。起于胫骨外侧髁、腓骨内侧面的上 3/4 和小腿骨间膜，向下伸展至小腿下段分成三条肌腱，一起过小腿横韧带的深面到足背，再过趾伸肌支持带的深面。外侧肌腱到第 5 趾背面，中间肌腱到第 4 趾背面；内侧肌腱在第 3 跖骨中部分为两肌腱，分别到第 2、3 趾背面。各肌腱形成趾背腱膜，止于蹈趾近远节趾节背面。藏酋猴没有第 3 腓骨肌。

蹈长伸肌（extensor hallucis longus）位于胫骨前肌和趾长伸肌深面，是一条小肌。起于腓骨内侧面的中份和骨间膜。肌纤维和肌腱一起过小腿横韧带之下，到足背内侧，最后止于蹈趾近远节趾节背面。

（2）**胫前动脉**（anterior tibial artery）　于腘肌下缘水平由腘动脉分出后，即向前穿骨间膜到小腿前面，进入小腿前骨筋膜鞘，紧贴骨间膜前面，与腓深神经伴行下降，发支供应小腿前群和外侧群各肌。与人不同，藏酋猴的胫前动脉不延伸到足部，其上半段位于胫骨前肌和趾长伸肌之间，下半段位于胫骨前肌和蹈长伸肌之间。

（3）**腓深神经**（deep peroneal nerve）　是腓总神经在小腿上部，即腓骨颈高度发出的分支神经，穿腓骨长肌起始部及前肌间隔，进入前骨筋膜鞘与胫前动静脉相伴行。其肌支支配小腿前群肌。

2. 外侧骨筋膜鞘

外侧骨筋膜鞘包绕小腿外侧群肌及腓浅神经等（图 9-8）。

小腿外侧群肌包括腓骨长肌、腓骨短肌和腓骨小趾肌。

（1）**腓骨长肌**（peroneus longus）　位于伸肌群最外侧。起于腓骨上段 1/3 的外侧面和胫骨外侧髁外侧面。肌腹向下至外踝稍上方处完全变成腱性，其肌腱经外踝的后面转向前，绕至足底，止于第 1 跖骨底外侧的跖面。

（2）**腓骨短肌**（peroneus brevis）　位于腓骨长肌深面。起于腓骨下段 3/4 的外侧面。

肌纤维一直延伸到外踝下方和足外侧，以肌腱止于第 5 跖骨粗隆。

（3）**腓骨小趾肌**（peroneus digiti minim）　是一条很小的肌，位于腓骨长肌和腓骨短肌之间。起于腓骨干上段前外侧面，约在小腿中上 1/3 交界处或中段完全变成细肌腱。在外踝之后，与上两肌腱同过腓骨肌支持带深面，然后弯向足外侧，到第 5 趾参与构成趾背腱膜，止于小趾中节和远节趾骨。

二、小腿后区

（一）浅层结构

此区皮肤柔软，弹性好，血供丰富。浅筋膜较薄，内有小隐静脉，腓肠内侧皮神经、腓肠外侧皮神经、腓肠神经交通支和腓肠神经等（图 9-15）。

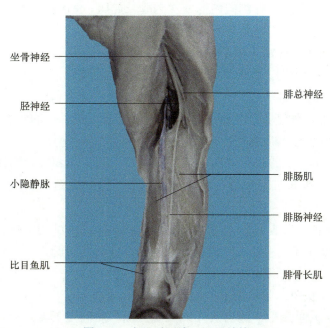

坐骨神经
胫神经
小隐静脉
比目鱼肌

腓总神经
腓肠肌
腓肠神经
腓骨长肌

图9-15　小腿后区浅、深层结构

1. 小隐静脉

小隐静脉（small saphenous vein）与人不同，是由两条足部浅静脉汇合而成。其中，一条由足背外侧经外踝浅面到小腿后面；另一条由足背内侧经内踝浅面到小腿后面。二者在小腿中部或稍偏上汇合，然后继续上行，过腓肠肌两头之间穿腘筋膜至腘窝注入腘静脉。在足部与隐静脉的属支相交通，在小腿后面还收纳小腿浅静脉。

2. 腓肠神经

腓肠神经（sural nerve）在腘窝发自胫神经，与小腿三头肌的肌支同干。在小腿后面中央，即腓肠肌内、外侧头两肌腹之间的表面下降，到小腿下部稍偏向外侧，过外踝后方到足背外侧，称为足背外侧皮神经。再分成两支：一支伸展到小趾外侧；另一支与腓浅神经的足背中间皮神经至第4、5趾的分支相吻合，共同支配第4、5趾的相邻侧。腓肠神经过外踝和足背外侧时，还发支到跟部和足背侧外侧缘，并在外踝上方发出一交通支经跟腱深面，到内踝水平参与构成足底外侧皮神经。

（二）深层结构

此区深筋膜较致密，与胫、腓骨的骨膜和骨间膜及后肌间隔共同围成后骨筋膜鞘，容纳小腿后群肌肉及血管神经束（图9-15，图9-16）。

1. 后骨筋膜鞘

小腿后骨筋膜鞘分两部：浅部容纳**小腿三头肌**（triceps surae），深部容纳小腿后群深层肌及腘肌。在小腿深部，由外侧向内侧依次为踇长屈肌、胫骨后肌和趾长屈肌（图9-15，图9-16）。

小腿后群肌为屈肌，分浅、深两层。

（1）**浅层**　主要为小腿三头肌和跖肌，小腿三头肌由腓肠肌和比目鱼肌构成。

腓肠肌（gastrocnemius）位于小腿后区最浅面。由内侧头和外侧头组成。内侧头起于股骨后面内侧髁上方，外侧头起于股骨后面外侧髁上方。两个头的肌腹在小腿中部融合，由一共同扁腱止于跟骨结节后面。

比目鱼肌（soleus）在腓肠肌深面。起于腓骨后面的上部和胫骨的比目鱼肌线，在跟骨上方，外侧纤维与腓肠肌腱相融合，其余纤维未与腓肠肌腱真正结合，与腓肠肌腱共同止于跟骨结节。

跖肌（popliteus）位于腓肠肌外侧头深面，与外侧头共同起于股骨后面外侧髁上方。肌腹向下伸展到小腿下部1/4处完全变成腱性，然后在腓肠肌腱内侧出浅面，在跟骨结节后内侧，到足底与跖腱膜相连续。

（2）**深层**　有4块肌，腘肌在上方，另外3块在下方。

腘肌（popliteus）呈扇形，起自股骨外上髁后面，斜向内下方，止于胫骨内侧髁和胫骨干上部后内侧面。

踇长屈肌（flexor hallucis longus）较为粗壮，位于小腿三头肌深面腓侧。起于腓骨小头和腓骨干后面，其肌腱至足底约在距骨近端水平分出三条肌腱，较长的肌腱止于踇趾远节趾面；另外两较短的肌腱分别止于第3、4趾远节趾面。

趾长屈肌（flexor digitorum longus）位于小腿三头肌深面胫侧，起于胫骨干中段后面，在内踝稍上方完全变成腱性，过内踝后方，在屈肌支持带之下进入足底，在足底分为4条肌腱，分别到第2~5趾，止于相应趾骨远节趾面。

胫骨后肌（tibialis posterior）位于踇长屈肌和趾长屈肌深面，较小。起于胫骨后面上半、骨间膜和腓骨的内侧面。肌纤维约在小腿下1/3完全变为腱性，腱索过内踝后方，在趾长屈肌腱前面和内侧，过屈肌支持带之下进入足底。以一较小的腱索止于舟骨内下面，并向前延伸到第1楔骨。肌腱的大部分继续进入足底，附于第2、3楔骨和骰骨，并形成腓骨长肌腱鞘的一部分，止于第 2、3、4 跖骨底。

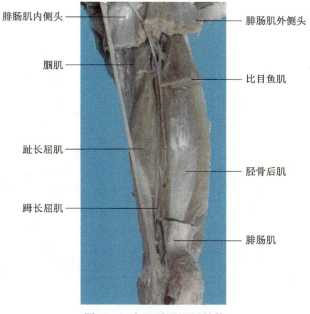

图9-16　小腿后区深层结构

图中标注：
- 腓肠肌内侧头
- 腘肌
- 趾长屈肌
- 踇长屈肌
- 腓肠肌外侧头
- 比目鱼肌
- 胫骨后肌
- 腓肠肌

2．血管神经束

（1）**胫后动脉**（posterior tibial artery）　为腘动脉的直接延续，在小腿后区浅、深肌层之间下行，沿途分支营养邻近肌肉。主干经内踝后方弯向足底，在足底趾短屈肌浅、深两头之间，分为足底内侧动脉和足底外侧动脉两条终支。

（2）**胫后静脉**（posterior tibial vein）　在小腿上部只有一条，在小腿下部为两条。由足底内侧静脉和足底外侧静脉在足底汇合而成。与同名动脉伴行，在腘窝与胫前静脉汇合成腘静脉。它收纳足部和小腿后部的深静脉。

（3）**胫神经**（tibial nerve）（图 9-14）　是腘窝内胫神经的延续，在腘窝上方与腓总神经完全分开，伴胫后血管行于小腿浅、深肌群之间，经内踝后方或稍上方进入足底分为足底内侧和外侧神经。该神经皮支为腓肠内侧皮神经，伴小隐静脉，分布于小腿后面的皮肤。

第六节　踝与足部

踝部上界平内、外踝基底的环线，下界为过内、外踝尖的环线，其远侧为足部。踝部以内、外踝分为踝前区和踝后区。足部又可分为足背和足底。

一、踝前区与足背

（一）浅层结构

皮肤较人的厚，长有长而浓密的毛。浅筋膜疏松，缺少脂肪，浅表的血管和神经等结构清晰可见。浅静脉即足背静脉弓及其属支，其内、外侧端逐渐汇合成小隐静脉。足背浅动脉为隐动脉在小腿前内侧面向下的直接延续，过小腿横韧带浅面到足背，位置表浅，其搏动易于触摸。在越过胫骨前肌和蹰长伸肌腱后，经第1、2跖骨间隙进入足底，与足底内侧动脉的分支相吻合。足背动脉在进入足底之前发出两小支，分布于第1、2跖骨间隙背面，并延伸至趾骨近节。皮神经为足背内侧的隐神经和外侧的腓肠神经终支。腓肠神经终支为腓肠神经在小腿下部斜向外下，绕过外踝后方到足背外侧形成的足背外侧皮神经。足背中央有腓浅神经终支，即腓浅神经在过小腿横韧带之前或恰在其表面，分为足背内侧皮神经和足背中间皮神经。前者分布于足背内侧一个半趾，且分支到第2、3跖骨间隙；后者分布于第3、4趾和第4、5趾的相邻侧。另外，在第2、3趾相对面背侧有腓深神经的皮支（图9-17）。

（二）深层结构

藏酋猴踝前区深筋膜由小腿深筋膜延续而来（图9-17）。

1. 伸肌支持带

伸肌支持带（extensor retinaculum）又称小腿横韧带，呈宽带状位于内踝关节下方和外踝关节上方（两踝之近侧伸肌腱的浅面），连于胫、腓骨下端之间。伸肌支持带深面内侧有胫骨前肌腱、胫前血管和腓深神经；外侧有蹰长伸肌腱、趾长伸肌腱。

2. 足背肌群

趾和蹰短伸肌（extensor digitorum et hallucis brevis）是单一的一条肌，不能像人一样分成独立的蹰短伸肌和趾短伸肌。趾和蹰短伸肌可分为4个肌腹。起于跟骨外侧和背侧，各自以细肌腱，分别止于各趾远、中节趾骨。

3. 足背深动脉

足背深动脉（deep dorsalis pedis artery）为隐动脉沿胫骨浅面到小腿前内侧面的分支。自主干分出后，下行于胫骨前肌和蹰长伸肌深面的下外侧，过小腿横韧带深面至足背，沿途有1或2支分支。在足背，足背深动脉位于趾和蹰短伸肌深面，并发肌支供应此肌。另外，还发分支到第2、4跖骨间隙；外侧的一支还分支至足底外侧缘，与足底动脉相吻合。

4. 腓深神经

腓深神经在蹰长伸肌和趾长伸肌之间行至足背，并发分支分布于足背肌、足关节及第 2、3 趾相对面的背侧皮肤。腓深神经损伤可致足下垂和不能伸趾。

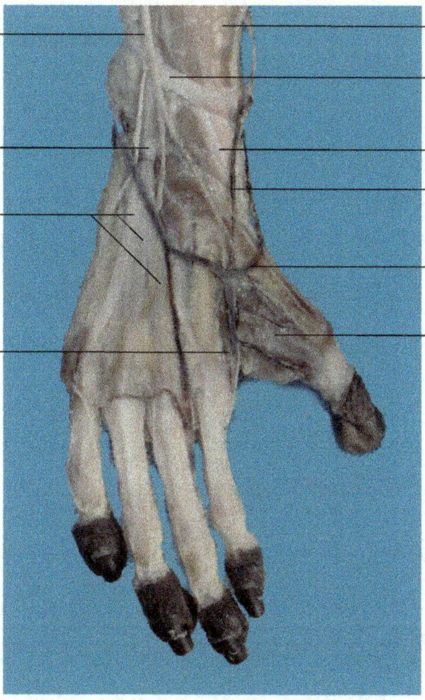

图9-17　踝前区与足背浅、深层结构

5. 足背筋膜间隙及内容

足背深筋膜分两层。浅层为趾伸肌支持带的延续，大部分附着于足外缘；深层紧贴骨间背侧肌及跖骨骨膜。两层间为足背筋膜间隙，容纳趾长伸肌腱及腱鞘、趾和姆短伸肌、足背深动脉及其分支和伴行静脉及腓深神经。

二、踝后区

上界为内、外踝基部后面的连线，下界为足跟下缘。正中线深面有跟腱附着于跟骨结节。跟腱与内、外踝之间各有一浅沟：内侧浅沟深部有小腿屈肌及小腿后区的血管、神经通过；外侧浅沟内有汇合成小隐静脉的足背外侧静脉、腓肠神经及腓骨长、短肌通过。

（一）浅层结构

此区皮肤上部移动性大，足跟皮肤角化层较厚。浅筋膜较疏松，跟腱两侧有少量脂肪。跟腱与皮肤之间有跟皮下囊，跟腱止端与跟骨骨面之间有跟腱囊。

（二）深层结构

1. 踝管

踝后区的深筋膜在内踝和跟骨结节内侧面之间的部分增厚，形成**屈肌支持带**（flexor

retinaculum），又称分裂韧带。此韧带与跟骨内侧面和内踝共同围成**踝管**（malleolar canal），其内通过的结构由前向后依次为：胫骨后肌腱、趾长屈肌腱、胫后动脉、胫后静脉、胫神经和跗长屈肌腱。踝管是小腿后区与足底间的重要通道（图9-8）。

2. 腓骨肌上、下支持带

外踝后下方的深筋膜增厚，形成**腓骨肌上、下支持带**（superior and inferior peroneal retinaculum）。腓骨肌上支持带连于外踝后缘与跟骨外侧面上部之间，限制腓骨长、短肌腱于外踝后下方；腓骨肌下支持带前端续于趾伸肌支持带，后端止于跟骨外侧面前部，有固定腓骨长、短肌腱于跟骨外侧面的作用。

3. 踝关节的韧带

踝关节韧带多且结实。主要有**内侧韧带**（medial ligament）和**外侧韧带**（lateral ligament）（图9-8）。内侧韧带主要为胫跟斜韧带和胫舟韧带。胫跟斜韧带近侧端与小腿横韧带密切相连，位于内踝内侧面和跟骨前部的背面；胫舟韧带位于内踝远侧部和舟骨内侧面。外侧韧带主要为：**跟腓韧带**（calcaneofibular ligament）位于外踝远侧端和跟骨结节外侧面；**距腓韧带**（anterior talofibular ligament）位于跟腓韧带内侧稍偏背侧，连于外踝远侧端内侧和距骨体外侧面后部之间。

三、足底

（一）浅层结构

足底皮肤较厚、致密而坚韧且无毛，底面粗糙，尤以足跟、足外侧缘和趾基底部更为明显。这些部位常因摩擦增厚而形成胼胝，浅筋膜内致密的纤维束将皮肤与足底深筋膜紧密相连。

（二）深层结构

足底深筋膜分两层：浅层覆于足底肌表面，两侧较薄，中间部增厚，称跖腱膜（又称足底腱膜），相当于手掌的掌腱膜，但较窄和长；深层覆于骨间肌的跖侧，又称骨间跖侧筋膜。

1. 足底腱膜

足底腱膜（plantar aponeurosis）为较多的纵行纤维在足底散开，伸向跖骨远端。后端稍窄，附于跟骨结节前缘的内侧部。其两侧缘向深部发出肌间隔，止于第1、5跖骨，将足底分成内侧、中间、外侧三个骨筋膜鞘。

（1）**内侧骨筋膜鞘** 容纳跗展肌、跗短屈肌、跗长屈肌腱及血管和神经（图9-18）。

跗展肌（abductor hallucis）起于跟骨结节内侧部和跖腱膜深面，止于跗趾近节趾骨内侧缘。

　　跛短屈肌（flexor hallucis brevis）由两个头组成。内侧头位置较浅且较粗，起于舟骨和第1楔骨，止于跛趾近节趾骨的跖面内侧和跖趾关节囊；外侧头较小，位于内侧头深面外侧，覆盖于跛趾的长屈肌腱，起于第1楔骨，止于跛趾近节趾骨外侧和跖趾关节囊。

　　（2）**中间骨筋膜鞘**　容纳趾短屈肌、足底方肌、跛收肌、趾长屈肌腱、足蚓状肌、足底动脉弓及其分支、足底外侧神经及其分支等（图9-18）。

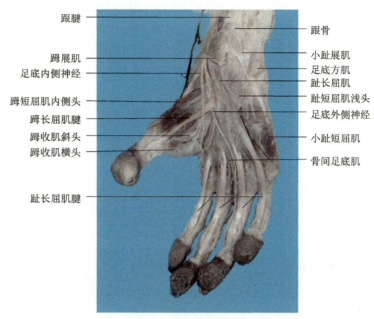

图9-18　足底深层结构

　　趾短屈肌（flexor digitorum brevis）由浅头和深头组成。浅头起于跖腱膜深面，止于第2趾中节趾骨的跖面；深头以一肌腹起于趾长屈肌腱上，从内踝稍低水平进入足底，在足底发出三条肌腱到第3~5趾，各自止于该趾中节趾骨的跖面。

　　足底方肌（quadratus plantae）起于跟骨外侧缘，以肌腱和纤维附于第5趾长屈肌腱外侧缘。

　　跛收肌（adductor hallucis）有不同的两个头组成，即横头和斜头，二者之间有一小空隙。横头以肌纤维起于第2跖骨头和跖趾关节囊，肌纤维止于跛趾近节趾骨外侧；斜头起于趾收肌总腱膜和第2、3跖骨底，与跛短屈肌外侧头止点相同。

　　足蚓状肌（lumbricales pedis）有4条。最内侧一条以单一的头起于第3趾的长屈肌腱内侧；外侧三条以两个头起于长屈肌腱相邻侧。4条蚓状肌止于第2~5趾近节内侧。

　　足骨间肌（interossei pedis）有7条，其中有4条骨间背侧肌和三条骨间足底肌。但不像手那样两侧可很明显地区分。其中第1、2骨间背侧肌和第1骨间足底肌，共同起自第2跖骨底跖面；第3、4骨间背侧肌和第2、3骨间足底肌，共同起自第4、5跖骨底跖面。另外，7条足骨间肌止于外侧四趾近节边缘，并参与相应的趾背腱膜。

　　（3）**外侧骨筋膜鞘**　容纳小趾展肌、小趾短屈肌、血管和神经。

　　小趾展肌（abductor digiti minimi）起于跟骨结节深面，以细长的肌腱止于小趾近节趾骨的外侧。

小趾短屈肌（flexor digiti minimi brevis）位于第 5 跖骨浅面和第 3 骨间足底肌外侧。起于腓骨长肌腱鞘和第 5 跖骨底跖面，止于小趾近节趾骨底外侧。

2. 足底的血管和神经

胫后动脉及胫神经穿过踝管至足底，在足底趾短屈肌浅、深两头之间，即分为足底内、外侧动脉和足底内、外侧神经。**足底内侧动脉**（medial plantar artery）较粗，伴同名静脉和神经沿足底内侧缘前行，分布于邻近组织，分支到第 1、2、3 趾骨间隙，其分支与足背动脉相吻合。**足底外侧动脉**（lateral plantar artery）较细小，伴同名静脉和神经斜向前外，分支分布于邻近组织，分支到第 4 趾骨间隙处，有交通支与足底内侧动脉吻合，形成血管弓。**足底内侧神经**（medial plantar nerve）自内踝后方或稍上方分出，经跗展肌起端深面到足底内侧，其主要支配足底内侧部的肌肉和关节、足底内侧半及内侧两个半或三个半趾面的皮肤。**足底外侧神经**（lateral plantar nerve）在足底内侧神经稍外侧也是自内踝后方或稍上方发出，过跗展肌深面到足底，在趾短屈肌浅、深两头之间伸向足底外侧，主要支配足底外侧部肌肉和关节、足底外侧半及外侧一个半或两个半趾底面的皮肤。

（三）足弓

由跗骨与跖骨借韧带和关节连结而成，可分内、外侧纵弓及横弓。

1. 内侧纵弓

内侧纵弓较高，由跟骨、距骨、足舟骨、第 1~3 楔骨和第 1~3 跖骨及其连结共同构成。主要由胫骨后肌腱、趾长屈肌腱、跗长屈肌腱、足底方肌、足底腱膜及跟舟足底韧带等结构维持。

2. 外侧纵弓

外侧纵弓较低，由跟骨，骰骨，第 4、5 跖骨及其连结构成。主要由腓骨长肌腱、足底长韧带及跟骰足底韧带等结构维持。

3. 横弓

横弓由骰骨、第 1~3 楔骨、第 1~5 跖骨基底部及其间的连结构成。主要由腓骨长肌腱、胫骨前肌腱及跗收肌横头等结构维持。

藏酋猴足弓不如人明显，其作用为负重和缓冲地面对身体产生的震荡，另外还可保护足底血管和神经免受压迫。

参考文献

陈耀星 .2002. 动物局部解剖学 . 北京：中国农业大学出版社 .

柏树令 .2008. 系统解剖学 .6 版 . 北京：人民卫生出版社 .

李继硕 .2002. 神经科学基础 . 北京：人民卫生出版社 .

李云庆 .2006. 神经解剖学 . 西安：第四军医大学出版社 .

彭裕文 .2008. 局部解剖学 .7 版 . 北京：人民卫生出版社 .

王太一 .2000. 实验动物解剖图谱 . 辽宁：辽宁美术出版社 .

王云祥，张雅芳 .2009. 脑干脊髓连续切片图谱 . 北京：人民卫生出版社 .

叶智彰 .1987. 金丝猴解剖 . 昆明：云南科学技术出版社 .

叶智彰，彭燕章，张耀平 .1985. 猕猴解剖 . 北京：科学出版社 .

朱长庚 .2002. 神经解剖学 . 北京：人民卫生出版社 .

朱星红 .2004. 版纳微型猪近交系解剖组织学 . 北京：高等教育出版社 .

Haines DE. 2013. 神经解剖图谱 . 张力伟译 . 北京：科学出版社 .

中英文名词对照及索引

（按汉字拼音顺序排列）

A

鞍背 dorsum sellae   60

鞍膈 diaphragma sellae   41

鞍结节 tuberculum sellae   60

凹间韧带 interfoveolar ligament   176

B

白交通支 white communicating branch   125

白膜 albuginea   233

白质 white matter   1

白质腹连合 ventral white commissure   7

半环线 linea semicircularis   177

半腱肌 semitendinosus   256

半膜肌 semimembranosus   256

半奇静脉 hemiazygos vein   124

半月线 linea semilunaris   177

背侧结节 dorsal tubercle   156

背侧丘脑 dorsal thalamus   24

背根 dorsal root   3

背核 dorsal nucleus   5

背角 ventral horn   5

背角边缘核 dorsalmarginal nucleus   5

背角固有核 nucleus proprius   5

背阔肌 latissimus dorsi   165

背内侧核 mediodorsal nucleus   26

背索 ventral funiculus   7

背外侧沟 dorsolateral sulcus   2

背正中沟 dorsal median sulcus   2

背支 dorsal branch   47

背中间沟 dorsal intermediate sulcus   3

贲门 cardia   190

贲门部 cardiac part   191

鼻 nose   71

鼻道 nasal meatus   73

鼻骨 nasal bone   51

鼻后孔 posterior nasal aperture   54

鼻甲 nasal concha   73

鼻泪管 nasolacrimal duct   66

鼻旁窦 paranasal sinus   73

鼻前庭 nasal vestibule   72

鼻腔 nasal cavity   72

鼻咽部 nasopharynx   100

鼻阈 nasal limen   72

鼻中隔 nasal septum   72

比目鱼肌 soleus   262

比目鱼肌线 soleal line   240

闭孔 obturator foramen   210

闭孔动脉 obturator artery   218, 255

闭孔膜 obturator membrane   212

闭孔内肌 obturator internus   249

闭孔神经 obturator nerve   207, 220, 255

闭孔神经皮支 cutaneous branch of obturator nerve   252

闭孔外肌 obturator externus   249

壁腹膜 parietal peritoneum   179

壁胸膜 parietal pleura   112

臂丛 brachial plexus   96, 136

臂后皮神经 posterior brachial cutaneous nerve   141

臂后区 posterior brachial region   138

臂内侧肌间隔 medial brachial intermuscular septum 139

臂内侧皮神经 medial brachial cutaneous nerve 139

臂前区 anterior brachial region 138

臂外侧肌间隔 lateral brachial intermuscular septum 139

臂外侧上皮神经 superior lateral brachial cutaneous nerve 139

臂外侧下皮神经 inferior lateral brachial cutaneous nerve 139

扁桃体窝 tonsillar fossa 74

杓状软骨 arytenoid cartilage 102

髌骨 patella 239

髌面 patellar surface 239

髌前皮下囊 subcutaneous prepatellar bursa 257

髌韧带 patellar ligament 243, 257

髌上囊 suprapatellar bursa 257

髌支持带 patellar retinaculum 257

玻璃体 vitreous body 65

薄束核 gracile nucleus 12

薄束结节 gracile tubercle 11

C

苍白球 globus pallidus 35

侧副沟 collateral sulcus 32

侧角 lateral horn 4

侧块 lateral mass 156

侧脑室 lateral ventricle 35

长收肌 adductor longus 253

肠系膜 mesentery 180

肠系膜窦 mesenteric sinus 184

肠系膜根 root of mesentery 180

肠系膜上动脉 superior mesenteric artery 186

肠系膜上静脉 superior mesenteric vein 189

肠系膜下动脉 inferior mesenteric artery 187

肠系膜下静脉 inferior mesenteric vein 189

肠脂垂 epiploic appendices 196

尺侧上副动脉 superior ulnar collateral artery 139

尺侧腕屈肌 flexor carpi ulnaris 145

尺侧腕伸肌 extensor carpi ulnaris 147

尺动脉 ulnar artery 146

尺骨 ulna 129

尺骨茎突 ulnar styloid process 126

尺骨头 head of ulna 129

尺骨鹰嘴 ulnar olecranon 126

尺静脉 ulnar vein 146

尺神经 ulnar nerve 140, 146

尺神经沟 sulcus for ulnar nerve 128

尺神经浅支 superficial branch of ulnar nerve 152

尺神经深支 deep branch of ulnar nerve 152

齿根 root of tooth 76

齿冠 crown of tooth 76

齿颈 neck of tooth 76

齿突 dens of axis 157

齿状核 dentate nucleus 21

齿状回 dentate gyrus 33

齿状韧带 dentate ligament 40

耻骨 pubis 211

耻骨弓 pubic arch 209, 212

耻骨后隙 retropubic space 216

耻骨肌 pectineus 253

耻骨肌线 pectineal line 238

耻骨嵴 pubic crest 211

耻骨间盘 interpubic disc 212

耻骨结节 pubic tubercle 171, 211

耻骨联合 pubic symphysis 212, 242

耻股韧带 pubofemoral ligament 243

耻骨上支 superior ramus of pubis 211

耻骨梳 pecten pubis 211

耻骨体 body of pubis 211

耻骨下角 subpubic angle 212

耻骨下支 inferior ramus of pubis　211

耻尾肌 pubococcygeus　215

传出神经 efferent nerve　46

传出神经纤维 efferent nerve fiber　46

传入神经 afferent nerve　46

传入神经纤维 afferent nerve fiber　46

垂体 hypophysis　61

垂体窝 hypophysial fossa　60

锤骨 malleus　70

雌性尿道 female urethra　234

次裂 second fissure　19

粗线 linea aspera　238

簇状细胞 tufted cell　38

D

大肠 large intestine　196

大多角骨 trapezium bone　130

大骨盆 greater pelvis　212

大脑 cerebrum　28

大脑大静脉 great cerebral vein　44

大脑大静脉池 cistern of great cerebral vein　41

大脑动脉环 cerebral arterial circle　44

大脑沟 cerebral sulcus　28

大脑横裂 cerebral transverse fissure　28

大脑后动脉 posterior cerebral artery　44, 99

大脑回 cerebral gyrus　28

大脑脚 cerebral peduncles　10, 15

大脑脚底 cerebral crus　15

大脑镰 cerebral falx　41

大脑裂 cerebral fissure　28

大脑内静脉 internal cerebral vein　44

大脑皮质 cerebral cortex　34

大脑前动脉 anterior cerebral artery　43

大脑前总动脉 common anterior cerebral artery　43

大脑髓质 cerebral medullary substance　34

大脑中动脉 middle cerebral artery　43

大脑纵裂 cerebral longitudinal fissure　28

大收肌 adductor magnus　254

大网膜 greater omentum　183

大阴唇 greater lip of pudendum　234

大隐静脉 great saphenous vein　252

大圆肌 teres major　138

大转子 greater trochanter　238

带状层 stratum zonale　26

单叶 simple lobule　21

胆囊 gallbladder　201

胆囊管 cystic duct　201

胆囊三角 Calot's triangle　201

胆总管 common bile duct　201

导水管周围灰质 periaqueductal gray matter　15

岛叶 insular lobe　29

镫骨 stapes　70

底丘脑 subthalamus　25

底丘脑核 subthalamic nucleus　27

骶丛 sacral plexus　221

骶骨 sacrum　155, 160

骶关节嵴 articular sacrel crest　160

骶后孔 posterior sacral foramina　160

骶棘韧带 sacrospinous ligament　212

骶交感干 sacral sympathetic trunk　221

骶结节韧带 sacrotuberous ligament　212

骶淋巴结 sacral lymph node　220

骶髂关节 sacroiliac joint　212, 242

骶髂后韧带 posterior sacroiliac ligament　212

骶髂前韧带 anterior sacroiliac ligament　212

骶前孔 anterior sacral foramina　160

骶曲 sacral flexure　222

骶外侧动脉 lateral sacral artery　219

骶外侧嵴 lateral sacral crest　160

骶正中动脉 median sacral artery　188

骶子宫韧带 sacrouterine ligament 228

第 5 跖骨粗隆 tuberosity of fifth metatarsal bone 241

第三脑室 third ventricle 26

第四脑室 fourth ventricle 10

第四脑室底 floor of fourth ventricle 11

蝶鞍 sella turcica 60

蝶骨 sphenoid bone 50, 51

顶骨 parietal bone 50

顶核 fastigial nucleus 21

顶后回 posterior parietal gyrus 31

顶内沟 intraparietal sulcus 29

顶前回 anterior parietal gyrus 31

顶叶 parietal lobe 29

顶枕沟 parietooccipital sulcus 29

顶枕裂 parietooccipital fissure 29

动脉韧带 arterial ligament 117

动脉圆锥 conus arteriosus 121

动眼神经 oculomotor nerve 68

豆状核 lentiform nucleus 35

端脑 telencephalon 28

短收肌 adductor brevis 254

多形细胞层 multiform layer 37

E

额骨 frontal bone 50

额上沟 superior frontal sulcus 29

额上回 superior frontal gyrus 30

额下回 inferior frontal gyrus 30

额叶 frontal lobe 29

额中回 middle frontal gyrus 30

腭 palate 74

腭扁桃体 palatine tonsil 74

腭垂 uvula 74

腭帆 velum palatinum 74

腭骨 palatine bone 51

腭舌弓 palatoglossal arch 74

腭升动脉 ascending palatine artery 88

腭咽弓 palatopharyngeal arch 74

耳大神经 great auricular nerve 93

耳后动脉 posterior auricular artery 88

耳廓 auricle 69

耳颞神经 auriculotemporal nerve 57

耳蜗 cochlea 71

耳状面 auricular surface 210

二腹肌 digastric muscle 82

二腹肌后腹 posterior belly of digastric 89

二腹肌三角 digastric triangle 86

二腹小叶 biventral lobule 19

F

反转韧带 reflected ligament 174

方形小叶 quadrangular lobule 18

房间隔 interatrial septum 123

房室交点 atrioventricular junction 121

房水 aqueous humor 64

腓侧副韧带 fibular collateral ligament 244

腓肠肌 gastrocnemius 262

腓肠内侧皮神经 medial sural cutaneous nerve 258

腓肠神经 sural nerve 261

腓骨 fibula 240

腓骨长肌 peroneus longus 260

腓骨短肌 peroneus brevis 260

腓骨肌上、下支持带 superior and inferior peroneal retinaculum 266

腓骨颈 neck of fibula 240

腓骨头 head of fibula 240

腓骨小趾肌 peroneus digiti minim 261

腓关节面 fibular articular facet 240

腓浅神经 superficial peroneal nerve 259

腓切迹 fibular notch 240

腓深神经 deep peroneal nerve 260

腓总神经 common peroneal nerve 258

肺 lung 113

肺底 base of lung 113

肺动脉瓣 pulmonary valve 121

肺动脉干 pulmonary trunk 120

肺动脉口 pulmonary orifice 121

肺根 root of lung 114

肺尖 apex of lung 113

肺门 hilum of lung 114

分子层 molecular layer 22, 36

缝匠肌 sartorius 253

跗骨 tarsal bone 241

跗骨间关节 intertarsal joint 245

跗横关节 transverse tarsal joint 246

跗跖关节 tarsometatarsal joint 247

附睾 epididymis 232

副半奇静脉 accessory hemiazygos vein 124

副神经 accessory nerve 89, 95

副突 processus accessorius 158

腹白线 linea alba 177

腹壁浅动脉 superficial epigastric artery 173, 251

腹壁上动脉 superior epigastric artery 111, 176

腹壁下动脉 inferior epigastric artery 176

腹部 abdomen 171

腹侧结节 tuberculum ventralis 79

腹侧结节 ventral tubercle 156

腹根 ventral root 3

腹股沟管 inguinal canal 178

腹股沟管深环 deep inguinal ring 176

腹股沟镰 inguinal falx 175

腹股沟内侧窝 medial inguinal fossa 183

腹股沟浅环 superficial inguinal ring 174

腹股沟浅淋巴结 superficial inguinal lymph node 252

腹股沟韧带 inguinal ligament 174

腹股沟三角 inguinal triangle 178

腹股沟深淋巴结 deep inguinal lymph node 255

腹股沟外侧窝 lateral inguinal fossa 183

腹横肌 transversus abdominis 175

腹横筋膜 transverse fascia 175

腹后核 ventral posterior nucleus 26

腹角 ventral horn 5

腹膜 peritoneum 179

腹膜腔 peritoneal cavity 179

腹内斜肌 obliquus internus abdominis 175

腹前核 ventral anterior nucleus 26

腹腔干 coeliac trunk 185

腹索 ventral funiculus 7

腹外侧沟 ventrolateral sulcus 2

腹外侧核 ventral lateral nucleus 26

腹外斜肌 obliquus externus abdominis 174

腹下丛 hypogastric plexus 221

腹正中裂 ventral median fissure 2

腹支 ventral branch 47

腹直肌 rectus abdominis 175

腹直肌鞘 sheath of rectus abdominis 177

腹主动脉 abdominal aorta 184

G

肝 liver 199

肝蒂 hepatic pedicle 200

肝固有动脉 proper hepatic artery 185

肝管 hepatic duct 201

肝静脉 hepatic vein 188

肝裸区 bare area of liver 180

肝门静脉 hepatic portal vein 189

肝十二指肠韧带 hepatoduodenal ligament 181

肝胃韧带 hepatogastric ligament	181	
肝胰壶腹 hepatopancreatic ampulla	202	
肝右叶 right lobe of liver	199	
肝总动脉 common hepatic artery	185	
肝左叶 left lobe of liver	199	
感觉神经 sensory nerve	46	
橄榄体 olive body	10	
冈上肌 supraspinatus	138	
冈上窝 supraspinous fossa	127	
冈下肌 infraspinatus	138	
冈下窝 infraspinous fossa	127	
肛管 anal canal	230	
肛门 anus	230	
肛门外括约肌 sphincter ani externus	230	
肛区 anal region	209, 230	
肛提肌 levator ani	214	
肛提肌腱弓 tendinous pelvic fascia	215	
睾丸 testis	231	
睾丸卵巢静脉 testicular（ovarian）vein	188	
睾丸鞘膜 tunica vaginalis of testis	231	
睾丸小隔 septula testis	232	
睾丸纵隔 mediastinum testis	232	
膈面 diaphragmatic surface	113	
膈脾韧带 phrenicosplenic ligament	180	
膈神经 phrenic nerve	93, 118	
膈下动脉 inferior phrenic artery	187	
膈下静脉 inferior phrenic vein	188	
膈胸膜 diaphragmatic pleura	113	
跟腓韧带 calcaneofibular ligament	266	
跟骨 calcaneus	241	
跟骨结节 calcaneal tuberosity	241	
跟骰关节 calcaneocuboid joint	246	
弓状沟 arcuate sulcus	29	
弓状线 arcuate line	177, 210	
肱尺关节 humeroulnar joint	131	

肱动脉 brachial artery	139	
肱二头肌 biceps brachii	139	
肱骨 humerus	128	
肱骨滑车 trochlea of humerus	128	
肱骨肌管 humeromuscular tunnel	141	
肱骨头 head of humerus	128	
肱骨小头 capitulum humeri	128	
肱肌 brachialis	139	
肱静脉 brachial veins	140	
肱桡关节 humeroradial joint	132	
肱桡肌 brachioradialis	145	
肱三头肌 triceps brachii	141	
肱深动脉 deep brachial artery	139	
巩膜 sclera	63	
巩膜静脉窦 scleral venous sinus	63	
钩骨 hamate bone	130	
股薄肌 gracilis	253	
股动脉 femoral artery	255	
股二头肌 biceps femoris	256	
股方肌 quadratus femoris	249	
股骨 hip bone	238	
股骨颈 neck of femur	238	
股骨体 shaft of femur	238	
股骨头 femoral head	238	
股骨头凹 fovea of femoral head	238	
股骨头韧带 ligament of head of femur	243	
股管 femoral canal	254	
股后皮神经 posterior femoral cutaneous nerve	250	
股环 femoral ring	254	
股环隔 femoral septum	254	
股静脉 femoral vein	255	
股鞘 femoral sheath	254	
股三角 femoral triangle	254	
股深动脉 deep femoral artery	255	
股神经 femoral nerve	207, 255	

股神经前皮支 anterior cutaneous branch of femoral nerve　252

股四头肌 quadriceps femoris　253

股外侧皮神经 lateral femoral cutaneous nerve　252

骨半规管 bony semicircular canals　70

骨间背侧筋膜 dorsal interosseous fascia　153

骨间后动脉 posterior interosseous artery　147

骨间肌 interosseus　151

骨间前动脉 anterior interosseous artery　146

骨间缘 interosseous border　240

骨迷路 bony labyrinth　70

骨盆 pelvis　212

骨盆上口 superior pelvic aperture　212

骨盆下口 inferior pelvic aperture　212

骨盆直肠隙 pelvirectal space　216

骨性鼻腔 bony nasal cavity　54

骨性口腔 bony oral cavity　54

鼓阶 scala tympani　71

鼓膜 tympanic membrane　69

鼓室 tympanic cavity　69

鼓室神经丛 plexus tympanicus　94

固有鼻腔 nasal cavity proper　72

关节突 articular process　156

关节突关节 zygapophyseal joint　162

关节盂 glenoid cavity　127

冠突 coronoid process　129

冠突窝 coronoid fossa　128

冠状窦 coronary sinus　123

冠状沟 coronary groove　121

冠状韧带 coronary ligament　180

贵要静脉 basilic vein　139

腘动脉 popliteal artery　258

腘肌 popliteus　262

腘静脉 popliteal vein　259

腘深淋巴结 deep popliteal lymph node　259

腘窝 popliteal fossa　257

腘斜韧带 oblique popliteal ligament　243

H

海马 hippocampus　33

海马沟 hippocampal sulcus　33

海马回 hippocampal gyrus　33

海马结构 hippocampal formation　33

海马旁回 parahippocampal gyrus　33

海绵窦 cavernous sinus　45, 61

黑质 substantia nigra　15

横窦 transverse sinus　45

横嵴 transverse ridge　74

横结肠 transverse colon　198

横结肠系膜 transverse mesocolon　183

横突 transverse process　156

横突间肌 intertransverse muscle　167

横突间韧带 intertransverse ligaments　162

横突孔 transverse foramen　156

横突肋凹 transverse costal fovea　158

红核 red nucleus　16

虹膜 iris　63

虹膜角膜角 iridocorneal angle　63

喉 larynx　101

喉腔 laryngeal cavity　101

喉上动脉 superior laryngeal artery　104

喉上神经 superior laryngeal nerve　104

喉下动脉 inferior laryngeal artery　104

喉下神经 inferior laryngeal nerve　104

喉咽部 laryngopharynx　101

后弓 posterior arch　156

后寰肩胛肌支 musculus atlantoscapularis posterior branch　93

后交叉韧带 posterior cruciate ligament　244

后交通动脉 posterior communicating artery　42

后距状沟 retrocalcarine sulcus　32

后连合 posterior commissure　25

后丘脑 metathalamus　24

后上沟 posterosuperior sulcus　21

后室间沟 posterior interventricular groove　121

后外侧核 lateral posterior nucleus　26

后斜角短肌 scalenus brevis posterior muscle　81

后叶 posterior lobe　21

后正中线 posterior median line　105

后纵隔 posterior mediastinum　123

后纵韧带 posterior longitudinal ligament　162

壶腹嵴 crista ampullaris　71

滑车切迹 trochlear notch　129

滑车神经 trochlear nerve　68

滑车神经核 trochlear nucleus　14

滑车神经交叉 decussation of trochlear nerve　14

滑膜关节 synovial joint　55

滑膜鞘 synovial sheath　154

踝关节 ankle joint　245

踝管 malleolar canal　266

环杓后肌 posterior cricoarytenoid muscle　104

环杓外侧肌 lateral cricoarytenoid muscle　104

环池 ambient cistern　41

环甲肌 cricothyroid muscle　104

环状软骨 cricoid cartilage　78, 102

寰枢关节 atlantoaxial joint　163

寰枕关节 atlantooccipital joint　162

寰椎 atlas　156

黄斑 macula lutea　64

黄韧带 ligamenta flava　162

灰交通支 gray communicating ramus　125

灰质 gray matter　1

灰质背连合 dorsal gray commissure　4

灰质腹连合 ventral gray commissure　4

回肠 ileum　193

回肠动脉 ileal artery　186

回盲瓣 ileocecal valve　197

回旋肌 rotatores muscle　167

会厌软骨 epiglottic cartilage　102

会阴 perineum　209, 229

会阴曲 perineal flexure　222

喙肱肌 coracobrachialis　139

喙突 coracoid process　126, 127

J

肌膈动脉 musculophrenic artery　99, 111

肌皮神经 musculocutaneous nerve　140

肌腔隙 lacuna musculorum　254

肌三角 muscular triangle　90

基底动脉 basilar artery　43, 98

基底沟 basilar sulcus　10

基底核 basal nuclei　35

基底静脉 basal vein　44

奇静脉 azygos vein　124

奇神经节 ganglion impar　221

棘间韧带 interspinal ligament　162

棘上韧带 supraspinal ligament　162

棘突 spinous process　155, 156

脊膜支 meningeal branch　47

脊神经 spinal nerve　47

脊神经节 spinal ganglion　3

脊髓 spinal cord　2

脊髓后动脉 posterior spinal artery　45, 98

脊髓后静脉 posterior spinal vein　45

脊髓后外侧静脉 spinal external posterior vein　46

脊髓前动脉 anterior spinal artery　45, 98

脊髓前静脉 anterior spinal vein　45

脊髓前外侧静脉 spinal external anterior vein　46

脊髓圆锥 medullary cone　2

脊髓蛛网膜 spinal arachnoid mater　39

岬 promontory 160

颊 cheek 74

颊囊 cheek pouch 74, 79, 80

颊囊支 cheek pouch artery 88

颊神经 buccal nerve 57

颊支 buccal branch 57

颊脂体 buccal fat pad 55

甲杓肌 thyroarytenoid muscle 104

甲状颈干 thyrocervical trunk 99

甲状软骨 thyroid cartilage 78, 101

甲状舌骨肌 thyrohyoid muscle 83

甲状腺 thyroid gland 90

甲状腺上动脉 superior thyroid artery 87

甲状腺下动脉 inferior thyroid artery 99

间脑 diencephalon 24

肩峰 acromion 126, 127

肩关节 shoulder joint 131

肩胛背神经 dorsal scapular nerve 96

肩胛冈 spine of scapula 127

肩胛骨 scapula 127

肩胛切迹 scapular notch 127

肩胛区 scapular region 137

肩胛上动脉 arteria suprascapularis 100

肩胛上神经 suprascapular nerve 96

肩胛舌骨肌 omohyoid muscle 83

肩胛下动脉 subscapular artery 136

肩胛下神经 subscapular nerve 97

肩胛线 scapular line 105

肩锁关节 acromioclavicular joint 131

睑板 tarsus 65

睑板腺 tarsal gland 65

睑结膜 palpebral conjunctiva 65

剑突 xiphoid process 105, 106, 171

腱索 tendinous cord 121

浆膜心包 serous pericardium 118

缰核 habenular nucleus 26

缰连合 habenular commissure 25

缰三角 habenular trigone 25

降结肠 descending colon 198

交通支 communicating branch 47

胶状质 substantia gelatinosa of Rolando 5

角回 angular gyrus 31

角膜 cornea 63

角切迹 angular incisure 190

脚间池 interpeduncular cistern 41

脚间核 interpeduncular nucleus 16

脚间窝 interpeduncular fossa 10

脚间纤维 intercrural fiber 174

节细胞 ganglion cell 64

结肠 colon 197

结肠带 colic band 196

结肠袋 haustra of colon 196

结肠旁沟 paracolic sulcus 184

结肠系膜 mesocolon 181

结合臂 brachium conjunctivum 20

结节区 tuberal region 27

结膜 conjunctiva 65

结膜囊 conjunctival sac 66

结膜上穹 superior conjunctival fornix 65

结膜下穹 inferior conjunctival fornix 65

睫状环 ciliary ring 64

睫状肌 ciliaris 64

睫状体 ciliary body 63, 64

睫状突 ciliary process 64

解剖颈 anatomical neck 128

界沟 terminal groove 121

界嵴 terminal crest 121

界线 terminal line 212

近节指骨 proximal phalanx 130

茎突 styloid process 49

茎突舌骨肌 stylohyoid muscle 82
晶状体 lens 64
晶状体核 nucleus of lens 65
晶状体囊 capsule of lens 65
晶状体皮质 cortex of lens 65
精囊腺 seminal vesicle 225
精索 spermatic cord 231
精索内筋膜 internal spermatic fascia 176, 231
精索外筋膜 external spermatic fascia 231
颈长肌 musculus longus colli 83
颈丛 cervical plexus 92
颈动脉窦 carotid sinus 87
颈动脉鞘 carotid sheath 85
颈动脉三角 carotid triangle 87
颈横动脉 arteria transversa colli 100
颈交感干 cervical sympathetic trunk 93
颈筋膜 cervical fascia 84
颈静脉弓 jugular venous arch 80
颈阔肌 platysma 79
颈内动脉 intental carotid artery 42, 88
颈内动脉神经 caroticus internus nerve 93
颈内动脉神经丛 plexus caroticus internus 94
颈内静脉 infernal jugular vein 89
颈内静脉神经 jugularis internus nerve 94
颈袢 ansa cervicalis 92
颈膨大 cervical enlargement 2
颈皮神经 cutaneous nerve of neck 93
颈前静脉 anterior jugular vein 80
颈浅动脉 arteria cervicalis superficialis 100
颈上神经节 superior cervical ganglion 93
颈深动脉 arteria cervicalis profunda 100
颈升动脉 arteria cervicalis ascendens 99
颈外动脉 external carotid artery 87
颈外动脉神经 caroticus external nerve 94
颈外动脉神经丛 plexus caroticus external 94

颈外静脉 external jugular vein 80
颈下神经节 inferior cervical ganglion 94
颈支 cervical branch 57
颈中神经节 middle cervical ganglion 94
颈椎 cervical vertebrae 156
颈总动脉 common carotid artery 87
颈总动脉神经 caroticus communis nerve 94
颈总动脉神经丛 plexus caroticus communis 94
胫侧副韧带 tibial collateral ligament 244
胫骨 tibia 240
胫骨粗隆 tibial tuberosity 240
胫骨后肌 tibialis posterior 262
胫骨前肌 tibialis anterior 260
胫后动脉 posterior tibial artery 263
胫后静脉 posterior tibial vein 263
胫前动脉 anterior tibial artery 260
胫神经 tibial nerve 263
静脉角 venous angle 96
距腓韧带 anterior talofibular ligament 266
距跟关节 talocalcaneal joint 246
距跟舟关节 talocalcaneonavicular joint 246
距骨 talus 241
距骨滑车 trochlea of talus 241
距状沟 calcarine sulcus 31
距状裂 calcarine fissure 31
距状旁沟 paracalcarine sulcus 31
菌状乳头 fungiform papillae 76

K

颏棘 mental spine 51
颏孔 mental foramen 51
颏隆凸 mental protuberance 51
颏舌骨肌 geniohyoid muscle 82
颏舌肌 genioglossus 76
颏下动脉 submental artery 56, 88

颌下三角 submental triangle 85

颗粒层 granule cell layer 23

颗粒细胞 granular cell 36, 39

颗粒细胞层 granule cell layer 39

髁间隆起 intercondylar eminence 240

髁间窝 intercondylar fossa 239

壳 putamen 35

空肠 jejunum 193

空肠动脉 jejunal artery 186

口腔 oral cavity 73

口腔腺 oral gland 77

口咽部 oropharynx 100

扣带沟 cingulate sulcus 31

扣带回 cingulate gyrus 32

髋骨 hip bone 210

髋关节 hip joint 242

髋臼 acetabulum 210

髋臼唇 acetabular labrum 242

髋臼横韧带 transverse acetabular ligament 242

髋臼切迹 acetabular notch 210

髋臼窝 acetabular fossa 210

眶 orbit 53

眶额沟 fronto-orbital sulcus 32

眶沟 orbital sulcus 32

眶回 orbital gyrus 33

眶筋膜 orbital fasciae 66

眶上孔 supraorbital foramen 53

眶上切迹 supraorbital notch 49, 53

眶上神经 supraorbital nerve 57

眶下孔 infraorbital foramen 49

眶下神经 infraorbital nerve 57

眶脂体 adipose body of orbit 66

阔筋膜 fascia lata 252

阔筋膜张肌 tensor fasciae latae 248

L

阑尾 vermiform appendix 197

阑尾系膜 mesoappendix 181

肋膈隐窝 costodiaphragmatic recess 113

肋弓 costal arch 105, 106, 171

肋沟 costal groove 106

肋横突关节 costotransverse joint 108

肋间臂神经 intercosto brachial nerve 139

肋间后动脉 posterior intercostal artery 110

肋间后静脉 posterior intercostal vein 110

肋间淋巴结 intercostal lymph node 111

肋间内肌 intercostales interni 110

肋间内膜 internal intercostal membrane 110

肋间神经 intercostal nerve 111

肋间外肌 intercostales externi 110

肋间外膜 external intercostal membrane 110

肋间隙 intercostal space 108

肋间支 intercostal artery branch 99

肋角 costal angle 106

肋面 costal surface 113

肋头关节 joint of costal head 108

肋下动脉 subcostal artery 110

肋下神经 subcostal nerve 111

肋胸膜 costal pleura 113

泪点 lacrimal punctum 65, 66

泪骨 lacrimal bone 51

泪囊 lacrimal sac 66

泪乳头 lacrimal papilla 65

泪腺 lacrimal gland 66

泪腺窝 fossa for lacrimal gland 53

泪小管 lacrimal ductule 66

梨状肌 piriformis 249

梨状肌上孔 suprapiriformis foramen 214

梨状肌下孔 infrapiriformis foramen 214

梨状孔 piriform aperture 54

梨状细胞层 piriform cell layer　23
梨状叶 pyriform lobe　34
犁骨 vomer　51
连合纤维 commissural fiber　34
联络纤维 association fiber　34
镰状韧带 falciform ligament　180
菱形肌 rhomboideus　165
菱形窝 rhomboid fossa　11
颅后窝 posterior cranial fossa　61
颅前窝 anterior cranial fossa　60
颅中窝 middle cranial fossa　60
卵巢 ovary　228
卵巢固有韧带 proper ligament of ovary　228
卵巢悬韧带 suspensory ligament of the ovary　228
卵圆窝 fossa ovalis　121
轮廓乳头 vallate papillae　76
轮匝带 zona orbicularis　243
螺旋器 spiral organ　71

M

脉络丛前动脉 anterior choroidal artery　42
脉络膜 choroid　64
盲肠 caecum　196
帽状腱膜 epicranial aponeurosis　60
眉弓 superciliary arch　49
迷路动脉 labyrinthine artery　43, 99
迷走神经 vagus nerve　89, 125
迷走神经三角 vagal triangle　11
面动脉 facial artery　56, 88
面静脉 facial vein　56
面神经 facial nerve　13, 57
面神经颈支 cervical branch of facial nerve　80
面神经运动核 facial motor nerve　13
膜半规管 membranous semicircular duct　71
膜壶腹 membranous ampullae　71

膜迷路 membranous labyrinth　71
蹞长屈肌 flexor hallucis longus　262
蹞长伸肌 extensor hallucis longus　260
蹞短屈肌 flexor hallucis brevis　267
蹞收肌 adductor hallucis　267
蹞展肌 abductor hallucis　266
拇长屈肌 flexor pollicis longus　145
拇长伸肌 extensor pollicis longus　147
拇长展肌 abductor pollicis longus　147
拇短屈肌 flexor pollicis brevis　151
拇短伸肌 extensor pollicis brevis　147
拇短展肌 abductor pollicis brevis　151
拇对掌肌 opponens pollicis　151
拇收肌 adductor pollicis　151

N

内侧半月板 medial meniscus　244
内侧核群 medial nuclear group　26
内侧脚 medial crus　174
内侧髁 medial condyle　239, 240
内侧隆起 medial eminence　11
内侧鞘 medial compartment　150
内侧丘系 medial lemniscus　12
内侧韧带 medial ligament　245, 266
内侧膝状体 medial geniculate body　24
内侧嗅纹 medial olfactory striae　34
内侧纵束 medial longitudinal fasciculus　14
内丛层 internal plexiform layer　39
内耳 internal ear　70
内弓状纤维 internal arcuate fiber　12
内踝 medial malleolus　240
内颗粒层 internal granular layer　37
内囊 internal capsule　35
内上髁 medial epicondyle　128, 239
内髓板 internal medullary lamina　26, 35

内脏感觉神经 visceral sensory nerve　48

内脏神经 visceral nerve　48

内脏神经系统 visceral nerve system　1

内脏运动神经 visceral motor nerve　48

内终丝 internal terminal filament　3

内锥体细胞层 internal pyramidal layer　37

内眦动脉 angular artery　56

脑 brain　9

脑干 brain stem　9

脑脊膜 menings　39

脑脊液 cerebral spinal fluid　46

脑桥 pons　10

脑桥池 pontine cistern　41

脑桥动脉 pontine artery　44

脑桥核 pontine nucleus　14

脑桥基底部 basilar part of pons　10

脑桥小脑纤维 pontocerebellar fiber　14

脑桥支 branch pontis　99

脑疝 cerebral hernia　41

脑神经 cranial nerve　47

脑蛛网膜 cerebral arachnoid mater　41

尼氏体 Nissl body　8

尿道球腺 bulbourethral gland　225

尿生殖区 urogenital region　209, 230

颞骨 temporal bone　50

颞肌 temporalis　60

颞浅动脉 superficial temporal artery　59

颞上沟 superior temporal sulcus　29

颞上回 superior temporal gyrus　31

颞窝 temporal fossa　54

颞下沟 inferior temporal sulcus　29

颞下颌关节 temporomandibular joint　55

颞下颌韧带 temporomandibular ligament　55

颞下回 inferior temporal gyrus　31

颞下窝 infratemporal fossa　54

颞叶 temporal lobe　29

颞支 temporal branch　57

颞中回 middle temporal gyrus　31

P

旁绒球 paraflocculus　19

旁绒球小结叶 paraflocculonodular lobe　19

旁正中叶 paramedial lobe　19, 21

膀胱 urinary bladder　223

膀胱三角 trigone of bladder　225

膀胱上动脉 superior vesical artery　219, 224

膀胱上窝 supravesical fossa　183

膀胱下动脉 inferior vesical artery　219, 224

膀胱子宫陷凹 vesicouterine pouch　183

盆壁筋膜 parietal pelvic fascia　215

盆膈 pelvic diahragm　214

盆膈上筋膜 superior fascia of pelvic diaphragm　214

盆膈下筋膜 inferior fascia of pelvic diaphragm　214

盆筋膜 pelvic fascia　215

盆内脏神经 pelvic splanchnic nerve　221

盆脏筋膜 visceral pelvic fascia　216

皮质 cortex　1

脾 spleen　203

脾动脉 splenic artery　185

脾结肠韧带 splenocolic ligament　180

脾静脉 splenic vein　189

脾门 hilum of spleen　203

脾肾韧带 splenorenal ligament　180

胼胝体 corpus callosum　28, 34

胼胝体沟 callosal sulcus　31

胼胝体回 callosal gyrus　32

胼胝体缘沟 marginal callosal sulcus　31

胼胝体缘回 marginal callosal gyrus　32

屏状核 claustrum　35

破裂孔 foramen lacerum　61

浦肯野细胞层 Purkinje cell layer　23

Q

脐 umbilicus　171

脐动脉 umbilical artery　218

脐内侧襞 medial umbilical fold　176

脐外侧襞 lateral umbilical fold　176

脐正中襞 median umbilical fold　176

气管 trachea　117

气管颈部 cervical part of trachea　91

气管前间隙 pretracheal space　85

气管前筋膜 pretracheal fascia　84

髂耻弓 iliopectineal arch　254

髂耻隆起 iliopubic eminence　210

髂腹股沟神经 ilioinguinal nerve　177

髂腹下神经 iliohypogastric nerve　177

髂股韧带 iliofemoral ligament　242

髂骨 ilium　210

髂骨翼 ala of ilium　210

髂后上棘 posterior superior iliac spine　210

髂后下棘 posterior inferior iliac spine　210

髂嵴 iliac crest　171, 209, 210

髂内动脉 internal iliac artery　217

髂内静脉 internal iliac vein　219

髂内淋巴结 internal iliac lymph node　220

髂前上棘 anterior superior iliac spine　209

髂外动脉 external iliac artery　217

髂外静脉 external iliac vein　217

髂外淋巴结 external iliac lymph node　220

髂窝 iliac fossa　210

髂腰韧带 iliolumbar ligament　212

髂总动脉 common iliac artery　217

髂总静脉 common iliac vein　219

髂总淋巴结 common iliac lymph node　220

前背侧核 anterodorsal nucleus　26

前臂骨间膜 interosseous membrane of forearm　132

前臂后区 posterior postbrachial region　144

前臂内侧皮神经 medial antebrachial cutaneous nerve　139

前臂前区 anterior antebrachial region　144

前腹侧核 anteroventral nucleus　26

前弓 anterior arch　156

前核群 anterior nuclear group　26

前寰肩胛肌 atlantoscapularis anterior muscle　165

前寰肩胛肌支 musculus atlantoscapularis anterior branch　93

前交叉韧带 anterior cruciate ligament　244

前交通动脉 anterior communicating artery　43

前距状沟 precalcarine sulcus　31

前锯肌支 musculus serratus anterior branch　93

前连合 anterior commissure　35

前列腺 prostate　225

前列腺鞘 fascial sheath of prostate　216

前内侧核 anteromedial nucleus　26

前室间沟 anterior interventricular groove　121

前庭 vestibule　70

前庭核 vestibular nucleus　12

前庭阶 scala vestibuli　71

前庭区 vestibular area　11

前斜角短肌 scalenus brevis anterior muscle　81

前叶 anterior lobe　20

前正中线 anterior median line　105

前纵隔 anterior mediastinum　115, 118

前纵韧带 anterior longitudinal ligament　162

腔静脉窦 sinus of vena cava　121

桥臂 brachium pontis　20

穹窿 fornix　35

穹窿连合 fornical commissure　35

丘脑带 thalamic tenia　24

丘脑间黏合 interthalamic adhesion 24
丘脑前结节 anterior tubercle of thalamus 24
丘脑髓纹 thalamic medullary stria 24
丘脑枕 pulvinar 24
球海绵体肌 bulbocavernosus muscle 230
球结膜 bulbar conjunctiva 65
球囊 saccule 71
球囊斑 macula sacculi 71
球状核 globose nucleus 21
屈肌支持带 flexor retinaculum 144, 148, 266
屈肌总腱鞘 common flexor sheath 148
躯体神经系统 somatic nerve system 1
颧弓 zygomatic arch 49, 54
颧骨 zygomatic bone 51
颧支 zygomatic branch 57

R

桡侧副动脉 radial collateral artery 142
桡侧腕长伸肌 extensor carpi radialis longus 146
桡侧腕短伸肌 extensor carpi radialis brevis 146
桡侧腕屈肌 flexor carpi radialis 145
桡尺近侧关节 proximal radioulnar joint 132
桡尺远侧关节 distal radioulnar joint 133
桡动脉 radial artery 145
桡骨 radius 128
桡骨颈 neck of radius 129
桡骨头 head of radius 128
桡静脉 radial vein 145
桡神经 radial nerve 140
桡神经沟 sulcus for radial nerve 128
桡腕关节 radiocarpal joint 133
桡窝 radial fossa 128
绒球 flocculus 19
绒球脚 peduncle of flocculus 19
绒球小结叶 flocculonodular lobe 19

绒球旁绒球裂 flocculus-parafloccolus fissure 19
肉膜 dartos coat 231
乳糜池 cisterna chyli 125, 196
乳头肌 papillary muscle 121
乳头区 mammillary 27
乳突 mastoid process 49, 62
乳突窦 mastoid antrum 70
乳突小房 mastoid cell 70
软腭 soft palate 74
软骨连结 cartilaginous joint 55
软脊膜 spinal pia mater 40
软脑膜 cerebral pia mater 42
闰绍细胞 Renshaw cell 8

S

腮腺 parotid gland
腮腺管 parotid duct 58
三边孔 trilateral foramen 135
三叉神经 trigeminal nerve 57
三叉神经脊束 spinal nucleus of trigeminal nerve 12
三叉神经运动核 motor nucleus of trigeminal nerve 14
三角骨 triangular bone 130
三角肌 deltoid 137
三角肌粗隆 tuberositas deltoidea 128
三角肌区 deltoid region 137
僧帽细胞 mitral cell 38
僧帽细胞层 mitral cell layer 39
筛骨 ethmoid bone 50, 51
山顶 culmen 18
山坡 declive 18
上半月叶 superior semilunar lobule 18
上池 superior cistern 41
上唇动脉 superior labial artery 56
上腹下丛 superior hypogastric plexus 221

上颌动脉 maxillary artery 59
上颌窦 maxillary sinus 54, 73
上颌骨 maxilla 51
上颌神经 maxillary nerve 57
上腔静脉 superior vena cava 116
上丘 superior colliculus 11
上丘臂 brachium of superior colliculus 11
上丘脑 epithalamus 25
上矢状窦 superior sagittal sinus 44
上髓帆 superior medullary velum 14
上牙槽动脉 superior alveolar artery 77
上纵隔 superior mediastinum 116
舌 tongue 74
舌背支 dorsum linguae artery 87
舌动脉 lingual artery 76, 87
舌根 root of tougue 75
舌骨 hyoid bone 51, 78
舌后沟 postlingual sulcus 21
舌回 lingual gyrus 33
舌肌 muscle of tongue 76
舌尖 apex of tougue 75
舌盲孔 foramen cecum of tougue 75
舌内肌 intrinsic lingual muscle 76
舌乳头 papillae of tongue 76
舌深支 profunda linguae artery 87
舌神经 lingual nerve 57, 86
舌体 body of tougue 75
舌外肌 extrinsic lingual muscle 76
舌系带 frenulum of tougue 75
舌下襞 sublingual fold 75
舌下袢 sublingual loop 93
舌下神经 hypoglossal nerve 86, 89
舌下神经核 hypoglossal nucleus 12
舌下神经三角 hypoglossal triangle 11
舌下腺 sublingual gland 77

舌下支 sublingual artery 88
射精管 ejaculatory duct 225
伸肌支持带 extensor retinaculum 149, 264
神经 nerve 1
神经核 nucleus 1
神经胶质细胞 neuroglial cell 1
神经系统 nervous system 1
神经纤维 nervous fiber 1
神经元 neuron 1
神经组织 nervous tissue 1
肾 kidney 204
肾动脉 renal artery 205
肾窦 renal sinus 204
肾筋膜 renal fascia 205
肾静脉 renal vein 188, 205
肾门 renal hilum 204
肾上腺 suprarenal gland 206
升结肠 ascending colon 197
升主动脉 ascending aorta 120
生殖股神经 genitofemoral nerve 177
绳状体 restiform body 20
十二指肠 duodenum 193
十二指肠空肠曲 duodenojejunal flexure 193
十二指肠悬肌 suspensory muscle of duodenum 193
食管 esophagus 124
食管腹部 abdominal part of esophagus 190
食管颈部 cervical part of esophagus 91
食管压迹 impressio esophagea 113
食管支 rami esophageis 94
示指伸肌 extensor indicis 147
视杆细胞 rod cell 64
视交叉池 chiasmatic cistern 41
视前区 preoptic region 27
视上区 supraoptic region 27

视神经 optic nerve	67	
视神经管 optic canal	54	
视神经盘 optic disc	64	
视网膜 retina	64	
视网膜中央动脉 central artery of retina	66	
视锥细胞 cone cell	64	
室间隔 interventricular septum	123	
室间孔 interventricular foramen	36	
收肌管 adductor canal	255	
手 hand	149	
手背 dorsum of hand	149, 152	
手背腱膜 dorsal aponeurosis of hand	153	
手掌 palm of hand	149	
手指 finger	153	
枢椎 axis	157	
梳状肌 pectinate muscle	121	
输精管动脉或子宫动脉 deferentialis or uterine artery	219	
输精管壶腹 ampulla of ductus deferens	225	
输卵管 uterine tube	229	
输尿管 ureter	206	
束细胞 tract cell	8	
树突 dendrite	1	
树突棘 dendritic spine	1	
闩 obex	11	
栓状核 emboliform nucleus	21	
双极细胞 bipolar cell	64	
水平裂 horizontal fissure	17	
丝状乳头 filiform papillae	76	
四边孔 quadrilateral foramen	135	
四叠体 corpora quadrigemina	11	
松果体 pineal body	25	
髓腔 pulp cavity	77	
髓纹 medullary stria	11, 25	
髓质 medulla	1	
梭形细胞 fusiform cell	36	

锁骨 clavicle	105, 126, 127	
锁骨乳突肌 collarbone mastoid muscle	81	
锁骨上大窝 greater supraclavicular fossa	79, 96	
锁骨上三角 supraclavicular triangle	96	
锁骨上神经 supraclavicular nerve	93	
锁骨下动脉 subclavian artery	96, 98	
锁骨下动脉神经丛 plexus subclavius	94	
锁骨下肌神经 subclavius nerve	96	
锁骨下静脉 subclavian vein	96	
锁骨下袢 ansa subclavia	94	
锁骨枕骨肌 cleido-occipitalis muscle	81	

T

提睾肌 cremaster muscle	231	
听骨链 ossicular chain	70	
瞳孔开大肌 dilator pupillae	63	
瞳孔括约肌 sphincter pupillae	63	
头臂静脉 brachiocephalic vein	116	
头侧直肌 rectus capitis lateralis	84	
头长肌 musculus longus capitis	83	
头静脉 cephalic vein	139	
头前直肌 rectus capitis anterior	84	
头状骨 capitate bone	130	
投射纤维 projection fibers	35	
骰骨 cuboid bone	241	
透明隔 septum pellucidum	32	
突触 synapse	1	
臀大肌 gluteus maximus	248	
臀大肌转子囊 trochanteric bursa of gluteus maximus	248	
臀大肌坐骨囊 sciatic bursa of gluteus maximus	248	
臀肌粗隆 gluteal tuberosity	238	
臀筋膜 gluteal fascia	248	
臀内侧皮神经 medial cluneal nerve	248	
臀上动脉 superior gluteal artery	219, 250	

臀上静脉 superior gluteal vein　250
臀上皮神经 superior cluneal nerve　248
臀上神经 superior gluteal nerve　250
臀下动脉 inferior gluteal artery　219, 250
臀下皮神经 inferior cluneal nerve　248
臀下神经 inferior gluteal nerve　250
臀小肌 gluteus minimus　249
臀中肌 gluteus medius　249
椭圆囊 utricle　71
椭圆囊斑 macula utriculi　71

W

外鼻 external nose　72
外侧半月板 lateral meniscus　244
外侧背核 lateral dorsal nucleus　26
外侧沟 lateral sulcus　29
外侧核群 lateral nuclear group　26
外侧脚 lateral crus　174
外侧髁 lateral condyle　239, 240
外侧裂 lateral fissure　29
外侧鞘 lateral compartment　151
外侧韧带 later ligament　245
外侧韧带 lateral ligament　266
外侧索 lateral funiculus　7
外侧窝池 cistern of lateral fossa　41
外侧膝状体 lateral geniculate body　24
外侧嗅纹 lateral olfactory striae　34
外耳道 external acoustic meatus　69
外耳门 external acoustic meatus　54
外踝 lateral malleolus　240
外距状沟 lateral calcarine sulcus　30
外科颈 surgical neck　128
外颗粒层 external granular layer　36
外囊 external capsule　35
外上髁 lateral epicondyle　128, 239

外髓板 external medullary lamina　25
外终丝 external terminal filament　3
外锥体细胞层 external pyramidal layer　36
豌豆骨 pisiform bone　130
腕尺侧管 ulnar carpal canal　148
腕骨 carpal bone　130
腕骨间关节 intercarpal joint　134
腕管 carpal canal　148
腕横韧带 transverse carpal ligament　148
腕桡侧管 radial carpal canal　149
腕掌侧韧带 palmar carpal ligament　148
腕掌关节 carpometacarpal joint　134
网膜 omentum　181
网状结构 reticular formation　4
尾丛 coccygeal plexus　221
尾骨肌 coccygeus　215
尾直肠肌 caudorectalis　215
尾状核 caudate nucleus　35
尾椎 coccyx　160
胃 stomach　190
胃大弯 greater curvature of stomach　190
胃底 fundus of stomach　191
胃膈韧带 gastrophrenic ligament　180
胃脾韧带 gastrosplenic ligament　180
胃十二指肠动脉 gastroduodenal artery　185
胃体 body of stomach　191
胃网膜左、右淋巴结 left and right gastroomental lymph node　192
胃小弯 lesser curvature of stomach　190
胃左、右淋巴结 left and right gastric lymph node　192
胃左动脉 left gastric artery　185
胃左静脉 left gastric vein　189
纹状体 corpus striatum　35
蜗管 cochlear duct　71
蜗神经核 cochlear nucleus　13

X

膝关节 knee joint 243

膝上内侧动脉 medial superior genicular artery 259

膝上外侧动脉 lateral superior genicular artery 259

膝下内侧动脉 medial inferior genicular artery 259

膝下外侧动脉 lateral inferior genicular artery 259

膝中动脉 middle genicular artery 259

膝状沟 genual sulcus 31

下半月叶 inferior semilunar lobule 18

下鼻甲 inferior nasal concha 51

下唇动脉 inferior labial artery 56

下腹下丛 inferior hypogastric plexus 221

下橄榄核 inferior olivary nucleus 12

下橄榄主核 inferior main olivary nucleus 12

下颌骨 mandible 51

下颌角 angle of mandible 49, 52

下颌颈 neck of mandible 51

下颌孔 mandibular foramen 51

下颌舌骨肌 mylohyoid muscle 82

下颌舌骨肌支 mylohyoid artery 88

下颌神经 mandibular nerve 57

下颌头 head of mandible 51

下颌窝 mandibular fossa 62

下颌下动脉 submandibular artery 88

下颌下三角 submandibular triangle 85

下颌下神经节 submandibular ganglion 86

下颌下腺 submandibular gland 77, 79, 86

下颌缘支 marginal mandibular branch 57

下腔静脉 inferior vena cava 120, 188

下丘 inferior colliculus 11

下丘臂 brachium of inferior colliculus 11

下丘连合 commissure of inferior colliculus 15

下丘脑 hypothalamus 26

下丘脑沟 hypothalamic sulcus 24

下丘中央核 central nucleus of inferior colliculus 15

下矢状窦 inferior sagittal sinus 45

下牙槽神经 inferior alveolar nerve 57

纤维连结 fibrous joint 55

纤维膜 fibrous membrane 205

纤维鞘 fibrous sheath 154

纤维心包 fibrous pericardium 118

小多角骨 trapezoid bone 130

小骨盆 lesser pelvis 212

小脑 cerebellum 17

小脑半球 cerebellar hemisphere 17

小脑谷 cerebellar vallecula 17

小脑核 cerebellar nucleus 21

小脑后切迹 posterior cerebellar notch 17

小脑脚 cerebellar peduncle 20

小脑镰 cerebellar falx 41

小脑幕 tentorium cerebelli 61

小脑幕 tentorium of cerebellum 41

小脑幕裂孔 tentorial hiatus 41

小脑幕切迹 tentorial notch 41, 62

小脑皮质 cerebellar cortex 21

小脑前切迹 anterior cerebellar notch 17

小脑上动脉 superior cerebellar artery 44, 99

小脑上脚 superior cerebellar peduncle 20

小脑上脚交叉 decussation of superior cerebellar peduncle 15

小脑上静脉 superior cerebellar vein 44

小脑下后动脉 posterior inferior cerebellar artery 43, 98

小脑下脚 inferior cerebellar peduncle 20

小脑下静脉 inferior cerebellar vein 44

小脑下前动脉 anterior inferior cerebellar artery 43, 98

小脑延髓池 cerebellomedullary cistern 41

小脑叶片 cerebellar folia 17

小脑蚓 vermis 17

小脑中脚 middle cerebellar peduncle 20

小脑中央核 central nucleus of cerebellum 21

小球周细胞 periglomerular cell 38

小舌 lingula 18

小腿三头肌 triceps surae 262

小网膜 lesser omentum 181

小阴唇 lesser lip of pudendum 234

小隐静脉 small saphenous vein 261

小鱼际筋膜 hypothenar fascia 150

小圆肌 teres minor 138

小指尺掌侧动脉 ulnar palmar artery of digitus minimus 151

小指短屈肌 flexor digiti minimi brevis 151

小指对掌肌 opponens digiti minimi 151

小指伸肌 extensor digiti minimi 147

小指展肌 abductor digiti minimi 151

小指掌侧固有神经 proper palmar digital nerve 152

小转子 lesser trochanter 238

楔骨 cuneiform bone 241

楔束核 cuneate nucleus 12

楔束结节 cuneate tubercle 11

楔叶 cuneus 32

楔状软骨 cuneiform cartilage 102

斜方肌 trapezius 138, 165

斜方肌支 trapezius muscle branch 92

斜方体 trapezoid body 10

斜角长肌 scalenus longus muscle 81

泄殖腔括约肌 sphincter cloacale 235

心 heart 120

心包 pericardium 118

心包膈动脉 arteria pericardiacophrenicata 99

心包横窦 transverse pericardial sinus 119

心包前下窦 anterior inferior sinus of pericardium 120

心包腔 pericardial cavity 119

心包斜窦 oblique pericardial sinus 120

心大静脉 great cardiac vein 123

心底 base cordis 120

心肌层 myocardium 123

心尖 apex cordis 120

心尖切迹 cardiac apical incisure 121

心内膜 endocardium 123

心上神经 superior cardiac nerve 94

心下窦 inferior cardiac sinus 113

心下神经 inferior cardiac nerve 94

心小静脉 small cardiac vein 123

心中静脉 middle cardiac vein 123

心中神经 middle cardiac nerve 94

星状神经节 stellate ganglion 94

杏仁体 amygdaloid body 35

胸背神经 thoracodorsal nerve 97

胸壁 thoracic wall 109

胸部 thorax 105

胸长神经 long thoracic nerve 96

胸导管 thoracic duct 125

胸腹壁静脉 thoracoepigastric vein 173

胸骨 sternum 106

胸骨柄 manubrium sterni 106

胸骨甲状肌 sternothyroid muscle 83

胸骨旁淋巴结 parasternal lymph node 111

胸骨乳突肌 sternum mastoid muscle 81

胸骨上间隙 suprasternal space 85

胸骨上窝 suprasternal fossa 79

胸骨舌骨肌 sternohyoid muscle 83

胸骨体 sternal body 106

胸骨线 sternal line 105

胸核 thoracic nucleus 5

胸横肌 transversus thoracis 110

胸肩峰动脉 thoracoacromial artery 135

胸交感干 thoracic sympathetic trunk   125

胸廓内动脉 internal thoracic artery   99, 111

胸廓内静脉 internal thoracic vein   111

胸肋关节 sternocostal joint   108

胸肋面 sternocostal surface   121

胸膜 pleura   112

胸膜顶 copula of pleura   98, 113

胸膜腔 pleural cavity   112

胸膜上膜 suprapleural membrane   98

胸膜隐窝 pleural recess   113

胸前神经 anterior thoracic nerve   97

胸腔 thoracic cavity   105

胸上动脉 superior thoracic artery   135

胸神经节 thoracic ganglia   125

胸锁关节 sternoclavicular joint   130

胸锁乳突肌 sternocleidomastoid muscle   79

胸锁乳突肌动脉 sternocleidomastoid artery   88

胸锁乳突肌区 sternocleidomastoid region   92

胸锁乳突肌支 sternocleidomastoid branch   92

胸外侧动脉 lateral thoracic artery   136

胸腺 thymus   116

胸主动脉 thoracic aorta   124

胸椎 thoracic vertebrae   158

雄性尿道 male urethra   233

嗅沟 olfactory sulcus   32

嗅裂 rhinal fissure   32

嗅脑 rhinencephalon   33

嗅球 olfactory bulb   33

嗅三角 olfactory trigone   34

嗅神经 olfactory nerve   73

嗅神经层 olfactory nerve fiber layer   38

嗅束 olfactory tract   34

嗅小球层 olfactory glomerular layer   38

旋肱后动脉 posterior humeral circumflex artery   136

旋肱前动脉 anterior humeral circumflex artery   136

旋股内侧动脉 medial circumflex femoral artery   218

旋后肌 supinator   147

旋髂浅动脉 superficial circumflex iliac artery   173

旋髂浅动脉 superficial iliac circumflex artery   251

旋前圆肌 pronator teres   145

血管腔隙 lacuna vasorum   254

Y

牙 tooth   76

咽 pharynx   100

咽鼓管 auditory tube   70

咽后间隙 retropharyngeal space   85

咽升动脉 ascending pharyngeal artery   88

咽峡 isthmus of fauces   74

咽支 rami pharyngei   94

延髓 medulla oblongata   10

延髓动脉 medulla oblongata artery   43, 98

延髓脑桥沟 bulbopontine sulcus   10

延髓支 branch oblongatales   99

延髓支 oblongatal branch   43

岩鳞窦 petrosquamosal sinus   45

岩上窦 superior petrosal sinus   45

岩下窦 inferior petrosal sinus   45

岩小叶 petrosal lobe   19

眼动脉 ophthalmic artery   66

眼房 chambers of eyeball   64

眼副器 accessory organs of eye   65

眼睑 eyelids   65

眼球 eyeball   62

眼球外肌 extraocular muscles   66

眼神经 ophthalmic nerve   57

腰丛 lumbar plexus   207

腰骶膨大 lumbosacral enlargement　2
腰动脉 lumbar artery　188
腰静脉 lumbar vein　189
腰椎 lumbar vertebra　159
咬肌 masseter　58
叶状乳头 foliate papillae　76
腋动脉 axillary artery　135
腋后线 posterior axillary line　105
腋静脉 axillary vein　136
腋淋巴结 axillary lymph node　136
腋前线 anterior axillary line　105
腋区 axillary region　134
腋神经 axillary nerve　137
腋窝 axillary fossa　134
腋中线 midaxillary line　105
胰 pancreas　202
胰管 pancreatic duct　202
胰颈 neck of pancreas　202
胰十二指肠下动脉 inferior pancreaticoduodenal artery　186
胰体 body of pancreas　202
胰头 head of pancreas　202
胰尾 tail of pancreas　202
疑核 ambiguous nucleus　13
乙状窦 sigmoid sinus　45
乙状结肠 sigmoid colon　198
翼点 pterion　54
翼腭窝 pterygopalatine fossa　54
翼静脉丛 pterygoid venous plexus　59
翼内肌 medial pterygoid　58
翼外肌 lateral pterygoid　58
阴部内动脉 internal pudendal artery　219, 250
阴部神经 pudendal nerve　250
阴部外动脉 external pudendal artery　251
阴道 vagina　229

阴道穹 fornix of vagina　229
阴蒂 clitoris　235
阴阜 monspubis　234
阴茎 penis　232
阴茎浅筋膜 superficial fascia of penis　233
阴茎深筋膜 deep fascia of penis　233
阴囊 scrotum　231
阴囊中隔 scrotal septum　231
蚓垂 uvula of vermis　19
蚓结节 tuber of vermis　19
蚓小结 nodule of vermis　19
蚓叶 folium of vermis　18
蚓状肌 lumbricales　151
蚓锥体 pyramid of vermis　19
隐神经 saphenous nerve　208, 255
鹰嘴 olecranon　129
鹰嘴窝 olecranon fossa　128
硬腭 hard palate　74
硬脊膜 spinal dura mater　39
硬膜外隙 epidural space　39
硬膜下隙 subdural space　39
硬脑膜 cerebral dura mater　40
硬脑膜窦 sinuses of dura mater　41
硬脑膜隔 septum of dura mater　40
幽门 pylorus　191
幽门部 pyloric part　191
右房室瓣 right atrioventricular valve　121
右房室口 right atrioventricular orifice　121
右冠状动脉 right coronary artery　123
右结肠动脉 right colic artery　186
右三角韧带 right triangular ligament　180
右头臂静脉 right brachiocephalic vein　116
右心耳 right auricle　121
右心房 right atrium　121
右心室 right ventricle　121

鱼际筋膜 thenar fascia 150
原裂 primary fissure 18
缘上回 supramarginal gyrus 31
远节指骨 distal phalanx 130
月骨 lunate bone 130
月状沟 lunate sulcus 29
月状面 lunate surface 210
运动神经 motor nerve 46
运动神经元 motor neuron 8

Z

脏腹膜 visceral peritoneum 179
脏胸膜 visceral pleura 112
展神经 abducent nerve 68
掌长肌 palmaris longus 145
掌弓 palmar arch 151
掌骨 metacarpal bone 130
掌腱膜 palmar aponeurosis 150
掌内侧肌间隔 medial intermuscular septum of palm 150
掌外侧肌间隔 lateral intermuscular septum of palm 150
掌指关节 metacarpophalangeal joint 134
砧骨 incus 70
枕动脉 occipital artery 88, 168
枕骨 occipital bone 50
枕骨大孔 foramen magnum 61
枕内隆凸 internal occipital protuberance 61
枕颞沟 occipitotemporal sulcus 32
枕颞内侧回 medial occipito-temporal gyrus 33
枕颞外侧回 lateral occipito-temporal gyrus 33
枕三角 occipital triangle 95
枕外隆凸 external occipital protuberance 49
枕下沟 inferior occipital sulcus 30
枕小神经 lesser occipital nerve 93
枕叶 occipital lobe 29

正中沟 median sulcus 11
正中神经 median nerve 140
支气管动脉 bronchial artery 114
脂肪囊 adipose capsule 205
直肠 rectum 198, 222
直肠膀胱隔 rectovesical septum 216
直肠膀胱陷凹 rectovesical pouch 183, 222
直肠横襞 transverse plica of rectum 198
直肠后隙 retrorectal space 217
直肠壶腹 ampulla of rectum 222
直肠旁隙 pararectal space 216
直肠上动脉 superior rectal artery 223
直肠缩肌 retractor recti 215
直肠下动脉 inferior rectal artery 219, 223
直肠阴道隔 rectovaginal septum 216
直肠子宫陷凹 rectouterine pouch 183, 223
直窦 straight sinus 45
直沟 rectus sulcus 29
直回 straight gyrus 33
植物性神经 vegetative nervous 48
跖骨 metatarsal bone 241
跖肌 popliteus 262
跖趾关节 metatarsophalangeal joint 247
指骨 phalanges of finger 130
指骨间关节 interphalangeal joint 134
指腱鞘 tendinous sheaths of finger 154
指浅屈肌 flexor digitorum superficialis 145
指伸肌 extensor digitorum 147
指伸肌腱 tendons of extensor digitorum 153
指深屈肌 flexor digitorum profundus 145
指髓间隙 pulp space 154
指掌侧固有动脉 proper palmar digital arteries 151
指掌侧总动脉 common palmar digital arteries 151
指掌侧总神经 common palmar digital nerve 152
趾长屈肌 flexor digitorum longus 262

趾长伸肌 extensor digitorum longus　260

趾短屈肌 flexor digitorum brevis　267

趾骨 phalanx of toe　242

趾和姆短伸肌 extensor digitorum et hallucis brevis　264

趾骨间关节 interphalangeal joint　247

中耳 middle ear　69

中副动脉 middle collateral artery　142

中间带 intermediate zone　5

中间带内侧核 intermediomedial nucleus　5

中间带外侧核 intermediolateral nucleus　5

中间鞘 intermediate compartment　150

中节指骨 middle phalanx　130

中结肠动脉 middle colic artery　186

中脑 midbrain　10

中脑水管 mesencephalic aqueduct　10

中枢神经系统 central nervous system　1

中央凹 fovea centralis　64

中央沟 central sulcus　29

中央管 central canal　4

中央后沟 postcentral sulcus　21, 29

中央后回 postcentral gyrus　30

中央旁小叶 paracentral lobule　32

中央前沟 precentral sulcus　29

中央前回 precentral gyrus　30

中央前上沟 superior precentral sulcus　29

中央前下沟 inferior precentral sulcus　29

中央小叶 central lobule　18

中央小叶翼 ala of central lobule　18

中叶 medial lobe　21

中纵隔 middle mediastinum　118

终池 terminal cistern　40

终沟 terminal sulcus　24

终室 terminal ventricle　4

终丝 terminal filament　2

终纹 stria terminalis　24

舟骨粗隆 tuberosity of navicular bone　241

周围神经系统 peripheral nervous system　1

轴突 axon　1

轴突终末 axon terminal　1

肘关节 elbow joint　131

肘后三角 triangle of elbow　143

肘窝 cubital fossa　143

肘正中静脉 median cubital vein　143

蛛网膜 spinal arachnoid mater　39

蛛网膜粒 arachnoid granulations　42

蛛网膜下池 subarachnoid cistern　41

蛛网膜下隙 subarachnoid space　40

蛛网膜小梁 arachnoid trabeculae　41

主动脉瓣 aortic valve　122

主动脉弓 aortic arch　117

主动脉沟 aortic sulcus　113

主动脉口 aortic orifice　122

主动脉前庭 aortic vestibule　122

转子间嵴 intertrochanteric crest　238

转子间线 intertrochanteric line　238

转子窝 trochanteric fossa　238

椎动脉 vertebral artery　43, 98, 168

椎动脉神经丛 plexus arteriaevertebralis　94

椎弓 vertebral arch　156

椎骨 vertebrae　156

椎管 vertebral canal　156

椎间盘 intervertebral disc　156, 161

椎孔 vertebral foramen　156

椎前间隙 prevertebral space　85

椎前筋膜 prevertebral fascia　84

椎体 vertebral body　156

锥后裂 retropyramidal fissure　19

锥前裂 prepyramidal fissure　21

锥体 pyramid　10

锥体交叉 decussation of pyramid　10

锥体束 pyramidal tract　12

锥体细胞 pyramidal cell　36

锥状肌 pyramidalis　175

孖肌 gemellus　249

子宫 uterus　226

子宫动脉 uterine artery　228

子宫颈管 canal of cervix of uterus　226

子宫阔韧带 broad ligament of uterus　227

子宫腔 cavity of uterus　226

子宫圆韧带 round ligament of uterus　227

子宫主韧带 cardinal ligament of uterus　228

自主神经 autonomic nervous　48

总干 common trunk　117

纵隔 mediastinum　115

纵隔面 mediastinal surface　113

纵隔前动脉 mediastinal anterior artery　99

纵隔胸膜 mediastinal pleura　113

足背深动脉 deep dorsalis pedis artery　264

足底方肌 quadratus plantae　267

足底腱膜 plantar aponeurosis　266

足底内侧动脉 medial plantar artery　268

足底内侧神经 medial plantar nerve　268

足底外侧动脉 lateral plantar artery　268

足底外侧神经 lateral plantar nerve　268

足弓 arches of the foot　247

足骨间肌 interossei pedis　267

足蚓状肌 lumbricales pedis　267

足舟骨 navicular bone　241

嘴沟 rostral sulcus　31

最上肋间动脉 arteria intercostalis suprema　100

最外囊 extreme capsule　35

左、右肠系膜窦 left and right mesenteric sinuses　184

左房室瓣 left atrioventricular valve　122

左房室口 left atrioventricular orifice　122

左冠状动脉 left coronary artery　123

左三角韧带 left triangular ligament　180

左锁骨下动脉 left subclavian artery　117

左头臂静脉 left brachiocephalic vein　116

左心耳 left auricle　122

左心房 left atrium　122

左心室 left ventricle　122

坐股韧带 ischiofemoral ligament　243

坐骨 ischium　210

坐骨大、小孔 greater and lesser sciatic formaen　212

坐骨大孔 greater sciatic foramen　250

坐骨大切迹 greater sciatic notch　210

坐骨海绵体肌 ischiocavernosus muscle　230

坐骨棘 ischial spine　210

坐骨结节 ischial tuberosity　210

坐骨上支 superior ramus of ischium　210

坐骨神经 sciatic nerve　250, 256

坐骨下支 inferior ramus of ischium　210

坐骨小孔 lesser sciatic foramen　250

坐骨小切迹 lesser sciatic notch　210